대학 및 교육청 부설
정보
SW, 로봇
영재원
대비 문제집
초등 6 ~ 중등 2학년

KB191654

대학 및 교육청 부설

정보(SW, 로봇) 영재원 대비 문제집_초등 6~중등2학년

---

**발행** 2021년 11월 26일 1판 1쇄 발행

**저자** 최종원 · 조재완 · 김형진

**발행인** 정지숙

**발행처** (주)잇플ITPLE

**주소** 서울특별시 동대문구 답십리로 264 성신빌딩 2층

**전화** 0502_600_4925

**팩스** 0502_600_4924

**홈페이지** www.itpleinfo.com

**e-mail** itpleinfo@naver.com

**카페** http://cafe.naver.com/arduinofun

**ISBN** 979-11-91198-17-1 53400

---



※ 교재 학습 자료: http://cafe.naver.com/arduinofun

# 머리말

우리나라 정부는 '영재교육진흥법'에 따라 대학 및 교육청에서 매년 과학, 수학, 정보 관련 영재들을 수만 명씩 선발해 영재교육을 진행하고 있습니다. 그러나 비교적 오랜 영재교육 역사가 있는 선진국들의 영재교육 시스템이나 인프라와 비교하면 영재교육의 수준과 내용은 아직 미흡한 실정입니다.

우리나라 초창기 영재교육은 과학과 수학을 중심으로 이루어졌고 이후 정보 관련 분야가 추가되었습니다. 정보 분야는 IT, 코딩, 로봇 등 4차 산업혁명의 핵심이고 기초가 되는 중요한 부분으로서 이 분야의 조기 영재교육은 향후 국가 경쟁력을 좌우할 만큼 중요하다 하겠습니다.

그러나, 정보 및 로봇 분야 영재선발 도구 등에 있어 투명하지 못한 시스템 탓에 정보 및 로봇 영재원을 대비하는 수험생들과 학부모들 및 일선 지도교사들이 어려움을 겪고 있습니다.

정보(SW, 로봇) 영재원은 그 특성상 알고리즘적 사고, 이산수학적 사고, 컴퓨팅 사고력을 바탕으로 영재를 선발합니다. 이런 특성을 잘 파악해 영재선발을 위한 시험을 잘 대비할 수 있도록 본 교재를 편찬하게 되었습니다. 이 책은 다양한 기출문제와 논문, 관련 서적을 참고해서 대학 및 교육청 부설 정보(SW,로봇) 영재원 대비에 최적화된 파이널 교재로 이용할 수 있게 집필했습니다.

아무쪼록 이 책을 통해 공부하는 미래의 IT 꿈나무들이 정보(SW, 로봇) 영재원에 선발되어 미래 IT 리더로 성장하기를 바라는 바입니다.

**저자**

이 책은 PART 1 영재원 대비법, PART 2 영재성 검사, PART 3 창의적 문제해결검사, PART 4 심층 면접 4단계로 구성되어 있습니다.

PART 1 영재원 대비법에서는 정보(SW, 로봇) 영재원 전형방법과 대비하는 과정, 방법에 관해 설명합니다. 영재원 대비 시 가장 먼저 해야 할 자소서 작성, 학교에서 정보 영재로 관찰 추천을 받기 위한 방법과 정보 영재성 함양을 위한 방법 등을 제시합니다.

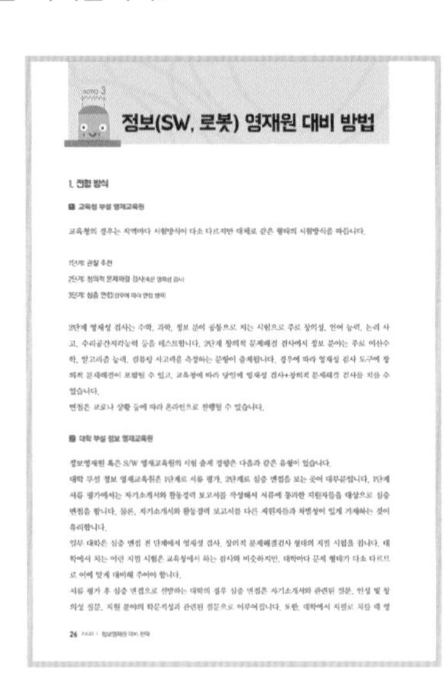
정보(SW, 로봇) 영재원 대비 방법

2. 정보영재원 대비 방법

PART 2 영재성 검사에서는 KEDI 선발 도구에 근거해 정보 과학 및 로봇 영재성을 판별하는 영재 판별 도구와 유사한 영재성 검사 문항을 풀어봄으로써 자신의 영재성 척도를 알 수 있게 합니다.

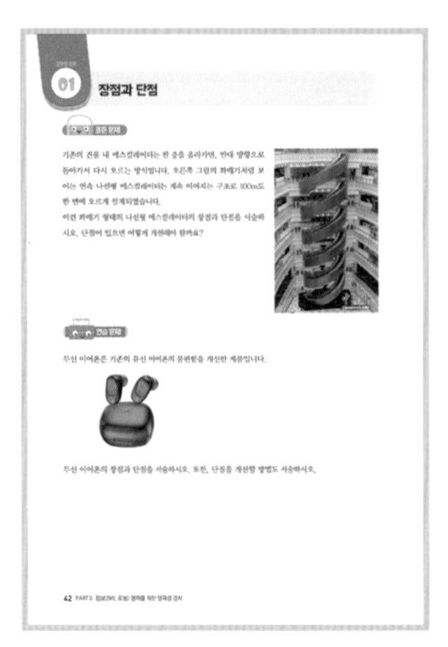
01 장점과 단점

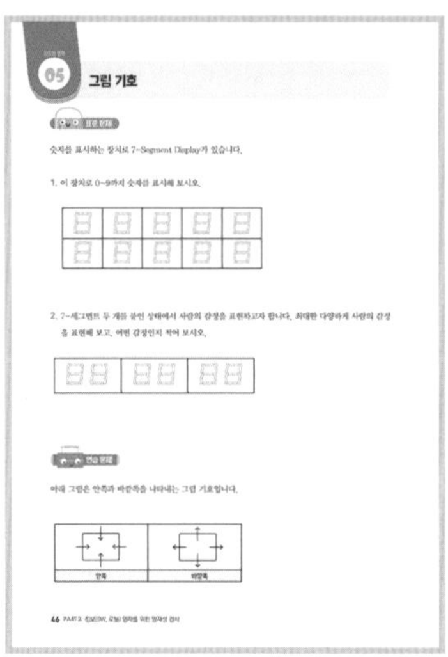
05 그림 기호

PART 3 창의적 문제해결 검사에서는 정보과학(SW) 및 로봇 분야 관련 영역의 다양한 상황에서 이산수학, 자료구조, 컴퓨팅 사고, 알고리즘 등을 이용해 문제를 해결해 보는 활동을 합니다. 이 영역에서 문제를 해결해 가는 과정을 통해 관련 분야의 학문 적성 능력을 파악할 수 있습니다.

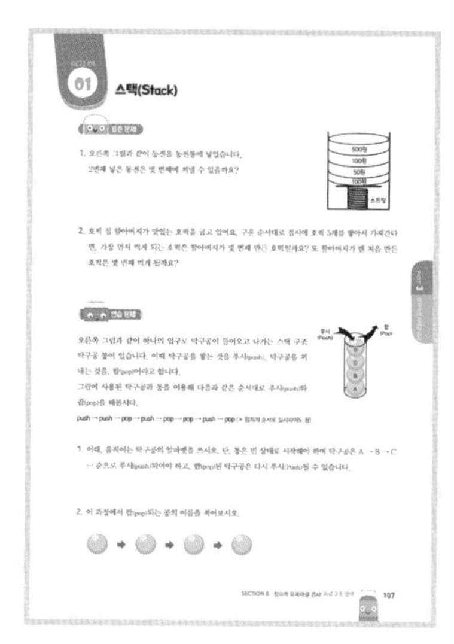


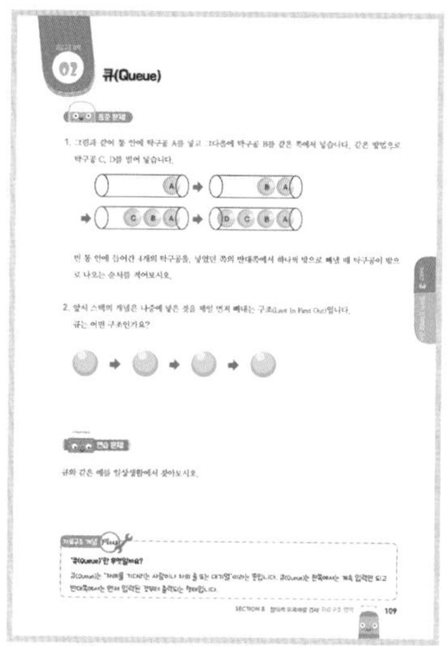


PART 4 심층 면접에서는 대학 및 교육청에서 정보(SW) 및 로봇 영재를 선발할 때 구술로 평가하는 주요 영역들을 세분화해서 다루었습니다.

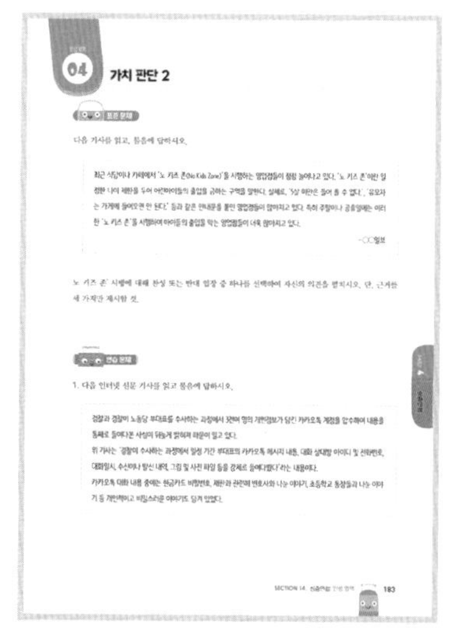


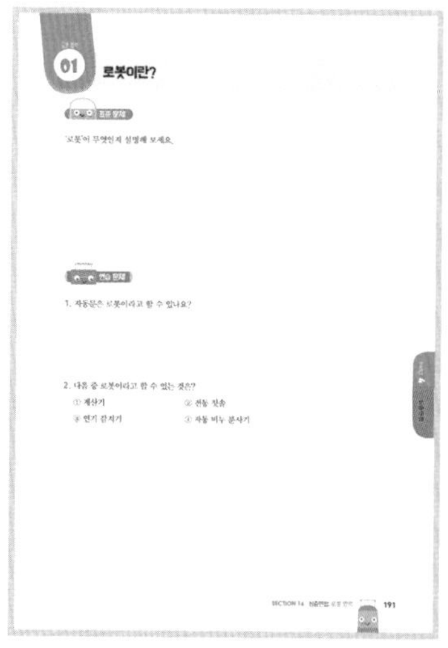

# 목차

## PART 1 정보(SW, 로봇) 영재원 대비전략



## PART 2 정보(SW, 로봇) 영재를 위한 영재성 검사

## 정보(SW, 로봇) 영재를 위한 창의적 문제해결 검사



PART 4

## 정보(SW, 로봇) 영재를 위한 심층 면접

## 정보영재원 현황/IT 대회/IT 추천도서/이미지 출처

# PART 1

# 정보영재원 대비 전략

INTRO 1. 정보(SW,로봇) 영재원 선발 과정

INTRO 2. 정보 과학(SW,로봇) 영재란?

INTRO 3. 정보(SW,로봇) 영재원 대비 방법

INTRO 4. 정보(SW,로봇) 영재원, 자기소개서 쓰는 법

INTRO 5. 정보(SW,로봇) 영재원, 수행관찰평가 대비법

# 정보(SW, 로봇) 영재원 선발 과정

## ■ 교육청 부설 정보과학 영재 선발 과정

우리나라에서는 교육청 부설 정보과학 영재를 대부분 교사 관찰 및 추천으로 선발합니다. 교사 관찰 및 추천에 의한 영재교육원 선발 일정은 다음과 같습니다.

### 1 교육청 영재교육원 선발 일정

| | | | |
|---|---|---|---|
| 1 | GED 온라인 원서 접수 | 매년 8월 말~9월 초 | 학생 · 학부모/GED 시스템 |
| 2 | 추천교사 학생 관찰(2개월 이상) | 매년 9월~11월 | 추천교사/GED 시스템 |
| 3 | GED 교사 추천서 제출 | 매년 11월 중순 | 추천교사/GED 시스템 |
| 4 | 학교추천위원회 심사 및 대상자 추천 | 매년 11월 중순 | 소속학교/GED 시스템 |
| 5 | 영재교육원 선발 1단계_영재성 검사 도구 | 매년 12월 초 | 지역별 고사장 |
| 6 | 최종합격자 공지 | 매년 12월 말 | 공문 발송 |

### 2 교육청 영재교육원 온라인 지원 및 선발 절차

| | | |
|---|---|---|
| **온라인 지원<br>(학생/학부모)** | • GED 홈페이지 주소 https://ged.kedi.re.kr 로그인<br>• 학생 회원가입<br>• 지원서 작성 - 영재지원(학생) 클릭<br>- 학생용 검사지 작성<br>- 사진 첨부(필수)<br>※ 지원 마감일 엄수 | 8월 말~9월 초 |
| **교사 관찰 · 추천<br>(교사 관찰 추천 1~3명)** | • 온라인 추천서 작성 - 추천 기본 정보 입력<br>- 교사용 검사지 작성<br>- 추천 이유<br>- 추천근거자료 파일 업로드<br>• 영재성 입증자료 업로드(관련 교과 경험사례, 산출물 등 학교추천위원회 기준에 의함)<br>• 학교 추천위원회 제출 | 9월~11월 |

| 학교 추천위원회 | • 학교 추천위원회 구성<br>• 추천계획 수립 및 공지<br>• 온라인 학생 심사 – 체크리스트(교사, 학생)<br>– 학추위 고유평가 결과<br>– 관련 교과 경험사례<br>– 생활기록부 자료<br>• 학생 추천(배정 인원) | 11월 중순 |
|---|---|---|
| 영재 대상자 선정 심사위원회 | • 1단계: 영재성 검사 – 일시: 매년 12월 초<br>• 선정심사위원회 심의 – 일시: 매년 12월 중순<br>※ 합격자 발표 – 일시: 매년 12월 말 | 12월 |



### 3 학교 추천 반영요소 및 비율

평가항목 및 반영비율은 단위학교 학교추천위원회 관찰 추천계획에 따라 조금씩 다릅니다. 평가항목별 반영비율 결정은 다음과 같습니다(예시).

| 구분 | 체크리스트 | | 학교추천위원회 고유평가 | | | | 계 |
|---|---|---|---|---|---|---|---|
| | 학생 | 교사 | 교과성적 | 자체평가 | 수상실적 | 영재성 입증자료 | |
| 비율 | 10% | 20% | 20% | 20% | 10% | 20% | 100% |

※ 본 배점 기준은 예시 자료이며 학교추천위원회의 심사기준은 자체적으로 마련하여 평가항목 및 반영비율을 결정합니다.

단위학교별로 추천을 받으려면 정보과학(로봇) 영역에서는 수학, 과학, 실과 과목 중심의 교과성적 자체평가(사고력 수학 및 알고리즘 등 평가), 수상실적(컴퓨터 관련 경시, 올림피아드 대회, 컴퓨터 관련 자격증), 영재성 입증자료(정보 관련 포트폴리오, 지능검사 자료, 기타공인 기관에 의한 영재성 입증자료 등) 등이 70% 정도 반영됩니다.

### 4 체크리스트 작성

이번에는 약 30% 반영되는 학생 및 교사 체크리스트에 대해 알아보겠습니다. 체크리스트는 GED(영재교육 종합 데이터베이스)에서 이루어집니다.

**▶ 학생 온라인 지원과정**

• 접수처: GED 홈페이지(http://ged.kedi.re.kr)
• 학생 온라인 지원
① 영재지원(학생) 매뉴얼을 내려받아 절차에 따라 입력

기본 지원 정보 입력 ➡ 지원 기관, 모집 과정 선택 ➡ 작성 서식 입력

- 소속학교명은 반드시 정식명칭 선택 입력

**▶ 학생 온라인 지원과정**

② 영재성 입증자료 체크리스트(학생, 학부모) 작성
- 작성 서식에서 검사지 이름을 클릭하고 내용을 작성하고 저장
- 검사지가 여러 개인 경우, 하나의 검사지 작성이 완료될 때마다 각각 저장

※ 학생용 검사지 목록

| 대상자 | 순번 | 양식명 | 온라인 제출용 | |
|---|---|---|---|---|
| | | | 초등 | 중등 |
| 학생 | 1 | KEDI 창의적 인성검사(학생용)-초등용 | 필수 | |
| | 2 | KEDI 창의적 인성검사(학생용)-중등용 | | 필수 |
| | 3 | KEDI 리더십 특성검사 간편형-초등용 | 필수 | |
| | 4 | KEDI 리더십 특성검사 간편형-중등용 | | 필수 |
| | 5 | 자기보고서(학생용) | 필수 | |
| 학부모 | 6 | KEDI 학부모 체크리스트 | 참고용 | |
| | 7 | 학부모지원서(학생용) | | |

※ KEDI 창의적 인성검사, KEDI 리더십 특성검사, 자기보고서가 핵심임을 알 수 있습니다.
※ KEDI 창의적 인성검사, KEDI 리더십 특성검사는 교사용과 비슷하다고 보면 됩니다.

**▶ 교사 온라인 추천과정**

• 추천서 작성: 영재추천(교원) 매뉴얼을 내려받아 절차에 따라 입력
① 온라인 지원 학생 조회: 추천 요청자 선택
② 추천서 작성 절차

추천 기본 정보 ➡ 체크리스트 작성(교사용 검사지) ➡ 추천 이유 입력

- 추천 기본 정보 입력: 추천자의 정보를 매뉴얼에 따라 입력
- 교사용 검사지(체크리스트) 작성 및 제출(온라인)

※ 교사용 검사지 목록

| 대상자 | 순번 | 교사용 검사지 종류 | 온라인상 제출용 | 해당 과정 |
|---|---|---|---|---|
| 교사 | 1 | KEDI 영재 행동 특성검사(초중등 공용) | 필수(공통) | 전 과정 |
| | 2 | KEDI 창의적 인성검사(초중등 공용) | | |
| | 3 | KEDI 리더십 특성검사 간편형(초중등 공용) | | |
| | 4 | KEDI 과학 적성 체크리스트 | 필수(수학/과학/정보과학/인문/발명 지원 분야에 따라 선택 작성) | 과학, 수학과학 |
| | 5 | KEDI 수학 적성 체크리스트 | | 수학, 수학과학 |
| | 6 | KEDI 정보과학 적성 체크리스트 | | 정보 SW반 |
| | 7 | KEDI 인문사회 체크리스트 | | 국어반 |
| | 8 | KIPA 발명 영재 특성 체크리스트 | | 발명반 |

※ 교사는 오프라인으로 영재성 증빙자료를 학추위에 제출 할 수 있습니다.(최대 4종류: 학업성취도, 수상실적, 봉사활동 등)

### 5 체크리스트를 통한 창의성, 인성, 리더십, 정보과학적성 체크

창의성이나 인성, 리더십, 정보과학 능력 등은 단기간에 길러지지 않습니다. 체크리스트를 통해 부족한 영역을 극복할 수 있도록 장기간에 걸쳐 노력하는 자세가 필요하다 하겠습니다.
우리가 체크해 볼 검사지는 총 4가지입니다.

▶ 영재 행동 특성검사

▶ 창의적 인성검사

▶ 리더십 특성검사

▶ 정보과학 적성 체크리스트

다음에 제공되는 검사지는 현시점에서 KEDI에서 체크하는 것과 내용이 다소 다를 수도 있지만, 비슷한 양식으로 진행됨을 알려드립니다.

1. 영재 행동 특성검사

아래 질문 내용을 잘 읽고, 해당하는 칸에 ○표 하시오.

| 번호 | 문항 | 매우 그렇다 | 그렇다 | 아니다 | 전혀 아니다 |
|---|---|---|---|---|---|
| 1 | 빠른 학습자이고, 발전된 주제들을 쉽게 이해한다. | | | | |
| 2 | 통찰력을 이용해 인과 관계를 곰곰이 생각한다. | | | | |
| 3 | 과제들을 끝까지 완성한다. | | | | |
| 4 | 문제를 재빨리 알아내고 해결책을 다른 사람보다 먼저 제안한다. | | | | |
| 5 | 기초 기능들을 빨리 익히며 거의 연습을 하지 않아도 잘한다. | | | | |
| 6 | 이미 숙달한 기능들은 연습하는 것을 싫어하며 쓸데없다고 여긴다. | | | | |
| 7 | 지시사항이 복잡하더라도 쉽게 따라 한다. | | | | |
| 8 | 높은 수준의 추상적인 개념을 구성해내고 다룬다. | | | | |
| 9 | 한 번에 여러 개의 아이디어를 잘 처리할 수 있다. | | | | |
| 10 | 강한 비판적 사고력을 가지며 자기 비판적이다. | | | | |
| 11 | 놀라운 지각력과 깊은 통찰력을 가지고 있다. | | | | |
| 12 | 예리하게 관찰하고 상세히 기록하며 유사성과 차이점을 빨리 알아차린다. | | | | |
| 13 | 지적, 신체적으로 매우 활동적이며 지칠 줄을 모른다. | | | | |
| 14 | 놀랄만한 수준의 전문지식을 가지고 있다. | | | | |

| | | | | | |
|---|---|---|---|---|---|
| 15 | 폭넓은 상식을 가지고 있다. | | | | |
| 16 | 자신에 대하여 매우 높은 기준을 세우며 완벽주의자이다. | | | | |
| 17 | 성공 지향적이고 실패가 있음 직한 일을 시도하는 데는 주저한다. | | | | |
| 18 | 유머 감각이 있고 말장난과 농담을 좋아한다. | | | | |
| 19 | 손재주가 또래 학생들보다 떨어지는데, 이는 좌절하는 원인이 되기도 한다. | | | | |
| 20 | 부정적인 자아개념을 가질 수 있고 또래 학생들과의 관계에서 어려움을 겪기도 한다. | | | | |
| 21 | 공상에 잠기고 다른 세계에 정신이 팔린 것 같기도 하다. | | | | |
| 22 | 설명을 들을 때 한 부분에만 귀를 기울여 집중력이 부족한 듯 보이지만, 항상 상황을 전체적으로 이해하고 있다. | | | | |

2. 창의적 인성검사

아래 질문 내용을 잘 읽고, 해당하는 칸에 ○표 하세요.

| 번호 | 문항 | 매우 그렇다 | 그렇다 | 아니다 | 전혀 아니다 |
|---|---|---|---|---|---|
| 1 | 주변에서 일어나는 일이나 어떤 사물에 대해 궁금한 것이 많다. | | | | |
| 2 | 비록 실패가 예상될지라도 정말 하고 싶은 일이면 하는 편이다. | | | | |
| 3 | 춤이나 노래를 새로운 방식으로 표현하려고 시도한다. | | | | |
| 4 | '그것은 왜 그럴까?'와 같은 질문을 많이 한다. | | | | |
| 5 | 어떤 일(놀이나 과제)을 처음 시작하는 것을 두려워하지 않는다. | | | | |
| 6 | 내 일을 스스로 알아서 한다. | | | | |
| 7 | 나와 다른 피부색을 가진 사람들과도 친구 하고 싶다. | | | | |
| 8 | '만약 ~라면 어떻게 될까?'라는 생각을 자주 한다. | | | | |
| 9 | 누가 시키지 않아도 내 할 일을 잘 찾는다. | | | | |
| 10 | 아무리 어려운 문제라도 답지를 보지 않고 끝까지 내가 풀려고 노력한다. | | | | |
| 11 | 나 혼자 있을 때는 무슨 일을 해야 할지 모르겠다. | | | | |
| 12 | 종종 나의 감정을 글(시, 이야기, 일기 등)로 표현한다. | | | | |
| 13 | 시작한 것은 끝을 내는 편이다. | | | | |
| 14 | 예술 활동(예: 이야기 쓰기, 시 짓기 또는 미술 작품 만들기, 연극 하기, 음악 활동 등)을 즐겨한다. | | | | |
| 15 | 잘 모르는 것이라도 두려워하지 않는다. | | | | |

| | | | | | |
|---|---|---|---|---|---|
| 16 | 누구나 당연하게 생각하는 것도 '왜 그럴까?'라고 생각해 볼 때가 있다. | | | | |
| 17 | 내가 싫어하는 사람과도 이야기할 수 있다. | | | | |
| 18 | 무슨 일이든 대충하지 않고 꼼꼼하게 하는 편이다. | | | | |
| 19 | 새로운 것을 경험하기를 좋아한다. | | | | |
| 20 | 질문을 많이 하는 편이다. | | | | |
| 21 | 신비스럽고 아름다운 것에 끌린다. | | | | |
| 22 | 일을 남에게 미루는 편이다. | | | | |
| 23 | 한 번 마음 먹은 일은 어떤 어려움이 있더라도 끝까지 하고야 만다. | | | | |
| 24 | 나와 다른 생각을 하는 사람들과 이야기 하는 것을 좋아한다. | | | | |
| 25 | 세상이 아름답다고 느낄 때가 있다. | | | | |
| 26 | 무엇을 집중하기 시작하면 그 일이 끝날 때까지 오랫동안 집중하는 편이다. | | | | |
| 27 | 내 생각보다 더 좋은 생각이라면 받아들일 수 있다. | | | | |

3. 리더십 특성검사

아래 질문 내용을 잘 읽고, 해당하는 칸에 ○표 하시오.

| 번호 | 문항 | 매우 그렇다 | 그렇다 | 아니다 | 전혀 아니다 |
|---|---|---|---|---|---|
| 1 | 나는 미래를 예상하고 행동한다. | | | | |
| 2 | 나는 분명한 목표를 정해놓고 산다. | | | | |
| 3 | 나는 내가 살아가면서 꼭 지키고 싶은 것과 중요하다고 생각하는 것이 무엇인지 알고 있다. | | | | |
| 4 | 나는 내가 무엇을 목표로 살아가는지, 무엇을 해야 하는지 정확하게 알고 있다. | | | | |
| 5 | 나는 다른 사람들이 나의 의견을 받아들이도록 설득할 수 있다. | | | | |
| 6 | 나는 내 생각을 다른 사람에게 분명하고 조리 있게 말할 수 있다. | | | | |
| 7 | 나는 내가 느끼는 바를 말로 잘 표현하는 편이다. | | | | |
| 8 | 나는 많은 사람 앞에서 내 의견을 조리 있게 발표할 수 있다. | | | | |
| 9 | 나는 다른 사람들과 같이 일하는 것보다 혼자 하는 것을 더 좋아한다. | | | | |
| 10 | 나는 모둠 활동을 할 때 다른 사람들과 맞추면서 하는 것이 힘들다. | | | | |
| 11 | 나는 일을 하는 데 필요한 계획을 미리 짠다. | | | | |
| 12 | 나는 일을 해나가는 중간중간에도 처음의 계획을 다시 확인하고 상황에 맞게 정한다. | | | | |

| 13 | 나는 계획을 세우면 계획대로 추진해 나간다. | | | | |
|---|---|---|---|---|---|
| 14 | 나는 결정을 내리는 데 있어서 다른 사람의 의견을 참고할 수 있다. | | | | |
| 15 | 나는 다른 사람이 무엇을 필요로 하는지 관심을 쏟는다. | | | | |
| 16 | 나는 다른 사람들을 배려하고자 노력한다. | | | | |
| 17 | 나는 나와 생각이 다르더라도 다른 사람들의 생각과 선택을 존중한다. | | | | |
| 18 | 나는 나와 의견이 다른 사람의 입장을 이해하려고 노력한다. | | | | |
| 19 | 나는 새로운 것을 접하면 그것이 무엇인가 알기 위해 관련 정보를 찾아본다. | | | | |
| 20 | 나는 나와 생각이 다른 사람들의 의견과 선택을 받아들일 수 있다. | | | | |
| 21 | 나는 다른 사람들에게 도움이 되는 일을 하면서 살고 싶다. | | | | |
| 22 | 나는 곤란한 상황에 처한 사람들을 돕는 데 적극적이다. | | | | |
| 23 | 나는 어려운 사람들을 위해 내 돈을 들여서라도 돕고 싶다. | | | | |
| 24 | 나는 내가 좀 손해를 보더라도 다른 사람에게 도움이 되도록 행동한다. | | | | |
| 25 | 나는 우리 반이나 학교에서 벌어지는 문제를 해결하는 데 도움을 주고자 한다. | | | | |

4. 정보과학 적성 체크리스트

아래 질문 내용을 잘 읽고, 해당하는 평가 기준 점수를 평가 점수란에 기재하시오.

| 구분 | | 평가 기준 | | | 평가 점수 | 비고 |
|---|---|---|---|---|---|---|
| 점수 및 수준 | | 1점 | 3점 | 5점 | 0~5점 | |
| | | 또래 상위 10%(학급 내 3~4명, 전교 상위권) | 또래 상위 5%(학급 내 1~2명, 전교 5~10명) | 또래 상위 1%(학급 내 0~1명, 전교 1~2명) | | |
| 1 | (자기주도적 학습능력, 리더십)<br>스스로 목표를 세우고 계획하여 실천하며, 필요에 따라 모임을 만들어 이끌어가며 의사 결정에 중요한 역할을 한다. | 학교의 공부와 과제를 혼자 힘으로 더 자세히 탐구해본 경험이 있다. | 자신이 좋아하고 관심 있는 주제를 혼자 힘으로 더 자세히 탐구해 본 경험이 있다. | 선배들이 할 만한 어려운 과제와 주제에 도전하여 혼자 힘으로 깊이 있는 탐구 활동을 해본 경험이 있다. | | |
| | | 친구들과 함께 모여 팀을 이루어 모둠 활동을 주도하는 것을 좋아한다. | 모둠 활동에서 타인의 의견을 경청하고 모두 골고루 참여하도록 배려한다. | 모둠 활동에서 자신의 의견을 분명하고 조리 있게 설명하고 다른 의견을 반영하여 새로운 대안을 제시한다. | | |

| | | | | | | |
|---|---|---|---|---|---|---|
| 2 | (지적 호기심, 진로계획)<br>IT 관련 내용에 호기심이 많으며, 향후 자신의 직업이나 진로계획이 IT 분야와 관계가 있다. | 즐겨보는 책이나 잡지 중에 IT 관련 내용이 있으면 관심을 가지고 읽는 편이다. | IT와 관련한 활동에 흥미와 관심이 많으며, 관련 책이나 잡지를 일부러 찾아서 읽는다. | IT 관련 지식이나 통신 기술에 관하여 평소 주변 사람들에게 자주 이야기하거나 질문한다. | | |
| | | IT 분야의 다양하고 새로운 직업에 대하여 관심이 많다. | 향후 진로와 관련하여 IT 관련 특정 분야나 기업을 희망한다. | IT와 연관된 특정 직업을 목표로 정하고, 개인적으로 학습 또는 훈련에 스스로 참여하고 있다. | | |
| 3 | (일상생활과의 연관성)<br>일상생활에서 널리 사용되는 각종 디지털 기기에 대하여 상식 수준 이상의 지식을 얻기 위해 노력한다. | 새로운 IT 관련 제품에 관심을 두고 관련 정보나 기사를 검색해 본다. | 특정 IT 관련 제품을 직접 조작해 보고, 제품의 구조나 동작 원리를 살펴보는 편이다. | 특정 IT 관련 제품의 내부를 분해하거나 직접 부품을 구매하여 조립해 본 경험이 있다. | | |
| | | 스마트폰의 주요 기능과 기본 앱이 무엇이 있는지 알고 있다. | 스마트폰에서 자신에게 필요한 앱을 찾아서 어떻게 설치하여 사용하는지 알고 있다. | 스마트폰에서 비슷한 기능을 가진 앱의 장단점을 어떻게 서로 비교할 수 있는지 알고 있다. | | |
| 4 | (정보보호에 대한 인식)<br>정보보호 관련 사고에 대하여 많은 흥미를 가지고 있다. | 최근 정보보호 관련 사고에 관한 기사를 읽어 본 적이 있다. | 정보보호 관련 사고가 생기는 이유나 예방 대책에 대하여 인터넷에서 찾아본 적이 있다. | 정보보호 관련한 사고의 원인에 관해 관심을 갖고 전문적인 보안 기술에 관해 탐구해 본 적이 있다. | | |
| 5 | (도전정신, 과제집착)<br>잘 모르거나 새로운 것을 알기 위해 적극적으로 행동하며 끈기 있게 집착한다. | 새로운 지식을 학습하기 위해 자주 인터넷을 검색하거나 주위 사람에게 질문하는 편이다. | 스스로 학습하는 데에 한계를 느끼면 극복하기 위해 주변의 전문가를 찾아가 도움을 청하는 편이다. | 단기간 내에 학습하기 어려운 경우 체계적인 학습계획을 세워 꾸준히 실천하며 스스로 과제를 해결하는 편이다. | | |
| | | 주어진 문제가 잘 이해가 안 되거나 풀기 어렵다고 느끼면 문제를 다시 읽고 생각하는 과정을 반복하며 포기하지 않는다. | 어렵고 복잡한 문제가 있으면 이를 해결하기 위해 다른 공부나 약속을 포기할 만큼 집중한다. | 이해가 안 되거나 해결하지 못한 문제가 있으면 끝까지 해결하기 위해 잠을 이루지 못할 만큼 집착한다. | | |
| 6 | (창의성, 다양성)<br>기발하고 독특한 생각을 잘하며, 아이디어가 많다. | 수업시간에 학습 내용을 벗어나거나 또래의 수준을 능가하는 엉뚱한 질문을 자주 한다. | 남들과 다른 관점에서 문제를 이해하거나, 남보다 많은 아이디어를 계속 제시한다. | 새로운 풀이 방법을 모색하기 위해 스스로 끊임없이 탐구한다. | | |
| | | 같은 문제를 여러 가지 서로 다른 방법으로 해결해 보려고 시도한다. | 동일한 답을 얻더라도 풀이 방법이 서로 다르면 어느 방법이 더 좋은지 따져본다. | 서로 다른 문제 풀이 방법들의 장단점을 파악하여 적합한 풀이 방법을 선택한다. | | |

| 7 | (관찰력) 관찰을 통해 문제 해결을 위한 정보와 자료를 구한다. | 특정 사물이나 사건에 대하여 남들이 잘 인지하지 못하는 세세한 부분까지도 찾아낸다. | 관찰을 통해 여러 사물이나 사건 간의 공통점/차이점 혹은 상관관계를 찾아보려고 한다. | 사물이나 사건을 관찰한 결과를 토대로 기존의 지식과 관련지어 새로운 관점에서 문제를 발견하려고 한다. | | |
|---|---|---|---|---|---|---|
| 8 | (표현 능력) 자신 생각이나 아이디어를 정확하게 전달한다. | 자신은 문제를 이해하고 풀 수 있으나, 친구에게 문제와 풀이 과정을 이해하기 쉽도록 설명하기 어렵다. | 같은 내용이라도 상대편의 이해 수준에 맞추어 좀 더 쉽게 설명할 수 있다. | 상대방이 이해하기 어려우면 다양한 비유와 예시를 통해 논리적으로 잘 설명한다. | | |
| 9 | (수리능력, 직관력) 문제를 직관적으로 해결하고, 빠른 계산을 통해 풀이 과정과 답을 검증한다. | 어림짐작이나 암산을 통해 빠르게 계산하며, 결과도 비교적 정확한 편이다. | 수에 대한 뛰어난 감각을 가지고 주어진 수식이나 기호를 금방 이해하며, 계산이 빠르고 정확하다. | 빠른 계산을 위해 연산 과정을 축소하여 새롭게 처리하거나 문제를 변형하여 다른 방법으로 해결한다. | | |
| | | 또래보다 문제 이해가 빠르므로 먼저 정답을 찾기 위해 속도 경쟁을 좋아하지만, 실수도 가끔 하는 편이다. | 퍼즐이나 퀴즈 문제를 풀 때, 풀이 과정 없이 먼저 정답을 말한 다음 검산을 통해 확인하는 편이다. | 문제파악을 위한 결정적인 단서나 문제 해결을 위한 아이디어를 순간적으로 떠올리는 편이다. | | |
| 10 | (학습 능력) 새로운 학습 내용을 쉽게 잘 이해하고, 학습효과가 상대적으로 높다. | 새로운 지식에 대한 이해가 빠르고, 또래 학생보다 빨리 숙달하는 편이다. | 한번 배운 지식을 오랫동안 정확하게 기억하는 편이며, 스스로 연습을 통해 잘 활용한다. | 새롭게 배운 지식에 대하여 자기 스스로 논리적인 사고와 실험을 통해 검증하거나 좀 더 깊이 탐구하는 것을 좋아한다. | | |
| 11 | (정보과학 기초지식) 실생활을 통해 컴퓨터와 네트워크에 대한 기초적인 지식을 가지고 있다. | 컴퓨터에서 인터넷을 사용하는 데 필요한 네트워크 환경에 대하여 알고 있다. | 스마트폰에서 인터넷을 사용하는 데 필요한 네트워크 환경에 대하여 알고 있다. | 언제 어디서나 자유롭게 이동하면서 어떻게 인터넷을 사용할 수 있는지 알고 있다. | | |
| | | 모니터, 키보드, 마우스, 프린터 등과 같은 컴퓨터 주변기기의 종류와 기능을 잘 알고, 필요한 제품을 구매할 수 있다. | 윈도우, 한글, 게임 등과 같은 소프트웨어의 종류와 용도를 잘 알고 필요한 소프트웨어를 직접 컴퓨터에 설치할 수 있다. | TV, 카메라, 스마트폰 등과 같은 다양한 IT 관련 제품을 컴퓨터에 연결하기 위한 소프트웨어의 필요성 및 역할을 알고 있다. | | |

| | | | | | | |
|---|---|---|---|---|---|---|
| 12 | (정보활용 능력) 이용 목적에 따라 정보를 수집하고 분석하여 적절하게 가공할 수 있으며, 이러한 정보들을 잘 활용한다. | 수집한 정보들을 활용하여 자신만의 독특한 구조에 맞도록 잘 구성하고 편집하여 발표 자료를 만든다. | 먼저 발표 자료에 관한 내용과 구조를 결정한 다음, 그에 알맞은 정보를 수집하기 위해 더 많은 시간과 노력을 투자한다. | 수집한 정보들을 자신의 의도에 따라 재구성하거나 서로 융합하여 새로운 형태의 자료로 만들어 활용한다. | | |
| | | IT 관련 제품의 주요 기능이나 버튼 조작방법을 직관적으로 쉽게 이해한다. | IT 관련 제품의 고급 기능이나 복잡한 사용방법을 알기 위해 설명서를 보거나 인터넷 검색을 한다. | IT 관련 제품을 고급 기능까지 사용해보고 개선사항이나 추가로 필요한 기능을 제안하는 편이다. | | |
| 13 | (소프트웨어 활용 능력) 컴퓨터를 이용한 학습에 필요한 소프트웨어를 잘 사용한다. | 새로운 소프트웨어라도 조금만 사용해보면 또래보다 금방 익숙해지는 편이다. | 자신이 원하는 소프트웨어를 직접 설치하여 사용해보는 것을 두려워하지 않는다. | 현재 사용 중인 소프트웨어 관련 업데이트나 업그레이드를 수시로 확인할 만큼, 최신 소프트웨어를 사용하려는 욕구가 강하다. | | |
| 14 | (정보 처리 능력) 입력과 출력 간의 인과관계와 처리 과정의 진행순서를 잘 파악한다. | 컴퓨터가 데이터를 처리하는 과정을 순서대로 설명할 수 있다. | 컴퓨터가 처리할 내용과 순서를 명확하게 제시할 수 있다. | 발생 가능한 모든 경우에 대하여 컴퓨터가 처리할 내용과 순서를 각각 정할 수 있다. | | |
| | | 문제 해결을 위해 필요한 데이터가 무엇인지 파악할 수 있다. | 문제 해결에 필요한 데이터 간의 상관관계를 수식으로 나타낼 수 있다. | 문제 해결 과정에서 임시로 만들어졌다가 사라지는 데이터가 무엇인지 나열할 수 있다. | | |
| 15 | (문제 이해 능력) 문제에 주어진 상황이나 예제를 통해 이해한 것을 수식이나 기호를 사용하여 수학적으로 표현할 수 있다. | 문제의 내용을 수학 용어와 수식, 연산기호를 사용하여 수학적으로 표현할 수 있다. | 문제에 있는 규칙이나 관계를 일반화하는 수식의 형태로 정리하여 나타낼 수 있다. | 규칙이나 관계의 일반화는 물론 모든 경우를 살펴보고 예외상황까지 고려한다. | | |
| | | 문제가 요구하는 방법을 수학적으로 일반화시켜 제시할 수 있다. | 문제에 들어있는 값이 바뀌면 문제가 요구하는 것이 달라지거나 풀이 방법이 부분 수정되어야 하는 경우를 찾아낼 수 있다. | 문제를 풀이하는 과정이 여러 가지인 경우, 각각 풀이 과정상의 차이를 명확하게 설명할 수 있다. | | |

| | | | | | | |
|---|---|---|---|---|---|---|
| 16 | (문제 해결 능력)<br>문제의 핵심을 파악하여 해결의 실마리를 찾고, 다양하고 독창적인 해결방법을 제시한다. | 문제에서 주어진 예제를 통해 주로 문제 해결의 실마리를 찾는다. | 기본적인 문제 해결에 대한 아이디어를 가지고, 문제에 주어지지 않은 경우에 대하여 확인해 본다. | 문제의 핵심을 빠르게 파악하여 수학적 증명 및 검증과정을 거쳐 해결방법을 제시한다. | | |
| | | 한 번 풀어본 문제에 대한 해결방법을 가지고, 나중에 유사문제를 해결하는 데에 잘 활용한다. | 문제 해결방법 전체를 외우는 것보다 문제 해결의 실마리를 정확하게 기억하려고 노력한다. | 복잡한 문제 해결을 위해 가정과 조건을 완화한 단순한 문제에 대한 해결방법을 먼저 찾으려고 한다. | | |
| 17 | (문제 창출 능력)<br>학습 결과를 개조하거나 변형시켜 새로운 문제를 잘 만들어 낸다. | 이미 학습한 문제와 유사하거나 동일한 수준의 문제를 잘 만든다. | 주어진 문제의 가정이나 조건을 변경하거나 확장하여 새로운 문제를 만드는 것을 좋아한다. | 기존의 문제를 전혀 다른 분야에 적용하거나 새로운 문제를 제시한다. | | |
| 18 | (프로그래밍 능력)<br>혼자 힘으로 프로그램을 작성하고 실행결과를 확인할 수 있다. | 문제의 조건에 따라 예제 프로그램을 일부 변형하는 수준의 프로그램은 작성해 본 경험이 있다. | 문제 풀이가 쉽고 간단한 경우에는 예제 프로그램 없이 직접 프로그램을 작성해 본 경험이 있다. | 정보올림피아드 수준의 어려운 문제를 프로그램을 통해 해결해 본 경험이 있다. | | |
| 19 | (학습경험)<br>정보과학 관련 학습경험이 있다. | 방과 후 학습이나 학원에서 정보 혹은 컴퓨터 관련 학습경험이 있으며, 영재교육을 받아본 적이 있다. | 영재교육 프로그램 중 일부 정보과학과 관련된 교육을 받은 경험이 있다. | 정보과학 분야에 특화된 영재교육 프로그램을 1년 이상 이수한 경험이 있다. | | |
| 20 | (수행실적, 산출물)<br>자격증, 대회입상경력 등 자신만의 독특한 학습 성과에 따른 수행실적과 연구 산출물이 있다. | 개인적으로 관심이 있는 자격증을 가지고 있거나, 교내 경시대회 입상 경력이 있다. | IT 관련 자격증을 가지고 있으며, 교외 경시대회 입상 경력이 있다. | 수학, 과학, 정보 분야에서 학교를 대표하여 전국대회에 참가하거나 입상한 경력이 있다. | | |
| | | 특정 분야와 관계없이 자신의 연구결과에 대한 산출물이 있다. | 정보 분야 혹은 정보가 포함된 다른 분야의 연구결과에 대한 산출물이 있다. | 정보 분야에 특화된 연구결과 산출물이 있다. | | |

※ 검사 주의사항

❶ 검사자

본 체크리스트를 제대로 작성하기 위해 교사는 추천하고자 하는 학생이 그간 보여준 행동 특성과 정보과학 학습의 결과물이나 성취 정도, 정보과학 관련 공인된 기록물 등을 알고 있어야 하며, 될 수 있으면 또래 나이의 다른 학생들과도 비교할 수 있는 안목과 실제적인 관찰 경험이 필요합니다.

❷ 준비물

추천 학생에 대한 개인 정보가 든 학생생활기록부와 학생별 자료.

❸ 표준 절차와 순서

- 문항별로 1점 항목부터 차례로 읽어가면서 해당 점수 항목에 있는 내용이 모두 맞으면 다음 점수 항목으로 넘어갑니다. 만약, 문항별 성격에 따라 검사 대상자의 학년이나 나이가 맞지 않아 평가 대상이 되지 않을 때는 제외하고 넘어갑니다.
- 해당 점수 항목의 내용에 해당하지 않는 내용이 하나라도 있으면 그보다 낮은 점수를 부여하는 것을 원칙으로 합니다(이때 0점, 2점, 4점 가능).
- 낮은 점수의 항목에 해당하지 않는 것이 예외적으로 1개 있지만, 더 높은 점수 항목에 해당하는 개수가 더 많다면 그 중간 점수(0점, 2점, 4점)를 부여할 수 있습니다.
- 비고란에 개인별 평정 근거 행동 사례를 간단히 적어 추천 학생들의 특성과 수준 이해를 위한 근거 자료로 활용할 수 있도록 합니다.

# 정보 과학(SW, 로봇) 영재란?

이재호 교수에 따르면 정보 영재의 특성은 다음과 같다고 합니다.

| | 세부사항 | |
|---|---|---|
| 일반적 특성 | • 초기의 뛰어난 이해력과 통찰력<br>• 논리적이고 확산적인 사고력<br>• 과제에 대한 집착력<br>• 뛰어난 상상력과 왕성한 호기심 및 창의성<br>• 대담한 모험가형<br>• 특수 학문적성(정보과학) | |
| 정보과학적 특성 | 정보과학 능력 | • 소프트웨어와 멀티미디어에 관한 지식과 활용능력<br>• 프로그래밍 능력<br>• 컴퓨터 분야의 성취 욕구와 자신감<br>• 새로운 알고리즘 개발 능력 |
| | 이산수학적 사고력 | • 직관적 통찰력<br>• 공간화/시각화 능력<br>• 수학적 추상화 능력<br>• 정보의 조직화 능력<br>• 일반화 및 적용 능력<br>• 수학적 추론 능력 |

즉, 정보 영재는 정보과학 능력과 이산수학 능력이 우수한 학생이라고 할 수 있습니다. 다음의 간편 정보과학 영재 체크리스트를 통해 나의 정보 영재성을 파악해 보세요.

| 간편 정보과학 영재 체크리스트 | | | |
|---|---|---|---|
| 영역 | 항목 | 지표 | 체크 |
| 창의성 | 정보 창출 능력 | 기존의 정보/지식을 이용하여 새로운 정보/지식을 도출한다. | |
| | 상상력 | 남들보다 풍부한 상상력으로 사고한다. | |
| | 독창성 | 참신하고 독특한 아이디어를 이용해 문제를 해결한다. | |
| | 정보과학 | 창의적인 컴퓨터 및 데이터 활용능력이 있다. | |
| | 정보과학 | 새로운 알고리즘을 개발하고 분석한다. | |

| | | | |
|---|---|---|---|
| 리더십 능력 | 주도성 | 팀 단위의 활동에서 주도적 역할을 한다. | |
| | 협동성 | 팀 단위의 활동에서 타인을 배려하며 적극적으로 참여한다. | |
| | 존중성 | 팀 단위의 활동에서 주변 사람들로부터 인정을 받는다. | |
| 표현능력 | 전달력 | 자기 생각이나 개념을 다른 사람에게 효과적으로 전달 · 주장한다. | |
| | 명확성 | 자기 생각이나 개념을 다른 사람에게 명확하게 표현한다. | |
| | 간결성 | 자기 생각이나 개념을 간결하게 표현한다. | |
| | 논리성 | 자기 생각이나 개념을 논리적으로 표현한다. | |
| | 다양성 | 다양한 표현방법을 이용하여 자기 생각이나 개념을 표현한다. | |
| | 정보과학 | 자기 생각이나 개념을 알고리즘으로 설계하고 표현한다. | |
| 학습능력 | 이해력 | 기존의 정보 및 새로운 정보를 빠르고 정확하게 이해한다. | |
| | 관찰력 | 평범하고 당연해 보이는 것도 예리하게 관찰한다. | |
| | 계획성 | 과제의 완수를 위해 시간과 능력을 고려하여 구체적인 계획을 수립한다. | |
| | 해결 능력 | 문제의 원리를 이해하고 단순화 혹은 구체화할 수 있다. | |
| | 정보과학 | 문제를 정보화하고 프로그램과 같은 정보분석 도구를 이용하여 해결한다 | |
| | 정보과학 | 서로 다른 알고리즘에 대한 비교와 분석에 대한 역량을 갖고 있다. | |
| 정신력 | 정신력 | 지적 호기심 기존의 정보/지식을 이용하여 새로운 정보/지식을 도출한다. | |
| | 선호도 | 남들보다 풍부한 상상력으로 사고한다. | |
| | 집중력 | 참신하고 독특한 아이디어를 이용해 문제를 해결한다. | |
| | 끈기 | 창의적인 컴퓨터 및 데이터 활용능력이 있다. | |
| | 도전정신 | 새롭고 어려운 문제에 대한 두려움이 없으며 해결하고자 도전한다. | |
| | 정보과학 | 정보과학과 관련된 문제를 선호하고 정보화 도구를 잘 이용한다. | |
| 성품/자신감 | 자립성 | 주어진 문제는 다른 사람의 도움 없이 스스로 해결한다. | |
| | 우월성 | 또래에 비해 높은 수준의 지적능력을 보인다. | |
| | 책임감 | 주어진 활동을 책임감 있게 잘 수행한다. | |
| | 정보과학 | 또래보다 정보통신 기기 및 새로운 기기의 사용을 좋아하며 잘 다룬다. | |

총 30개 항목 검사 ▶

| 체크 항목 수 | 정보과학 영재성 |
|---|---|
| 27개 이상 | 아주 우수 |
| 24개~26개 | 우수 |
| 20개~23개 | 보통 |
| 17개~19개 | 노력 필요함 |
| 16개 이하 | 상당한 노력을 더 기울일 것 |

# 정보(SW, 로봇) 영재원 대비 방법

## 1. 전형 방식

### 1 교육청 부설 영재교육원

교육청의 경우는 지역마다 시험방식이 다소 다르지만 대체로 같은 형태의 시험방식을 따릅니다.

1단계: 관찰 추천

2단계: 창의적 문제해결 검사(혹은 영재성 검사)

3단계: 심층 면접(경우에 따라 면접 생략)

2단계 영재성 검사는 수학, 과학, 정보 분야 공통으로 치르는 시험으로 주로 창의성, 언어 능력, 논리 사고, 수리 · 공간지각능력 등을 테스트합니다. 2단계 창의적 문제해결 검사에서 정보 분야는 주로 이산 수학, 알고리즘 능력, 컴퓨팅 사고력을 측정하는 문항이 출제됩니다. 경우에 따라 영재성 검사 도구에 창의적 문제해결이 포함될 수 있고, 교육청에 따라 당일에 영재성 검사와 창의적 문제해결 검사를 동시에 치를 수 있습니다.
면접은 코로나 상황 등에 따라 온라인으로 진행될 수 있습니다.

### 2 대학 부설 정보 영재교육원

정보영재원 혹은 S/W 영재교육원의 시험 출제 경향은 다음과 같은 유형이 있습니다.
대학 부설 정보 영재교육원은 1단계로 서류 평가, 2단계로 심층 면접을 보는 곳이 대부분입니다. 1단계 서류 평가에서는 자기소개서와 활동경력 보고서를 작성해서 서류에 통과한 지원자들을 대상으로 심층 면접을 합니다. 물론, 자기소개서와 활동경력 보고서를 다른 지원자들과 차별성이 있게 기재하는 것이 유리합니다.
일부 대학은 심층 면접 전 단계에서 영재성 검사, 창의적 문제해결검사 형태의 지필 시험을 칩니다. 대학에서 치르는 이런 지필 시험은 교육청에서 하는 검사와 비슷하지만, 대학마다 문제 형태가 다소 다르므로 이에 맞게 대비해 주어야 합니다.
서류 평가 후 심층 면접으로 선발하는 대학의 경우 심층 면접은 자기소개서와 관련된 질문, 인성 및 창의성 질문, 지원 분야의 학문적성과 관련된 질문으로 이루어집니다. 또한, 대학에서 지필로 치를 때 영재성 검사, 창의적 문제해결 검사는 교육청에서 실시하는 '영재성 검사' 및 '창의적 문제해결 검사'와 50~60% 정도 비슷한 유형이 나옵니다. 다만, 교육청은 지역별로 같은 문제가 나오지만, 대학은 자율적으로 문제를 출제하므로 대학별로 출제 경향에 맞게 대비해야 합니다.



## 2. 정보영재원 대비 방법

정보영재원을 대비하려면 크게 4가지 영역에서 능력을 키워야 합니다

- ▶ 정보과학 영재성
- ▶ 컴퓨팅 사고력
- ▶ 알고리즘적 사고능력
- ▶ 이산수학 능력

이러한 능력은 단시간에 길러지지 않습니다. 여기서는 시험이 얼마 남지 않는 수험생을 대상으로 효과적으로 대비하는 방법을 소개합니다.

▶ 정보과학 영재성

현재 교육청에서 정보과학 영재를 위한 영재성 검사는 수학/과학/정보 분야가 거의 공통된 문제가 나오며 주로 '수리 · 공간 지각능력/창의성/논리 사고력/언어 능력'을 기본으로 대비하면 됩니다.

▶ 컴퓨팅 사고력

컴퓨팅 사고력은 정보과학 문제해결에서 컴퓨터처럼 논리적으로 사고하는 능력을 알아보는 것입니다. 컴퓨팅 사고력은 아래와 같이 그림과 같이 크게 9가지 구성요소로 되어 있습니다.

■ 컴퓨팅 사고력의 구성요소

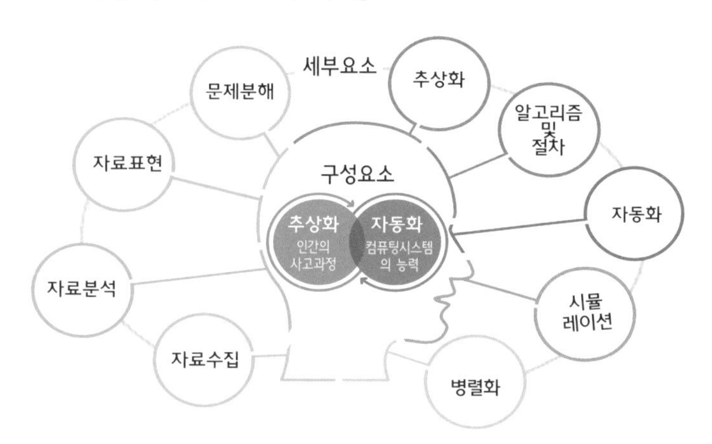


지필고사를 통해서 컴퓨팅 사고력을 측정한다면 학생의 '추상화' 능력을 알아보겠다는 것이고, 실기 시험을 치른다면 학생의 '자동화' 능력을 알아보는 것입니다.

자료 분석과 표현, 문제 분해와 추상화, 알고리즘과 절차화 등과 관련한 문제를 '창의적 문제해결 검사'에서 정보과학 문제나 현상과 연관 지어 출제할 수 있으며 이산수학과 연계할 수도 있습니다.

▶ 알고리즘적 사고능력

알고리즘적 능력은 컴퓨팅 사고의 핵심 요소입니다. 컴퓨터 시스템이나 로봇 시스템 혹은 인공지능 시스템이 문제를 해결할 수 있게 지시하려면 소스 코드를 작성해 입력해 주어야 합니다. 즉, 자동화 프로그램의 논리를 개발하려면 효과적인 알고리즘을 구성해야 합니다. 알고리즘은 문제해결을 위한 절차적 사고로서 이런 능력이 있는지 다양한 문제를 통해 파악합니다.

▶ 이산수학 능력

정보 영재란 이산수학적 사고가 뛰어난 학생입니다. 이산(discrete)이란 서로 다르던가 또는 연결되지 않은 원소들로 구성된 것을 말합니다. 이산적인 내용을 다루는 것을 이산수학 또는 전산수학이라고 하며, 현재 우리가 다루는 프로그래밍 언어, 소프트웨어 공학, 자료구조 및 데이터베이스, 알고리즘, 컴퓨터 통신, 암호이론 등의 컴퓨터 응용 분야 등에서 이산수학적 내용이 적용되고 있습니다. 즉, 정보과학을 심도 있게 공부하려면 이산수학을 잘할 수 있어야 하고, 이런 까닭으로 정보영재교육원에서는 이산수학과 관련된 내용으로 정보 영재를 판별하고 있으므로 이산수학에 대한 학습을 합니다.
이산수학 분야의 출제 영역을 정리하면 다음과 같습니다.

| 이산 수학 영역 | 이산수학 세분화 | 이산수학적 사고 능력 |
|---|---|---|
| • 선택과 배열<br>• 그래프<br>• 알고리즘<br>• 의사결정과 최적화 | 선택과 배열<br>• 순열과 조합<br>• 포함과 배제(집합)<br>그래프<br>• 수형도<br>• 그래프, 트리<br>• 여러 가지 회로<br>알고리즘<br>• 그래프 활용<br>• 수와 알고리즘<br>• 순서도<br>• 점화 관계<br>의사결정과 최적화<br>• 의사결정 과정<br>• 최적화 알고리즘 | • 직관적 통찰 능력<br>• 수학적 추론 능력<br>• 정보의 조직화 능력<br>• 정보의 일반화 및 적용 능력<br>• 논리적인 문제 해결 능력<br>• 해결방법의 다양성 추구 능력 |

정보영재교육원 시험에서의 수학 출제 범위는 반드시 이산수학만 나오는 것이 아니므로 평소 창의사고력 수학을 공부해 놓아야 합니다.

## 3. 정보과학 영재의 문제해결 특성과 과정

1. 문제 규명: 문제의 속성을 명확히 규명하기 위해 문제를 읽고, 쓰고, 계산하는 과정을 거칩니다.
2. 문제 추상화: 현실 세계의 복잡하고 거대한 문제를 추상화하고 분해하는 과정을 통해 문제를 해결하기 쉬운 형태로 다시 정의합니다.
3. 재귀적 사고: 문제해결을 위한 과정에서 방법의 세련됨이나 시스템의 간결함을 고려합니다.
4. 추상과 분해: 크고 복잡한 문제를 분해하여 문제의 속성을 대표할 수 있는 표현이나 모델을 제시합니다.
5. 예방, 보호, 복구: 위험 제거, 중복 정책, 오류검사 등을 통해 최악의 시나리오로부터 문제를 예방, 보호, 복구합니다.
6. 발견적 방법으로 해결: 현재의 불확실한 상태에서 문제해결을 위해 계획, 학습, 일정, 검색 등의 방법을 탐색합니다.

정보 영재 전문가들은 창의적 문제해결검사 및 심층 면접 등 정보 영재 선발 전 과정에서 위와 같은 정보 영재의 특성을 면밀히 판별합니다. 따라서, 정보 분야를 지원한 학생들은 평소 위와 같은 사고체계의 함양에 힘써야 합니다. 문제 풀이 과정에서 위와 같은 접근법으로 풀어나가야 합니다.

# 정보(SW, 로봇) 영재원, 자기소개서 쓰는 법

※ 자기소개서와 관련된 내용은 SECTION 15에서 더 구체적으로 다루었으니 참고하세요.

## 1. 자기소개서 다가가기

정보영재원 서류전형에서 자기소개서는 중요한 비중을 차지합니다. 지원할 정보영재원을 결정했어도 가장 먼저 '자기소개서' 작성 부분에서 어떻게 접근해야 할지 몰라 힘이 들 수 있습니다.
일단, 주어진 가이드라인 대로 학생 자신이 스스로 작성하게 하세요. 그런 다음 초안을 바탕으로 좀 더 어필할 수 있게 다음을 참고해서 살을 붙이세요.

- 코딩 경험과 피지컬 컴퓨팅 경험
- 관련 IT 및 SW 분야 독서 경험
- IT 분야에서 존경하는 사람과 닮고 싶은 점
- IT 분야에서 학생이 가진 주특기
- IT 분야 다방면으로 체험했던 경험(올림피아드 출전 혹은 경진대회, 전시회)
- SW를 통해 세상을 변화시키고 싶은 분야 등

IT 중심으로 기술하되, IT의 기초가 되는 컴퓨팅 사고력과 논리적 사고 능력(수리 능력) 그리고 융합사고력 등이 있음을 어필하면 좋습니다. 다양한 분야의 폭넓은 독서를 통해 아이가 인문학적 소양이 있고 이것을 IT와 접목하는 형식이어도 좋습니다.
핵심은 아이 자체가 IT 분야를 즐겨한다는 것과 과제 집착적으로 그 분야의 문제해결을 위해 노력하는 모습이 자기소개서에 드러나야 합니다. 자기소개서에는 모든 것을 다 잘하는 것보다는 하나의 목표가 있고, 이 목표를 이루기 위해 그런 경험과 능력을 키웠고 입학하고 싶은 정보영재교육원에서 실력을 키워 꿈을 이루고 싶다는 형식으로 흐름을 잡아야 합니다

## 2. 자기소개서 질문 유형

정보영재교육원 서류전형에서 자기소개서는 중요한 비중을 차지합니다.

1. 정보(또는 소프트웨어) 영재교육원에 지원하는 동기에 관해 기술하세요.
2. 자신이 잘하는 것(강점)과 못하는 것(약점)에 관해 기술하세요.

3. 컴퓨터 과학과 관련된 본인의 경험, 그리고 평소 흥미 있는 분야나 문제에 관해 기술하세요.

4. 앞으로 하고 싶은 일, 혹은 해결해 보고 싶은 일에 대해 구체적으로 기술하세요.

5. 자신이 반드시 선발되어야 하는 이유가 있다면 무엇인지 3가지만 서술하세요.



## 3. 자기소개서 작성 요령

### 1 자기소개서란?

자기보고서라고 하기도 하며, 자기 자신을 소개하는 글입니다. 자기소개서에 자신은 누구이며 미래의 목표를 위해 지금 무엇을 하고 있으며, 앞으로의 계획은 무엇인지 등을 꾸밈없이 진솔하게 작성해야 합니다.

### 2 자기소개서가 중요한 이유

대학 부설 영재교육원 중 다수가 1차는 서류 평가를 하므로 자기소개서의 효과적인 작성은 아주 중요합니다.

### 3 자기소개서 기본 평가

– 자신의 특별한 능력과 재능이 정보 분야 영재성을 알 수 있도록 작성되었으면 점수를 부여합니다.
– 영재교육에 대한 성실성 및 참여하고자 하는 의지가 보인다면 점수를 부여합니다.

### 4 부적절한 자기소개서와 돋보이는 자기소개서

| 부적절한 예 | 돋보이는 예 |
|---|---|
| • 해당 학년 이상 수준의 어휘 사용<br>• 학생이 직접 작성하지 않은 경우<br>• 질문의 요점을 파악하지 못함<br>• 불성실하게 작성<br>• 자기소개서와 교사추천서의 내용이 일치하지 않는 경우<br>• 문제 해결방법을 기술할 때 적절하지 않은 문제를 선정하여 기술하고 해결방법 또한 구체적이지 않은 경우 | • 영재교육원에 들어가야 하는 구체적인 이유를 기술한 것<br>• 자신의 능력에 맞는 어휘를 사용하여 충분히 자신을 표현한 것<br>• 사례 중심의 차별화된 표현, 솔직하고 간결한 표현<br>• 질문지의 내용을 정확히 파악하여 기술한 것<br>• 자신이 관심 있는 분야, 현재 노력 상황, 꿈에 관한 기술에 일관성이 있는 것<br>• 문제 상황 설정이 구체적이고 그 문제해결 방법이 구체적이고 창의적인 경우<br>• 다른 학생과 차별화된 점이 보일 경우 |

### 5 일관성 있게 서술하기

평소 프로그래밍을 좋아하고, 꿈이 프로그래머 혹은 IT 과학자로서 컴퓨터 분야 책을 탐독하고 다양한 소프트웨어를 통해 문제해결을 즐겨 하는 학생으로 어필합니다.

### 6 정보과학 또는 S/W와 H/W 문제해결을 구체적으로 제시

– 앱 인벤터를 이용해 애플리케이션을 만든 다음 원격으로 로봇을 제어해 보았습니다.
– C언어의 구조체와 배열을 이용해 성적처리 프로그램을 작성해 보았습니다.

### 7 산출물 준비

대학 부설 영재교육원의 경우, 연구 활동 보고서를 서류로 제출하거나 산출물 평가가 있을 수 있습니다.

- 산출물이란?

  산출물은 학생의 영재성을 입증할 수 있는 자료로서 자신이 궁금한 내용을 찾아 스스로 해결하는 과정이 담긴 자료를 말합니다.

- 산출물 종류

  영재성 입증자료, 연구 활동 보고서, 활동경력 보고서, 포트폴리오, 산출물 실적 목록, 산출물 증빙 서류, 산출물 요약서

- 효과적인 산출물

  국가 영재교육원(영재학급), 학교 대회 또는 국가기관이 시행한 대회 등에서 작성한 탐구보고서나 포트폴리오를 제출해야 효과적입니다. (사설 학원이나 사설 대회는 될 수 있으면 피하는 것이 좋습니다.)

# 정보(SW, 로봇) 영재원, 수행관찰평가 대비법



## ■ 수행관찰 영역 길잡이

정보(SW, 로봇) 영재교육원 전형 시 실기 시험을 치르는 곳은 극히 드뭅니다. 다만, 학교 자체평가를 통해 영재원 추천을 진행할 때 학생들의 실기 능력을 교사들이 파악해 보는 평가를 할 수 있습니다.
학교 자체평가에서도 실기를 보지 않고 필기시험으로 선발하는 곳이 대부분이며, 이 경우 이 책의 영재성 검사 및 창의적 문제해결 검사를 풀어보는 것으로 대비할 수 있습니다.
학교에서는 담당 교사가 영재 체크리스트를 통해 관찰 평가를 하므로 소프트웨어 및 로봇 분야에서 다음과 같은 능력을 길러 주세요.

### 1 소프트웨어 분야 능력 함양

정보(소프트웨어) 분야를 지원하는 초6 ~ 중2 학생들은 평소 다음과 같은 능력을 길러 주세요.

- 블록 코딩을 고급 수준으로 다룰 수 있다.(변수, 함수, 리스트 등 사용)
- 텍스트 기반 프로그램 랭귀지를 사용할 수 있다.(C, C++, Python)
- 앱인벤터를 통해 어플을 제작할 수 있다.
- 컴퓨터를 통해 문서 편집에 능하다.(엑셀, 파워포인트)
- 인터넷을 통해 자료검색에 능하다.
- 틴커캐드 등의 툴을 이용해 3D 디자인을 할 수 있다.
- 3D 프린팅에 대한 체험이 있다.
- 정보 올림피아드 출전 경험이 있나.
- 컴퓨터 관련 자격증이 있다.

### 2 로봇 분야 능력 함양

로봇 분야를 지원하는 초6 ~ 중2 학생들은 평소 다음과 같은 능력을 길러 주세요.

- 블록 코딩을 고급 수준으로 사용할 수 있다. (변수, 함수, 리스트 등 사용)
- 텍스트 기반 프로그램 랭귀지(C, C++, Python)를 이용해 로봇을 제어할 수 있다.
- 스마트폰 어플에 의해 로봇을 원격제어할 수 있다.
- 로봇조립 및 설계를 잘 한다.

- 틴커캐드 or 퓨전360 등의 툴을 이용해 3D 디자인을 할 수 있다.
- 아두이노를 통해 사물인터넷 장치 등을 구성해 작동시킬 수 있다.
- 로봇 경진, 올림피아드 출전 경험이 있다.
- 로봇 관련 자격증이 있다.

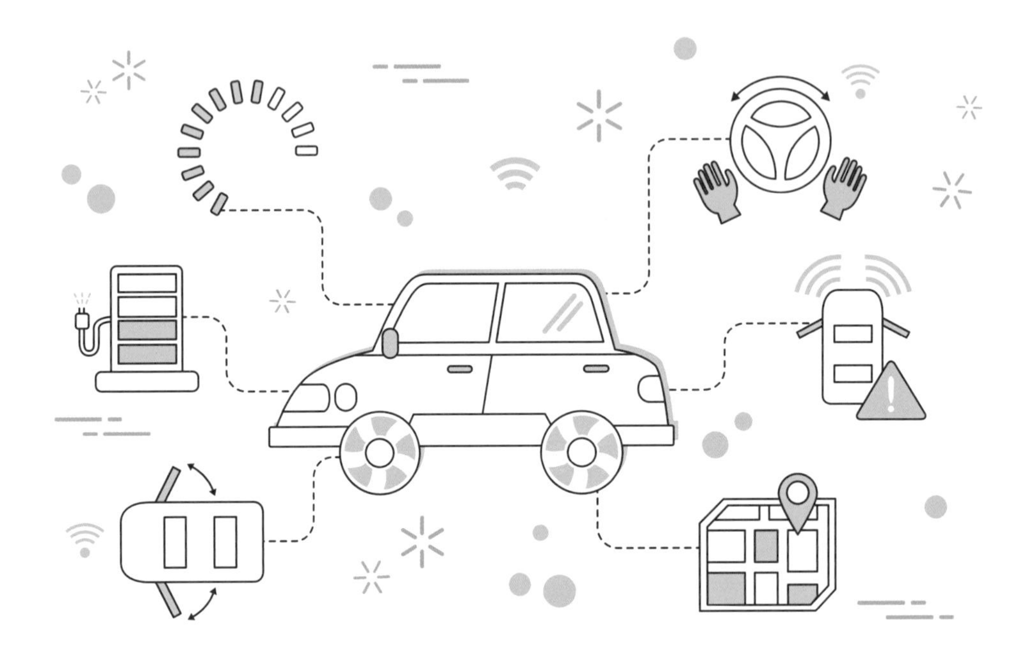

MEMO

출처: 4차 산업혁명과 유망직업 10가지(한국고용정보원, www.dream.go.kr)

### 1. 사물인터넷 전문가

사물과 사물의 대화를 위해 센싱할 수 있는 기기를 통해 자료를 수집하고, 이 자료를 데이터베이스에 저장하며 저장된 정보를 불러내 서로 통신할 수 있게 하는 사물인터넷 전문가의 수요가 증가할 것입니다.

**관련 기술:** 무선통신, 프로그램개발 등

### 2. 인공지능 전문가

인간의 인지·학습·감성 방식을 모방하는 컴퓨터 구현 프로그램과 알고리즘을 개발하는 사람의 수요가 증가하고 있습니다.

**관련 기술:** 인공지능, 딥러닝 등

### 3. 3D 프린팅 전문가

3D 프린터의 속도와 재료 문제가 해결되면 제조업의 혁신을 유도할 것으로 기대됩니다. 다양한 영역(의료·제조·공학·건축·스타트업 등)에서 3D 프린팅을 위한 모델링 수요 증가가 기대됩니다.

**관련 기술:** 3D 프린팅

### 4. 드론 전문가

드론의 적용 분야(농약 살포, 재난구조, 산불감시, 드라마·영화 촬영, 기상관측, 항공촬영, 건축물 안전진단, 생활 스포츠 기록 등)가 다양해지고 있습니다.

**관련 기술:** 드론

### 5. 생명 공학자

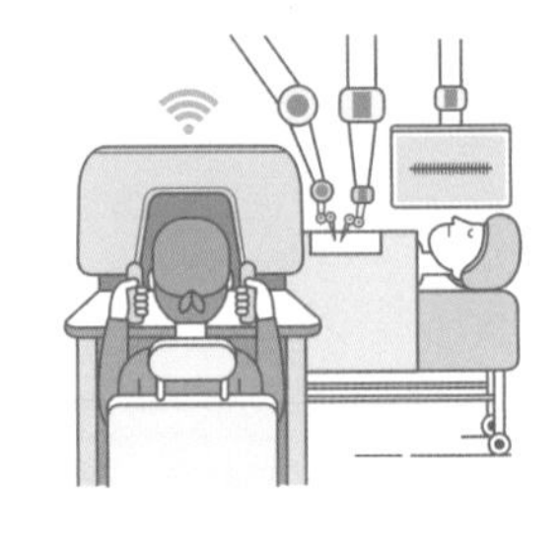

생명 공학이 IT와 NT가 융합되어 새로운 기술로 탄생하고 있습니다. 생명정보학, 유전자 가위 등을 활용하여 질병 치료와 인간의 건강 증진을 위한 신약·의료기술이 개발되고 있습니다.

**관련 기술:** 생명 공학, IT 등

## 6. 정보보호 전문가

사물인터넷과 모바일 그리고 클라우드 시스템의 확산으로 정보보호의 중요성과 역할이 더욱 중요해지고 있습니다.

**관련 기술:** 보안

## 7. 응용소프트웨어 개발자

온라인과 오프라인 연계, 다양한 산업과 ICT의 융합 그리고 공유 경제 등의 새로운 사업 분야에서 소프트웨어의 개발 필요성이 더욱 증가하고 있습니다.

**관련 기술:** ICT

## 8. 로봇 공학자

스마트 공장의 확대를 위해 산업용 로봇이 더 필요하며 인공지능을 적용한 로봇이 교육·판매·엔터테인먼트·개인 서비스에 더 많이 이용될 것입니다.

**관련 기술:** 기계공학, 재료공학, 컴퓨터공학 등

## 9. 빅데이터 전문가

비정형 및 정형 데이터 분석을 통한 패턴 확인과 미래 예측에 빅데이터 전문가가 금융·의료·공공·제조 등에서 많이 필요합니다. 인공지능이 구현되기 위해서도 빅데이터 분석은 필수적입니다.

**관련 기술:** 빅데이터

## 10. 가상 현실 전문가

가상(증강) 현실은 게임·교육·마케팅 등에서 널리 사용하고 있으며, 가상 현실 콘텐츠 기획과 개발·운영 등에 많은 일자리 생길 것으로 예상합니다.

**관련 기술:** 가상(증강) 현실

PART
2

# 정보(SW, 로봇) 영재를 위한 영재성 검사

SECTION 1 영재성 검사

# 창의성 영역

창의성은 영재성 검사의 중요한 요소입니다. 창의성 문항은 '창의적 사고 방법'으로 훈련하고 창의성 구성요소에 근거해서 서술하면 좋습니다.

## 창의성 영역 길잡이

창의성 영역의 영재성을 테스트할 때 다음 4가지 관점에서 관련된 능력을 길러 주세요.

- 유창성: 가능한 한 많은 아이디어를 제시하는 능력
- 융통성: 가능한 한 다양한 아이디어를 제시하는 능력
- 정교성: 아이디어를 구체적으로 표현하는 능력
- 독창성: 아이디어를 개성적으로 표현하는 능력

## 창의성 사고 기법의 예

창의성 기법으로 많이 사용되는 예로는 아래와 같은 것이 있습니다.

- 강제 결합법: 서로 관련이 없는 사물을 강제로 연결해 새로운 아이디어를 얻는 방법
- 마인드맵 기법: 이미지와 핵심이 되는 단어들, 부호와 색을 이용해 지도를 그려나가듯이 생각을 표현하는 방법
- PMI 기법: 어떤 아이디어를 긍정적인 면, 부정적인 면, 재미있는 면, 세 가지로 나누어 의도적으로 표현하는 방법
- 육색 사고 모자: 여섯 가지 색깔의 모자를 바꾸어 쓰면서 자신이 쓴 모자 색깔에 해당하는 관점으로 사고해 보는 방법

  빨간 모자: 분노와 격정 등과 같은 감정

  노란 모자: 긍정적이고 낙관적인 사고

  검은 모자: 논리적이며 부정적인 사고

  하얀 모자: 중립을 지키거나 객관적인 사실을 표현하는 사고

  녹색 모자: 창의적인 아이디어를 생성하거나 대안을 탐색하는 사고

  파란 모자: 전체적인 통제나 결론을 내리는 사고

# 장점과 단점

기존의 건물 내 에스컬레이터는 한 층을 올라가면, 반대 방향으로 돌아가서 다시 오르는 방식입니다. 오른쪽 그림의 꽈배기처럼 보이는 연속 나선형 에스컬레이터는 계속 이어지는 구조로 100m도 한 번에 오르게 설계되었습니다.

이런 꽈배기 형태의 나선형 에스컬레이터의 장점과 단점을 서술하시오. 단점이 있으면 어떻게 개선해야 할까요?

무선 이어폰은 기존의 유선 이어폰의 불편함을 개선한 제품입니다.

무선 이어폰의 장점과 단점을 서술하시오. 또한, 단점을 개선할 방법도 서술하시오.

# 서로 다른 용도 찾기

(기출)

'나무젓가락'으로 할 수 있는 일을 5가지 이상 써보시오.

(기출)

1. 의자로 할 수 있는 일을 5가지 이상 적어보세요.

2. 종이컵으로 할 수 있는 일을 5가지 이상 적어보세요.

창의성 영역

# 03 어림짐작하기

에베레스트산의 흙을 삽으로 모두 퍼내 트럭에 실으려고 합니다. 대략 몇 트럭이 될까요?

※ 페르미 추정법: 어떤 문제를 기초적인 지식과 논리적인 추론만으로 짧은 시간 안에 대략적인 근사치를 추정하는 방법

1. 서울시 강남구에 있는 미용실의 개수를 대략적으로 알 수 있는 방법에 관해 설명하시오.

2. 다음은 쌀 한 가마니에 든 쌀알의 개수를 알아내는 방법을 설명한 것입니다. 물음에 답하시오.(기출)

※쌀 한 가마니는 10말, 한 말은 10되, 한 되는 10홉이므로, 한 홉에 들어있는 쌀알의 개수를 세고, 간단한 계산을 하면 한 가마니에 들어있는 쌀알의 개수를 어림해 볼 수 있습니다.

❶ 위의 방법으로 한 가마니에 들어있는 쌀알의 개수를 대략 알아낸다고 할 때, 사용한 가정을 모두 쓰시오.

❷ 위와 같은 방법으로 전체의 개수를 알아내는 일상생활의 예를 4가지 쓰시오.

창의성 영역

# 04 도구의 활용

(기출)

외계에 사는 생명체에게 지구를 알리기 위해서 우주로 물건을 보낸다면 무엇을 보내고 싶은지 도구를 3가지 이상 쓰고, 그 이유도 함께 쓰시오.

(기출)

화성인이 지구를 방문했어요. 화성인은 지구의 언어를 모릅니다.
지구인의 특징을 잘 설명할 수 있는 도구 한 가지를 화성인에게 제시하고 이 도구를 바탕으로 그림을 그려가며 지구 문명에 관해 설명해 보시오.

# 그림 기호

(기출)

숫자를 표시하는 장치로 7-Segment Display(세븐 세그먼트 디스플레이)가 있습니다.

1. 이 장치로 0~9까지 숫자를 표시해 보시오.

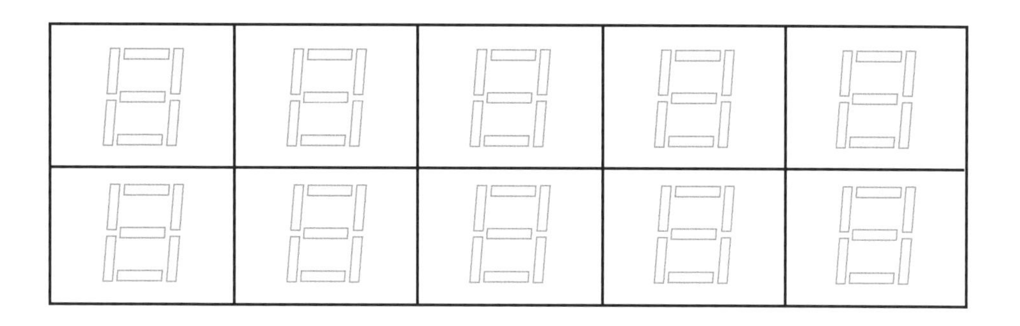

2. 7-세그먼트 두 개를 붙인 상태에서 사람의 감정을 표현하고자 합니다. 최대한 다양하게 사람의 감정을 표현해 보고, 어떤 감정인지 적어 보시오.

( ) ( ) ( )

(기출)

아래 그림은 안쪽과 바깥쪽을 나타내는 그림 기호입니다.

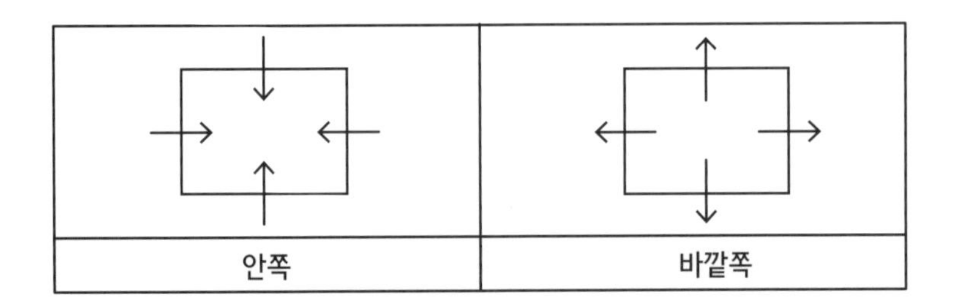


그림기호는 사물의 동작을 간단히 그림으로 표현한 기호입니다.

자신이 로봇 프로그래머라고 생각하고, 로봇 동작을 그림 기호로 나타내어 보시오.

| 로봇 전진 | 로봇 후진 |
|---|---|
| | |

| 로봇 좌회전 | 로봇 우회전 |
|---|---|
| | |

| 장애물 만나면 좌회전 | 장애물 만나면 우회전 |
|---|---|
| | |

| 로봇 속도 증가 | 로봇 속도 감소 |
|---|---|
| | |

# 그림 그리기

(기출)

다음의 주어진 도형과 선을 이용해 동물 하나와 사물 하나를 그려 보시오. 같은 도형이나 선을 여러 개 사용할 수 있고 크기도 조절할 수 있습니다.

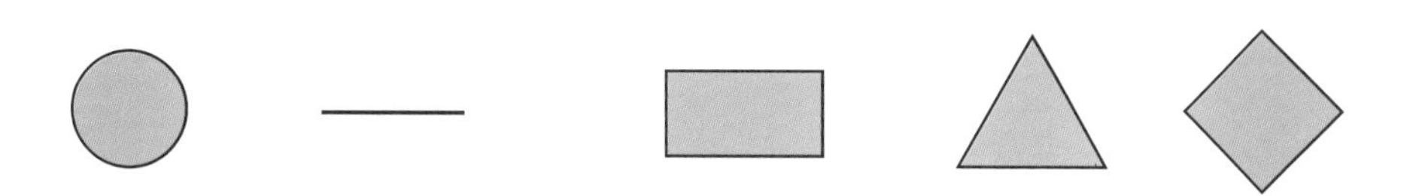

(기출)

오른쪽 화성탐사선 그림을 참고하여 아래의 주어진 도형으로 화성 탐사선을 그려보시오.

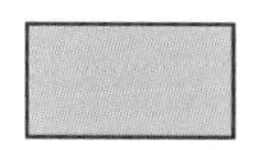
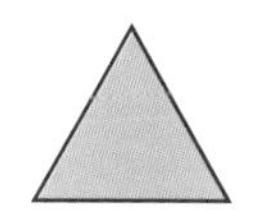
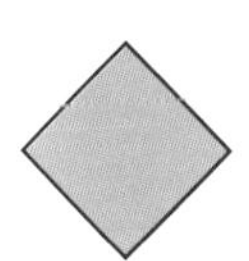

창의성 영역

# 07 만화 그리기

**표준 문제**

나는 웹툰 작가입니다. 아래 주어진 선과 도형을 바탕으로 그림을 그리고 제목을 정해 보세요. 그림은 하나의 스토리가 되게 상황을 간략히 설명해 보세요.

**보기** 제목: 코로나

**해보기** 제목:

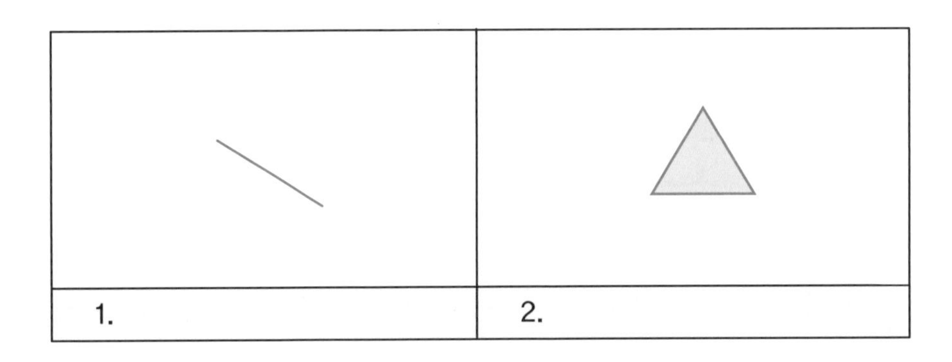

### 연습 문제

1. 코로나와 관련된 3단짜리 웹툰을 만들고, 각 칸에는 스토리를 간단히 적어 보시오.

**제목:**

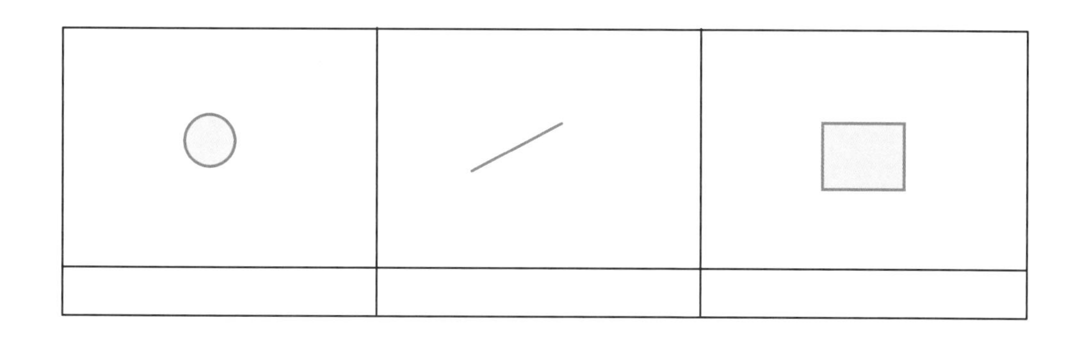

2. 나는 로봇 웹툰 작가입니다. 4단짜리 로봇 만화를 만들고, 제목을 적고 각 칸에는 스토리를 간단히 적어 보시오.

**제목:**

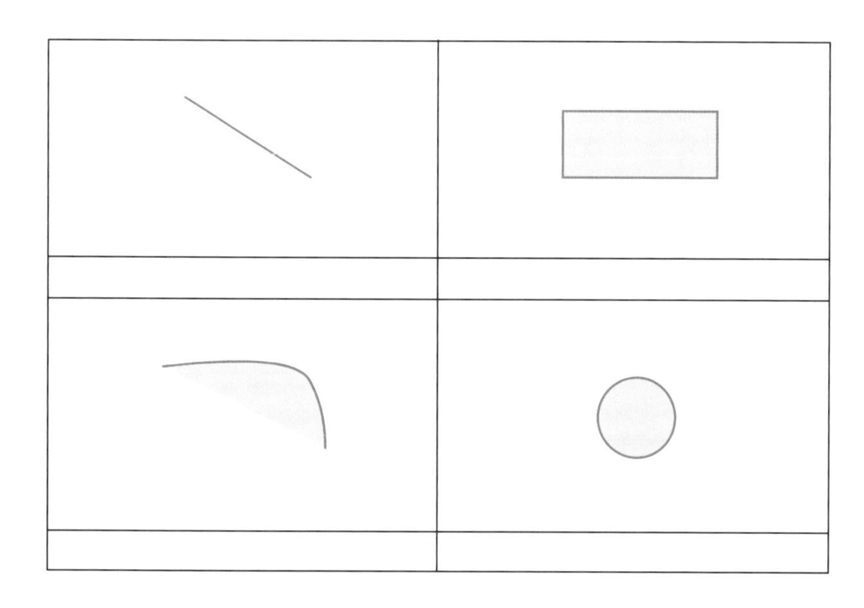

# 아이디어 제시

(기출)

우리 나라의 여름철에는 불볕더위로 열대야가 지속되면서 더위로 고생하는 사람이 많습니다. 전기 제품(에어컨 등)에 의존하지 않고 불볕더위를 피하는 방법을 제시해 보시오.

2020~2021년 기준으로 코로나19가 심각한 사회현상으로 자리 잡았습니다. 마스크를 쓰지 않고는 일상생활이 불가능합니다. 그런데, 마스크를 계속 쓰고 있으면 산소공급이 원활하지 않습니다. 또한, 습하고 탁한 공기가 마스크 안에 계속 머물러 있어 건강상 해로운 면이 있을 수 있습니다.
어떻게 하면 코로나바이러스도 차단하면서 지혜롭게 마스크를 착용하며 생활할지 좋은 아이디어를 제시해 보시오.

SECTION 2 영재성 검사

# IT 영역

## IT 영역 길잡이

정보 영재 분야는 최신 IT 상식을 테스트함으로써 정보과학의 특성 중 소프트웨어 활용능력, IT 기기 접근 능력 등을 확인할 수 있습니다. 특히, 4차 산업혁명의 핵심 기술에 대한 상식이 있으면 좋습니다.

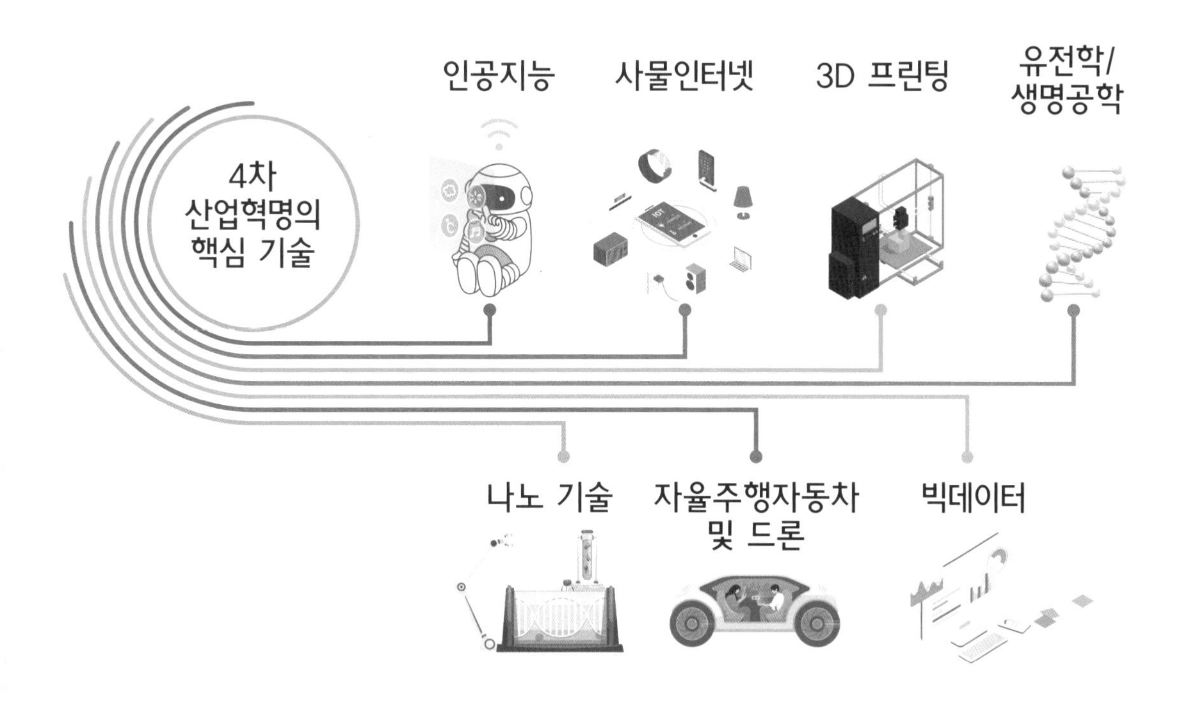

# 스마트폰

스마트폰은 하나의 작은 컴퓨터입니다. 현재 사용하는 스마트폰이 10년 후 얼마나 발전할 것인지 예측하고 글과 그림으로 표현해 보시오.

거의 모든 학생이 스마트폰을 갖게 되면서 스마트폰 게임중독으로 정상 생활을 못 하는 학생들이 늘고 있습니다. 학생들이 스마트폰 게임중독에서 벗어나고 공부에도 도움이 되는 애플리케이션을 설계해 보시오.

# 인공지능

(기출)

인공지능 기술이 발달하면서 우리의 생활에 많은 영향을 끼치고 있습니다.
인공지능이 우리 생활에 적용되는 예를 가능한 한 많이 제시하시오.

우리가 사용하는 스마트폰은 용량과 기능이 계속 업그레이드 되고 있습니다.

1. 우리가 사용하는 스마트폰이 인공지능에 의해 제어될 때 어떤 점이 편리한지 설명해 보시오.

2. 스마트폰에 시각센서, 팔다리(or 바퀴)를 달아 로봇 모양으로 만들려고 합니다.

❶ 오른쪽 스마트폰 로봇 '로모(ROMO)'를 참고해서 로봇 스마트폰을 디자인해보시오.

로모(ROMO)

❷ 로봇 스마트폰은 어떤 점이 좋을까요?

# 드론

(기출)

드론은 우리 생활 깊숙이 자리 잡아 가고 있습니다. 드론을 활용해 일상생활에 도움이 되도록 하는 방법을 5가지 이상 서술하시오.



연습 문제

땅 위, 공중, 물 위를 움직이는 전천후 비행체를 만들려고 합니다. 이러한 전천후 비행체는 어떤 기능과 모양이 필요한지 설계해 보시오.

드론 택시

IT 영역

# 04 자율주행차와 스마트 시티

**표준 문제** (SW 사고력 올림피아드 기출)

어느 자동차회사에서 차량에 자율주행 기능을 탑재해, 운전자가 쉴 수 있는 자율주행 모드로 주행할 수 있게 하려고 합니다. 이 자율주행 기능은 운전자의 운전습관을 그대로 반영하면서 동시에 안전하게 운행하는 데 목적이 있습니다.

운전자의 과거 운전습관을 기록한 데이터를 분석하여 운행 모드를 결정한다고 했을 때, 어떤 데이터를 기록해야 하며, 운전자의 운전습관과 안전 상황이 충돌하는 경우가 발생할 때 과거 데이터에 기초하여 어떤 결정을 내려야 하는지 논리적으로 주장하시오.

**연습 문제**

스마트 시티는 모든 것이 자동으로 작동되는 첨단화된 미래 도시입니다. 스마트 시티에서 자율주행차가 움직이다가 사고로 멈추었을 때 스마트 시티에서는 이것을 어떻게 처리할지 설명해 보시오.

**스마트 시티 개념 Plus**

스마트 시티(Smart city) 또는 스마트 도시는 다양한 유형의 전자 데이터 수집 센서를 사용하여 자산과 자원을 효율적으로 관리하는 데 필요한 정보를 제공하는 도시 지역입니다.

IT 영역

# 05 우주

표준 문제

우주를 자세히 관찰하던 과학자들이 6개월 후 거대한 소행성이 지구와 충돌한다는 것을 알아냈습니다.

1. 소행성으로부터 지구를 지키려면 인류가 해야 할 일은 무엇일까요?

2. 그동안 난 무엇을 할 수 있을까요?

연습 문제

화성에는 공기와 식물이 없습니다.

서기 2100년, 지구는 핵전쟁과 환경오염, 식량난, 바이러스 등으로 더는 살 수 없는 행성이 되어서 화성에 우주 식민지를 건설해 인간이 이주하려고 합니다.

우주 식민지를 어떻게 건설하면 좋을지 글과 그림으로 표현해 보시오.

화성 식민지

SECTION 3 영재성 검사

# 수리 영역

## 수리 영역 길잡이

정보(SW) 및 로봇 분야의 탐구 기초에는 수리적 사고가 필요합니다. 수리 영역은 사고력 수학 등의 형태로 출제됩니다.

# 숫자 만들기

(기출)

해당 방향으로 숫자만큼 칸을 이동하는 화살표가 있습니다. 예를 들어, 3이 적힌 화살표는 그 방향으로 3칸 이동합니다.

출발점을 자유롭게 설정하고 〈보기〉의 화살표만 최대한 많이 사용하여 출발점으로 돌아오는 길을 만드시오.(단, 연속해서 같은 방향으로 이동할 수 없고, 만들어진 길은 지날 수 없습니다.)

예시

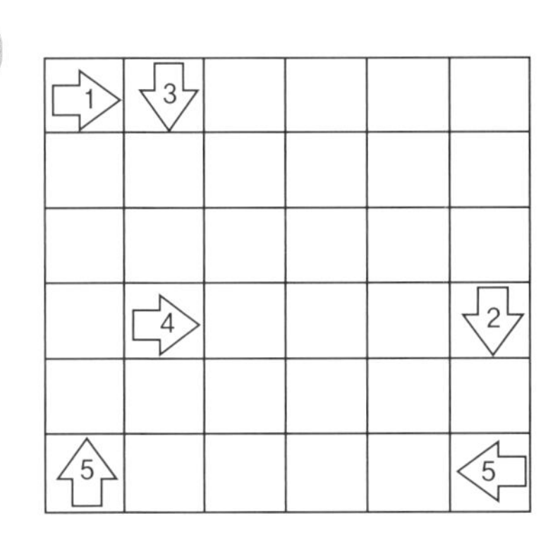


보기

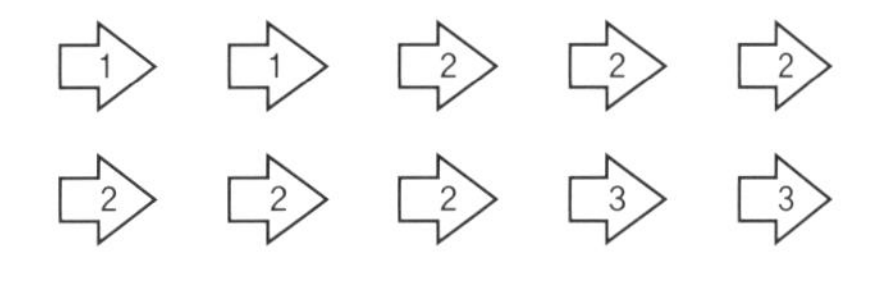

(기출)

1. 아래 그림과 같은 A, B, C, D, E 모양의 다섯 가지 도형이 있습니다. 〈규칙〉에 따라 순서대로 배열할 수 있는 경우를 가능한 한 많이 찾아보시오. 단, 좌우 대칭은 같은 배열로 봅니다.

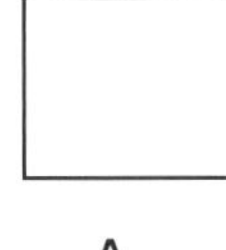

A
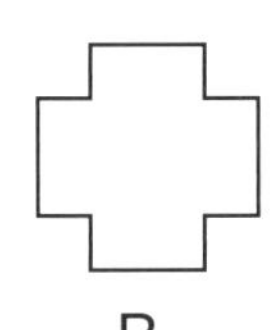
B
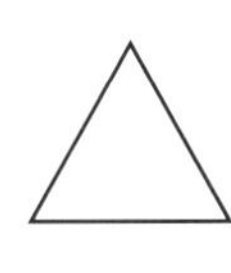
C
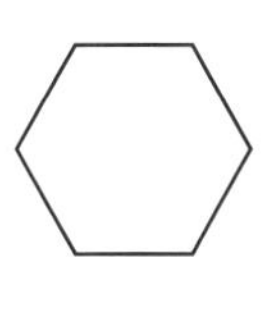
D
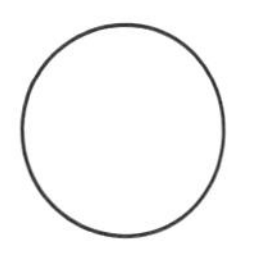
E

규칙

가. 십자 모양의 도형과 원은 육각형 바로 옆에 올 수 없다.

나. 삼각형은 원보다 오른쪽에 있다.

다. 십자 모양의 도형은 사각형 바로 옆에 올 수 없다.

라. 삼각형은 사각형 바로 옆에 올 수 없다.

2. '회문수'란 자릿수를 거꾸로 읽어도 같은 수를 말합니다. 예를 들어 '12321'은 회문수입니다. 5자리의 회문수 중에 45로 나누어떨어지는 수로서 가장 큰 회문수와 가장 작은 회문수의 차이는 얼마입니까?

# 도형 분할

(기출)

〈보기〉에 있는 왼쪽 그림의 12개 정사각형으로 이루어진 도형에 선을 따라 굵은 선을 그어 오른쪽 그림 같이 모양이 똑같은 두 부분으로 나누려고 합니다.

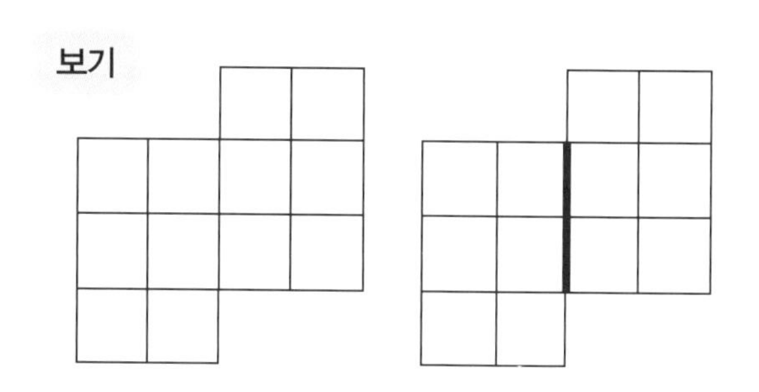


이처럼 도형에 굵은 선을 그어 모양이 같은 두 부분으로 나누는 방법을 모두 구하시오.

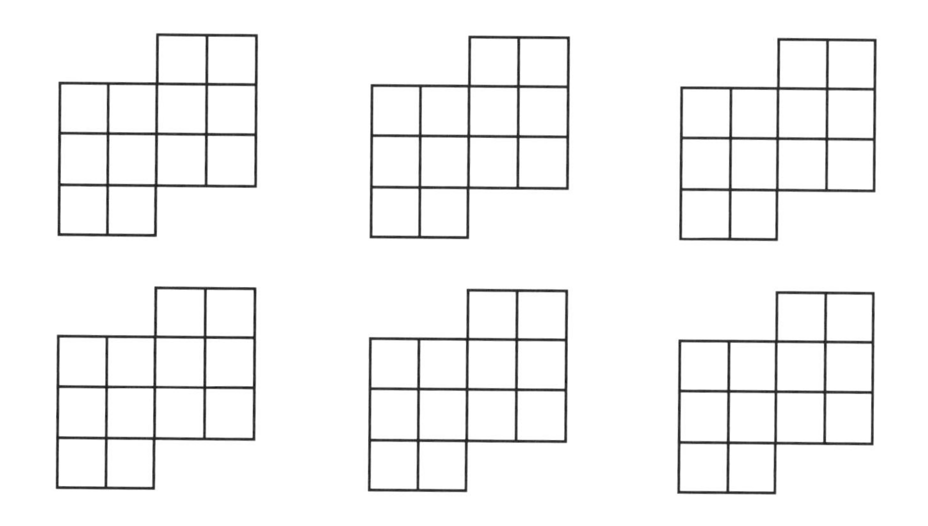

(기출)

1. 오른쪽 〈보기〉의 그림처럼 36개의 정삼각형으로 이루어진 삼각형이 있습니다.

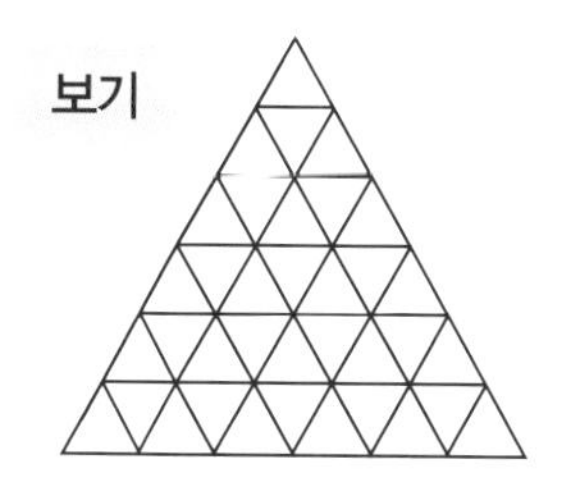


이것을 모양과 크기가 같도록 3조각으로 나누는 방법을 3가지 찾으시오. 단, 돌리거나 뒤집어서 같은 것은 하나로 봅니다.

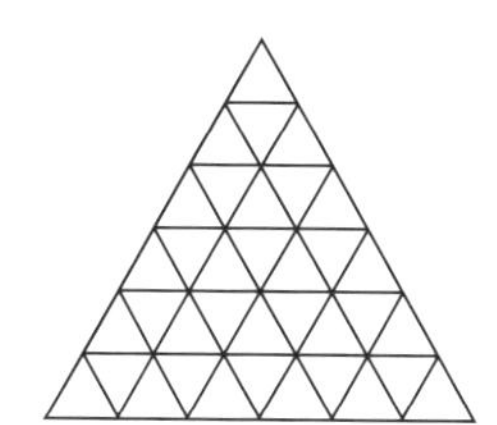
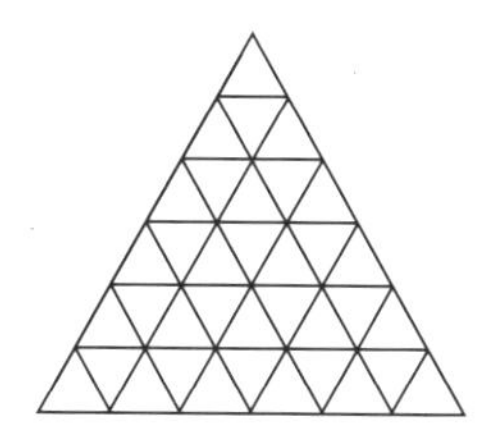
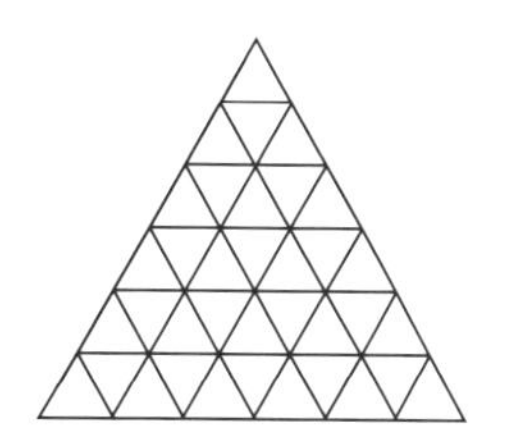

2. 아래 〈보기〉와 같은 격자형태로 이루어진 직사각형이 있습니다. 직사각형 안의 점선 위에 선을 3번 그어 크기가 모두 다른 5개의 직사각형을 만드시오. 단, 돌리거나 뒤집어서 모양이 같으면 같은 모양으로 인정합니다.

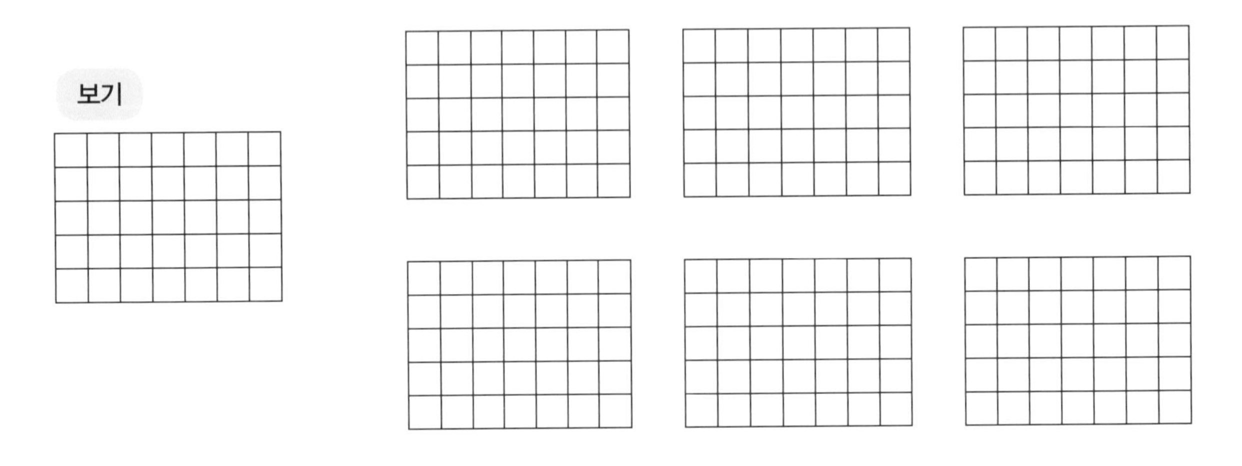


3. 아래 〈보기〉의 모양을 주어진 선을 따라서 같은 모양과 크기를 갖는 도형 4개로 나누려고 합니다. 나누는 방법을 최대한 많이 만들어 보시오. 단, 뒤집거나 돌려서 같게 되는 방법은 한 가지로 생각합니다.

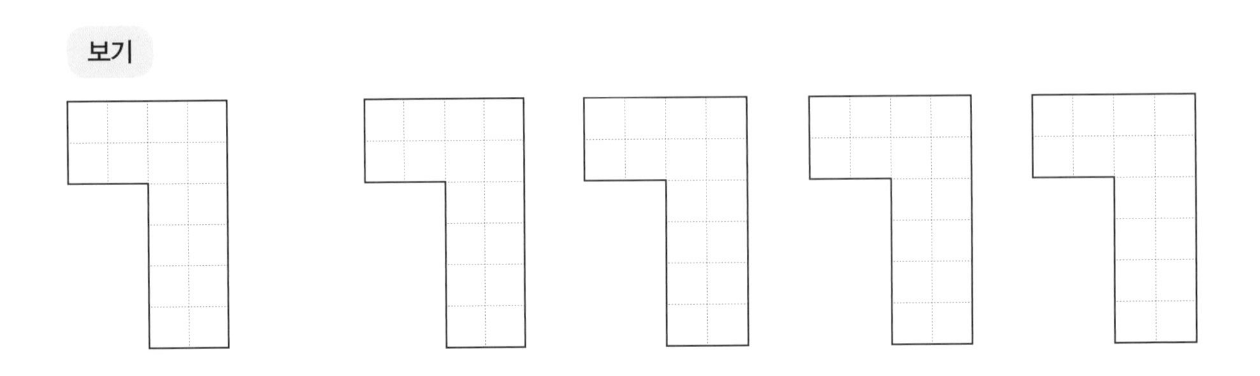

# 암호

(기출)

철수는 비밀금고를 갖고 있는데 오래전에 연 탓에 비밀번호를 잊어버렸습니다. 비밀번호를 찾기 위해 금고의 보안장치에 특수한 물질을 묻혔더니 그림과 같은 지문 자국이 나타났습니다. 비밀번호가 4자리의 숫자로 되어 있다고 할 때, 가능한 비밀번호를 모두 구하시오.

**연습 문제**

1. 얼마 전 영수는 자신의 컴퓨터가 느려지다가 멈추는 것을 발견했습니다. 컴퓨터 전문가에게 문의한 결과 해킹을 당했다는 것을 알았습니다. 영수는 자신의 컴퓨터에 접속할 때 절대로 해킹을 당하지 않을 9자리 암호를 설정하기로 했습니다.
   영문 대소문자, 숫자, 특수기호(*, #, !, $, % & 등)를 조합해 아주 안전한 패스워드를 만들어 보시오.

   패스워드: ..................................................

2. 숫자와 문자를 서로 대비해서 바꾸는 치환형 암호문은 알파벳 문자의 사용 빈도 패턴을 이용하므로 관찰력이 뛰어난 암호 해독가에 의해 해독되기 쉬운 문제점이 있습니다. 이러한 문제점을 해결하고자 하는 암호화 기법이 폴리비오스 암호입니다. 폴리비오스(Polybius) 암호는 고대 그리스 시민인 폴리비오스가 만든 문자를 숫자로 바꾸어 표현하는 암호화 기법입니다.

| | 1 | 2 | 3 | 4 | 5 |
|---|---|---|---|---|---|
| 1 | a | b | c | d | e |
| 2 | f | g | h | i/j | k |
| 3 | i | m | n | o | p |
| 4 | q | r | s | t | u |
| 5 | v | w | x | y | z |

폴리비오스 암호문

위의 폴리비오스 암호문을 이용해 아래 숫자 메시지는 무엇을 뜻하는지 해독해 보시오.

24 33 21 34 42 32 11 44 24 34 33

# 04 숫자 규칙

(기출)

다음과 같은 조건일 때, 10개의 성냥개비를 이용하여 〈그림 1〉을 만들었습니다.

조건 1: 성냥개비 사이의 간격은 무시한다.

조건 2: 성냥개비의 개수는 수로 생각한다.

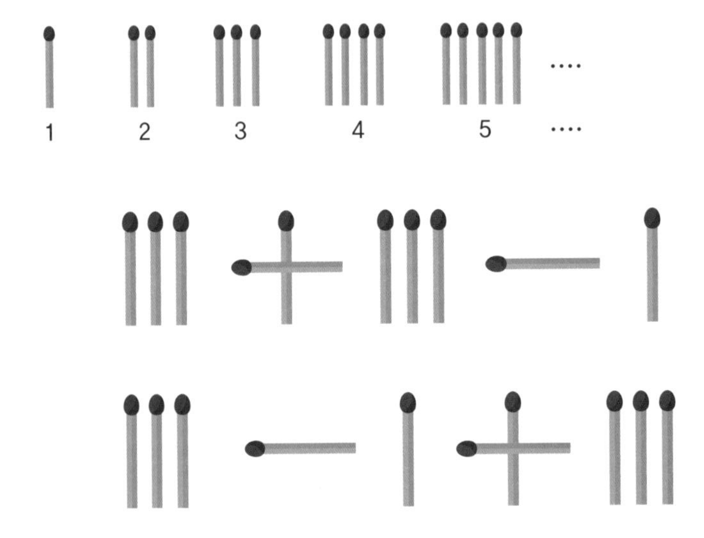


〈그림 1〉의 상태에서 두 개의 성냥개비를 이동하여 계산 결과가 5나 8인 식을 하나씩 만드시오.

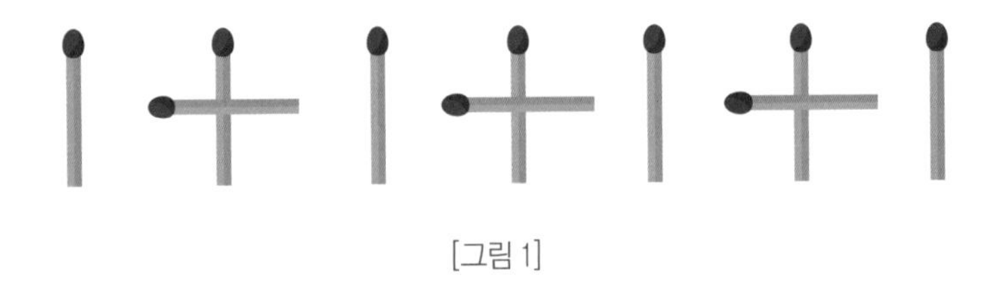

[그림 1]

숫자 N=12345678910111213⋯201920202021은 1부터 시작하여 2021까지 연이어서 적어 만든 숫자입니다. N은 몇 자릿수인가요?

# 도형의 넓이

## 표준 문제

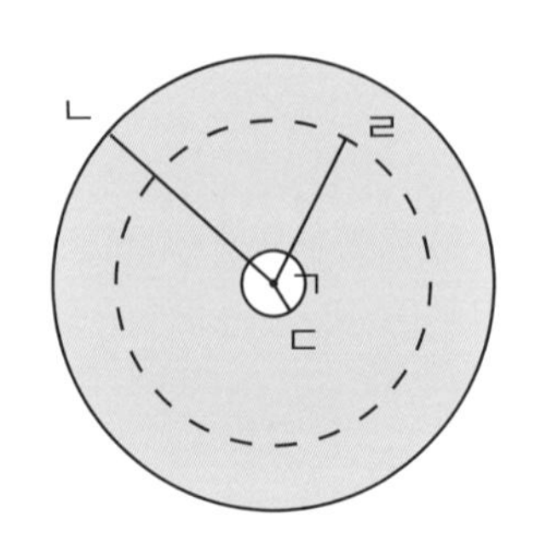


오른쪽 그림에는 큰 원 안에 같은 중심 ㄱ을 갖는 작은 원이 하나 들어있습니다.

중심 ㄱ에서 큰 원 위의 점 ㄴ까지의 거리는 20㎝이고, 중심 ㄱ에서 작은 원 위의 점 ㄷ까지의 거리는 3㎝입니다. 그리고 이 두 원이 경계를 이루고 있는 색칠된 부분에 점선으로 앞의 두 원과 같은 중심을 갖는 원을 그려서 색칠한 부분의 크기를 정확하게 반으로 나누려고 합니다.

이때 중심 ㄱ에서 점선으로 된 원 위의 점 ㄹ까지의 길이는 얼마에 가까운지 어림해 보시오. 단, 원의 중심은 원의 한가운데 있는 점을 말합니다.

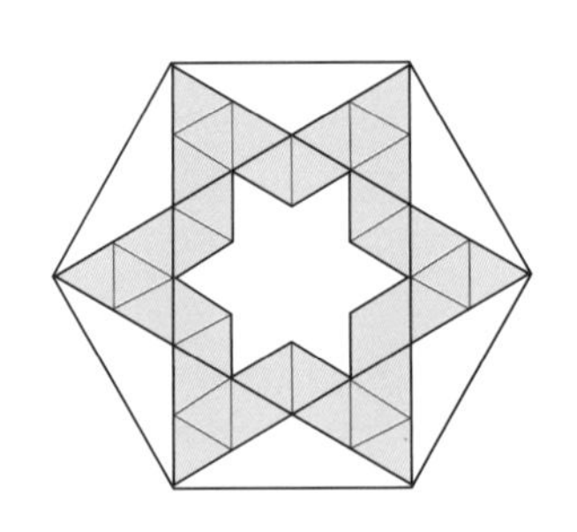

정육각형의 내부에 오른쪽 그림과 같이 색칠을 하였고, 색칠한 부분을 같은 크기의 정삼각형으로 나누었습니다.

정육각형의 전체 넓이는 색칠한 부분의 넓이의 몇 배가 될까요?

# 마방진

1부터 9까지의 수를 이용하여 가로, 세로, 대각선의 합이 각각 같도록 빈칸에 알맞은 수를 넣으시오.

| | | |
|---|---|---|
| | | |
| | | |
| | | |

**1.** 1부터 12까지의 수를 한 번씩만 사용하여 아래 도형의 각 변위의 수들의 합이 26이 되도록 원 안을 채워보시오.

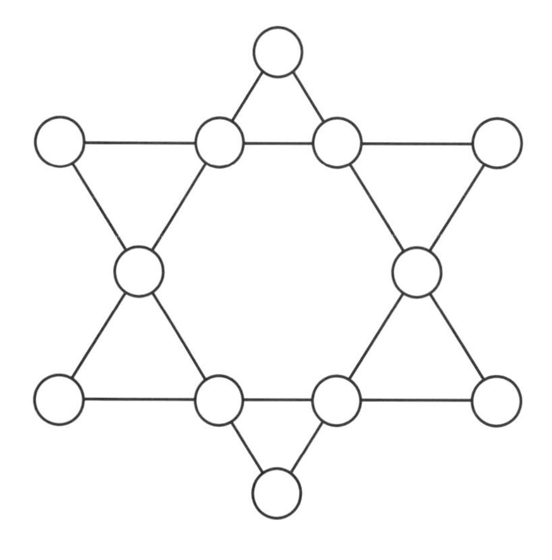

2. 다음 육각형의 원 안에 1부터 12까지의 수를 하나씩 채워 넣으려고 합니다. 물음에 답하시오.

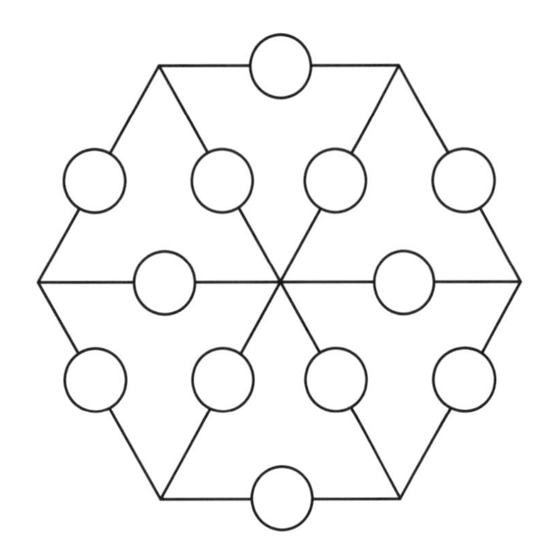

작은 삼각형 안의 세 수의 합이 모두 같도록 수를 넣어 보시오. 만일 가능하다면 그 과정을 기술하시오.

# 대칭 문자

(기출)

그림과 같이 하나의 선을 중심으로 접었을 경우 완벽하게 포개어지는 것을 선대칭이라고 하고 그때의 선을 대칭축이라고 합니다. 이러한 대칭축은 주어진 모양에 따라 없을 수도 있고 여러 개가 나타날 수도 있습니다.

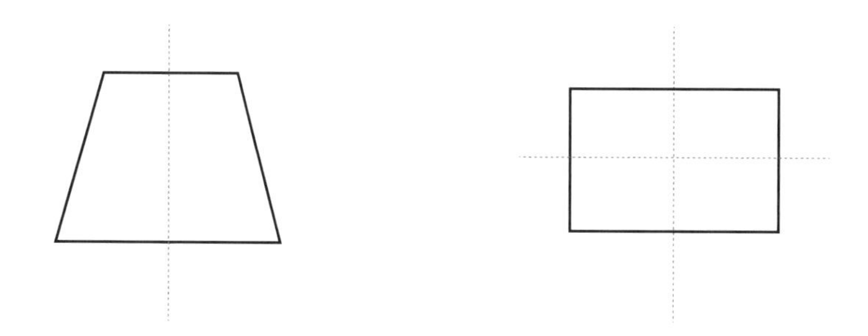

아래 알파벳 대문자를 다음 기준에 맞도록 분류하시오. 단, 알파벳 모양은 글씨체에 따라 달라질 수 있으므로 아래의 모양으로 한정합니다.

A C D G H I J L
M N O P R S T

| 대칭축의 개수 | 해당하는 알파벳 |
|---|---|
| 0 | |
| 1 | |
| 2개 이상 | |

한글에서 위아래로 뒤집어도 같은 글자를 최대한 많이 찾아보세요.

# 소수

다음 계산을 한 결과가 1과 자기 자신 외의 수로는 나누어떨어지지 않는 수는 모두 몇 개입니까?

$1\times1+2\times2$, $2\times2+3\times3$, $3\times3+4\times4$, $4\times4+5\times5$, $5\times5+6\times6$

오늘은 수요일입니다. 오늘 중기는 빵을 만들었습니다. 중기는 5일마다 빵을 만들고, 혜교는 매주 수요일마다 빵을 만듭니다. 다음번에 중기와 혜교가 같은 날에 빵을 만들게 되는 것은 며칠 후입니까?

# SECTION 4 영재성 검사

# 공간지각 영역

## 공간지각 영역 길잡이

공간지각은 3차원 공간에 대해서 입체적으로 파악할 수 있는 능력으로 정보과학 분야는 3D 시뮬레이션 등으로 소프트웨어를 설계하는 능력이 필요합니다. 로봇과학 분야는 로봇이 3차원 실세계에서의 동작을 다루므로 공간지각 능력이 필수적으로 요구되기에 관련 문제가 출제되고 있습니다.

# 도형 회전

아래 그림은 일정한 규칙에 따라 배열되어 있습니다. ?에 들어갈 알맞은 도형을 찾으시오.

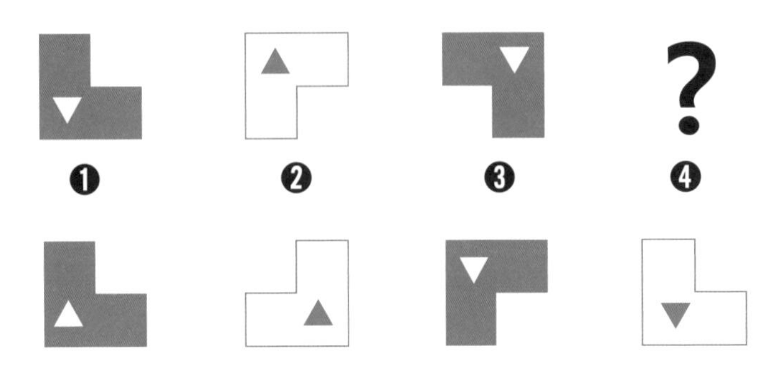

1. 다음은 꼬리가 달린 화살표를 어떤 규칙에 따라 나열해 놓은 것입니다. 빈칸에 들어갈 알맞은 모양을 고르시오.

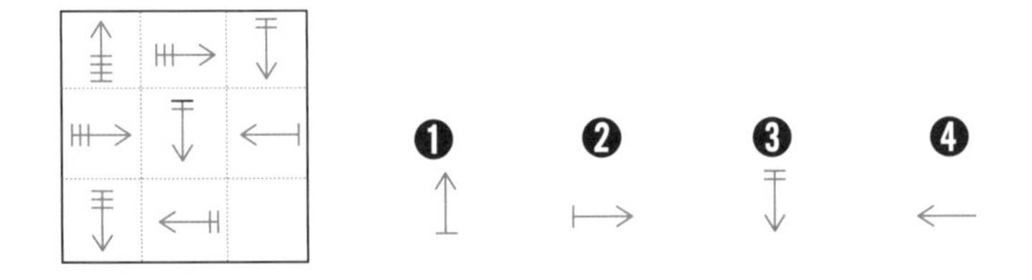


2. 아래 도형을 오른쪽으로 뒤집고 시계방향으로 90° 회전 후 위로 뒤집은 도형을 고르시오.

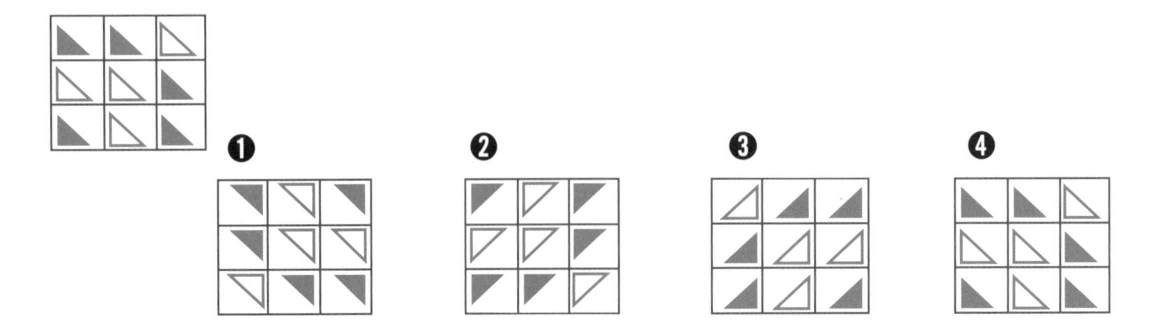

# 02 도형 뒤집기

오른쪽 〈보기〉의 그림은 도형을 오른쪽으로 뒤집은 후, 아래로 뒤집었을 때의 모양을 나타냅니다.

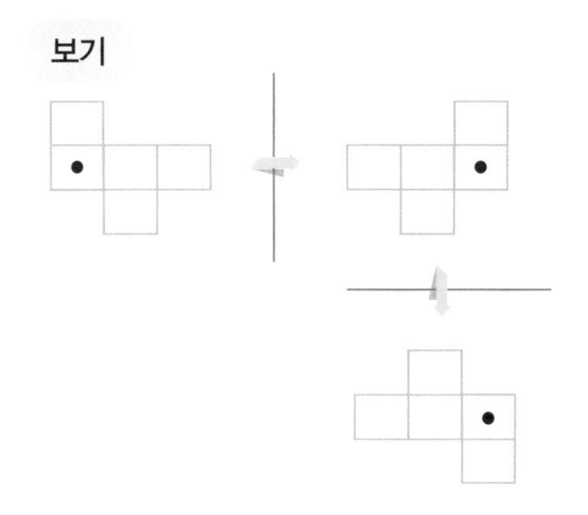


아래 그림의 왼쪽 도형을 오른쪽으로 뒤집은 후, 아래로 뒤집었을 때의 모양을 각각 그려 보시오.

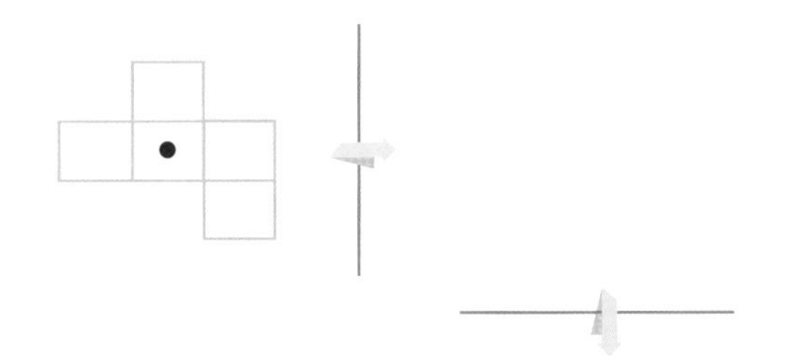

연습 문제

아래 그림의 도형을 오른쪽으로 뒤집은 모양과 아래로 뒤집은 모양을 각각 그려 보시오.

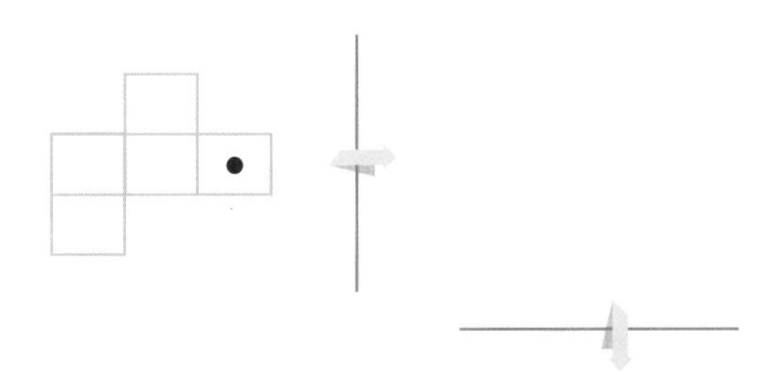

# 새로운 도형 만들기

(기출)

아래 그림과 같이 크기가 같은 정사각형 2개와 직각삼각형 2개가 있습니다. 이 도형들을 모두 이용하여 각 도형의 변끼리 붙여서 만들 수 있는 새로운 도형 5개 이상을 그리시오. 단, 돌리거나 뒤집어서 모양이 같으면 같은 도형으로 인정합니다.

**연습 문제** (기출)

1. 아래 〈보기〉의 정삼각형 2개와 정사각형 2개의 전부 또는 일부를 사용하여 도형을 만들어 보고, 모두 몇 가지를 만들 수 있는지 아래의 표를 완성하시오.(단, 돌리거나 뒤집었을 때 같은 모양은 동일한 도형입니다)

**보기**

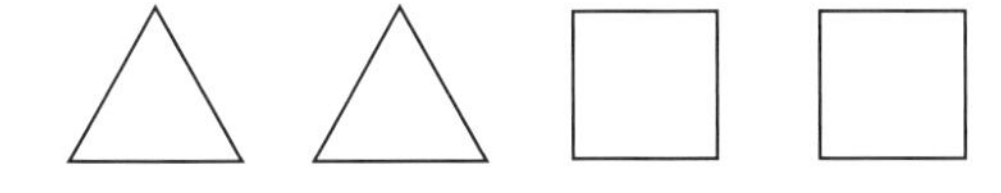

| 도형 | 새로운 도형 모양 | 개수 |
| --- | --- | --- |
| 사각형 | | |
| 오각형 | | |
| 육각형 | | |

2. 다음 그림은 왼쪽의 도형에서 크기가 다른 정삼각형이 몇 개 있는지 찾기 위해 영재가 사용한 방법입니다.

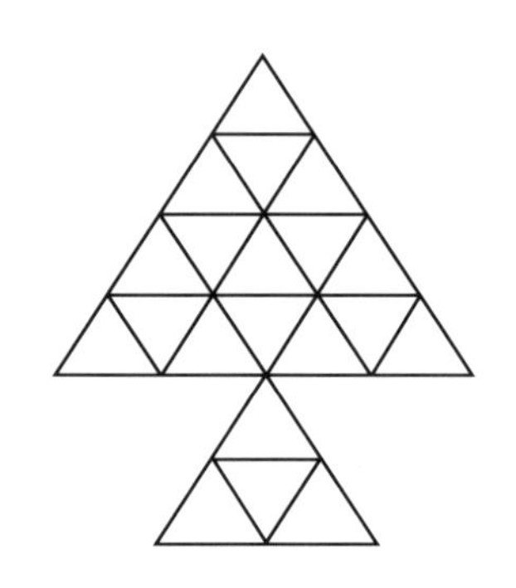

| 유형 | 삼각형 개수 | 종류 | 합계 |
|---|---|---|---|
| 1 | 1 | 20개 | 20 |
| 2 | 4 | 7개 1개 | 8 |
| 3 | 9 | 3개 | 3 |
| 4 | 16 | 1개 | 1 |
| 총 | | | 32개 |

| 유형 | 평행사변형 개수 | 종류 | 합계 |
|---|---|---|---|
| | | | |
| 총 | | | |

# 종이접기

(기출)

오른쪽은 한 변의 길이가 8㎝인 직각이등변삼각형의 가운데를 계속 접는 과정을 설명하는 그림입니다. 물음에 답하시오.

1. 3단계를 진행했을 경우 삼각형은 총 몇 개 나올까요?

2. 3단계를 진행했을 경우 작은 삼각형 하나의 넓이는 몇 ㎠일까요?

| | 1단계 | 2단계 |
|---|---|---|
| 8㎝ | | |
| | | |

(기출)

오른 〈보기 1〉의 종이 위에는 글자 하나가 적혀 있습니다.
종이를 정확히 반으로 한 번 접었을 때 글자는 완전히 겹쳐집니다.

보기 1

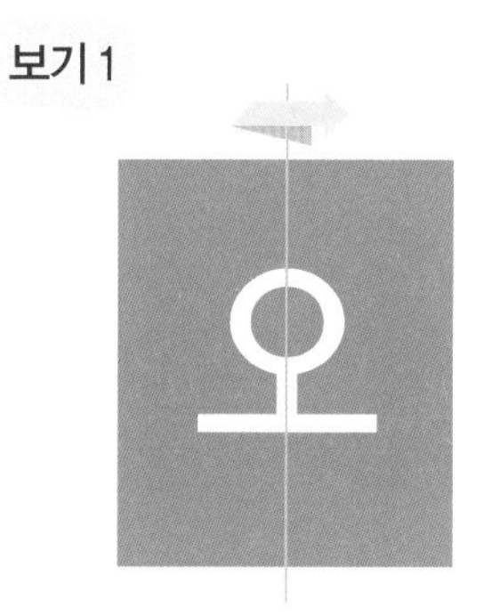


위와 같은 예를 보이는 글자를 아래 〈보기 2〉에서 모두 찾아 보세요.

보기 2

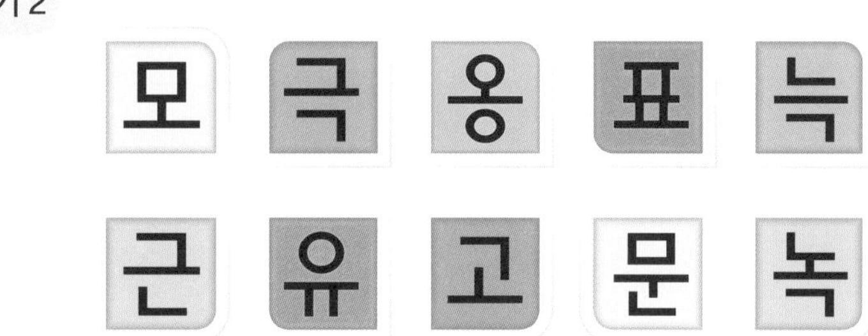

공간지각 영역

# 05 쌓기나무

(기출)

영재는 집으로 오는 길에 빗물이 고여 생긴 웅덩이에 비친 건물의 모습을 보았습니다. 웅덩이에 비친 건물은 위, 아래가 바뀐 모습이었습니다.

집으로 돌아온 영재는 동생이 쌓기나무로 블록쌓기 놀이를 하는 것을 보고 쌓기나무로 만든 블록의 앞과 오른쪽 옆 바닥에 거울을 두고 위 모양과 거울에 비친 앞모양, 오른쪽 옆 모양을 관찰하였더니 다음과 같았습니다.

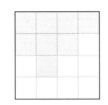

[도형의 위 모양]

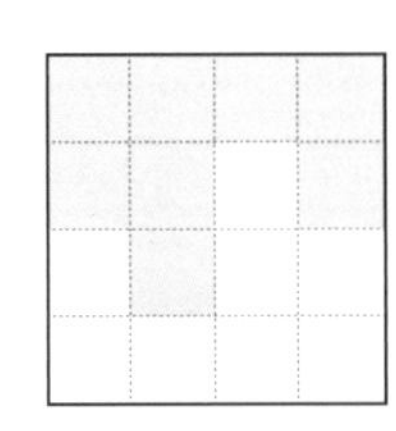

[거울에 비친 앞 모양]

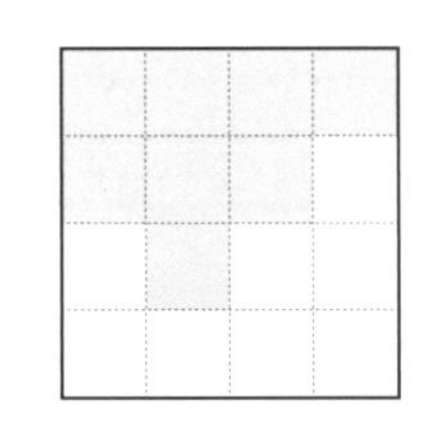

[거울에 비친 오른쪽 옆 모양]

위의 모양을 만들기 위해 동생이 사용한 블록의 최소 개수와 최대 개수를 구하시오.

| 최소 개수 | 최대 개수 |
|---|---|
| | |

연습 문제

오른쪽 그림은 150개의 쌓기나무를 쌓아놓은 것입니다. 검은색 블록은 표면에 보이는 면에서 반대 면까지 한 줄로 이어져 있습니다. 이때, 검은색 블록의 개수는 얼마나 될까요?

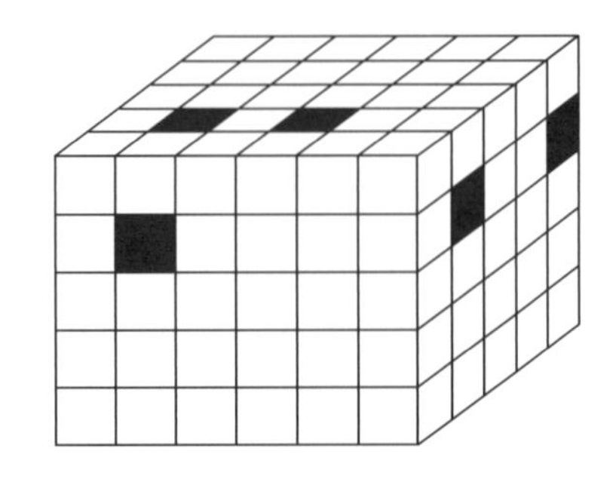

# 기하 패턴

(기출)

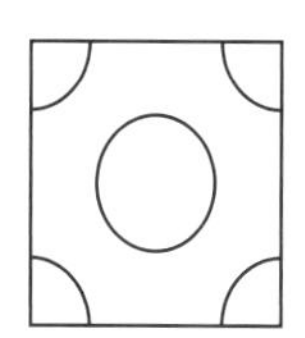

오른쪽 그림과 같은 정사각형 모양의 타일이 30개 있습니다. 이 타일들을 적당히 배열하여 하나의 직사각형을 만들었을 때, 다음 조건을 만족하는 표를 완성하시오.

조건 1: 타일의 모퉁이에 있는 사분원은 모두 같은 크기이다.

조건 2: 타일을 배열하여 직사각형을 만들 때 남는 타일이 없어야 한다.

조건 3: 배열상태가 달라도 만들어지는 원의 개수가 같으면 같은 것으로 인정한다.

예

| 배열상태 | 타일 중앙에 있는 원의 개수 | 모퉁이에서 만들어지는 원의 개수 | 원의 개수 |
|---|---|---|---|
| 1×30 | 30 | 0 | 30 |

배열상태가 $2\times15$인 경우에 대해 아래의 표를 채우시오.

| 경우 | 배열상태 | 타일 중앙에 있는 원의 개수 | 모퉁이에서 만들어지는 원의 개수 | 원의 개수 |
|---|---|---|---|---|
| 1 | 2X15 | | | |

## 연습 문제

위 표준문제에서 배열상태가 3×10인 경우와 5×6인 경우에 대해 다음의 표를 채우시오.

| 경우 | 배열상태 | 타일 중앙에 있는 원의 개수 | 모퉁이에서 만들어지는 원의 개수 | 원의 개수 |
|---|---|---|---|---|
| 1 | 3X10 | | | |
| 2 | 5X6 | | | |

# MEMO

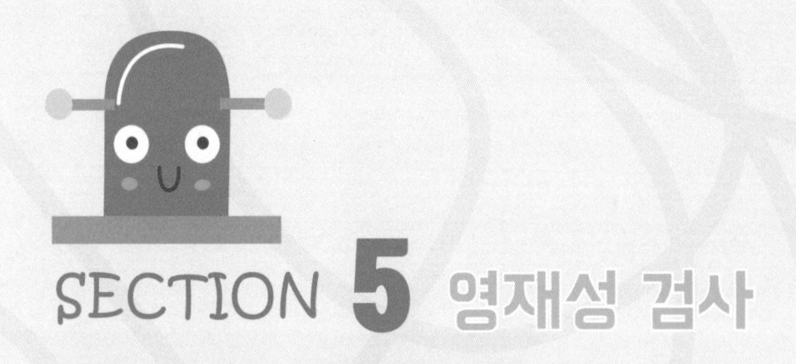

SECTION 5 영재성 검사

# 발명 영역

## 발명 영역 길잡이

발명 분야의 능력도 정보 영재에게 필요한 능력입니다. 이런 까닭에 정보영재원에서는 영재성 검사, 창의적 문제 해결 검사에서 발명과 관련된 문제를 출제할 수 있습니다.

## 발명 기법의 예

발명 기법 중에서 'TRIZ'가 있습니다. 'TRIZ'란 창의적으로 문제를 해결하기 위한 혁신적인 아이디어 발상 기법을 말합니다. 영어로는 'Theory of solving inventive problems' 또는 'Theory of inventive problems solving(TIPS)'으로 풀이합니다. 이는 러시아의 겐리히 알트슐러(Genrich Altshuller)에 의해 제창된 발명문제 혹은 창의문제의 해결을 위한 체계적 방법론입니다.

창의적 문제해결 방법 중 트리즈(TRIZ)는 전 세계적으로 입지를 굳혀가며 여러 분야에 걸쳐 활용되고 있는데 이는 40가지의 발명원리, 과학적 효과, 표준해결책 등 문제해결을 위한 구체적인 방법을 제시하기 때문입니다.

| TRIZ 발명기법의 예 | |
|---|---|
| 쪼개기 | 움직이게 하기 |
| 뽑아내기 | 해로운 것을 이롭게 하기 |
| 부분을 다르게 하기 | 대신하게 만들기 |
| 비대칭 만들기 | 얇은 막 활용하기 |
| 포개기 | 합치기 |
| 반대로 하기 | 예방하기 |
| 입체로 만들기 | 둥글게 만들기 |
| 스스로 하게 만들기 | 떨리게 하기 |
| 하나로 여러 기능하기 | 물리적 모순의 이해 |
| 미리 하기 | 기술적 모순의 이해 |

트리즈(TRIZ)의 창시자인 알트슐러는 수많은 혁신적 특허 사례들을 분석한 결과 다음과 같은 기본 전제를 제시했습니다.

1. 대다수 문제는 이미 다른 분야에서 해결되었을 가능성이 크다.
2. 특허의 98%는 이미 알려진 아이디어와 개념을 이용한 것이다.
3. 발명은 하나 이상의 모순(Contradiction)을 해결함으로써 완성된다.

트리즈(TRIZ)의 중요한 두 요소는 모순과 시스템입니다. 모순은 '서로 양립 · 공존할 수 없는 것들 사이의 대립'을 의미하고, 시스템은 '상호 작용으로 관계를 맺고 있는 것들의 조직체'를 가리킵니다.

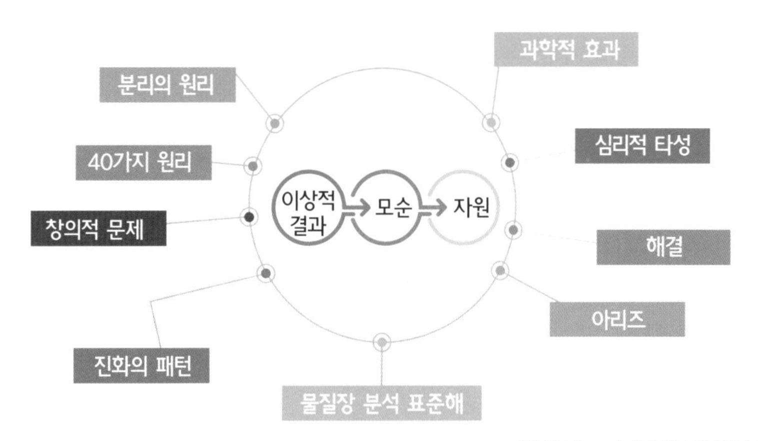


※ 아리즈(ARIZ): 트리즈의 핵심 방법론

특히 혁신적인 발전을 가져오는 기술적 개선은 그 개선하려는 시스템과 관련된 '모순의 극복'을 통해서만 가능합니다. 따라서 시스템과 관련된 이상적인 목표를 달성하는데 관건이 되는 근본 모순을 찾아내는 것이 우선 과제입니다.

트리즈에서 모순은 기술적 무순과 물리적 무순으로 구분됩니다. 기술적 모순은 시스템의 한 속성 A를 개선하고자 할 때, 그 시스템의 다른 속성 B가 악화되는 trade-off 현상이 발생하는 상태입니다. 물리적 모순은 시스템의 한 속성 A의 값이 커야 함과 동시에 작아야 하는 상태를 의미합니다.

| 기술적 모순 사례 | 물리적 모순 사례 |
| --- | --- |
| 프로펠러 비행기의 엔진 무게와 속도: 속도를 높이기 위해 큰 엔진이 필요하나 엔진 무게가 늘어나면 비행기의 속도 저하, 반대로 작은 엔진은 무게는 줄이지만 출력이 떨어져 속도가 떨어짐 | 자전거 또는 오토바이의 체인: 동력을 전달하기 위해서는 체인이 단단해야 하지만 페달과 뒷바퀴 사이를 연결하기 위해서는 체인이 유연해야 함 |

※ trade-off: 한 쪽이 이익을 얻으면 다른 쪽이 손해를 보는 관계

# 입체로 만들기

TRIZ 발명 기법 중에서 '입체로 만들기' 기법이 있습니다.
기존의 2차원을 3차원으로 변경하는 기법입니다.

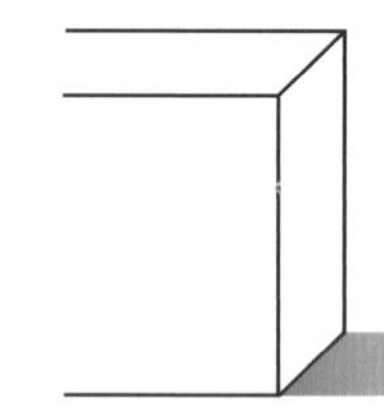

**입체로 만들기**
**차원변경** Dimension Change

'입체로 만들기' 기법을 활용한 예는 다음과 같습니다. 우리 생활 주변에서 '입체로 만들기' 기법을 활용한 예를 더 찾아보시오.

[팝업 북]

[주차타워]

1. 홀로그램 스마트폰에 적용된 '입체로 만들기' 기법에 관해 설명해 보시오.

2. '입체로 만들기' 기법을 활용해 나만의 발명품을 고안해 보시오.

# 둥글게 바꾸기

TRIZ 발명기법 중에서 '둥글게 하기' 기법이 있습니다. 직선으로 이루어진 것을 곡선, 타원체로 변화시키는 기법입니다.

'둥글게 바꾸기' 기법을 활용한 예는 다음과 같습니다.

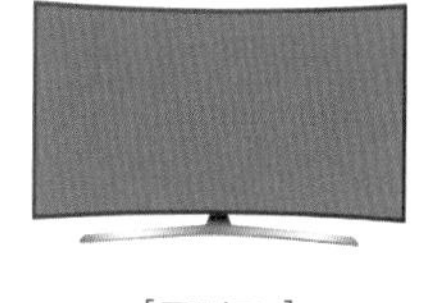

[곡면TV]

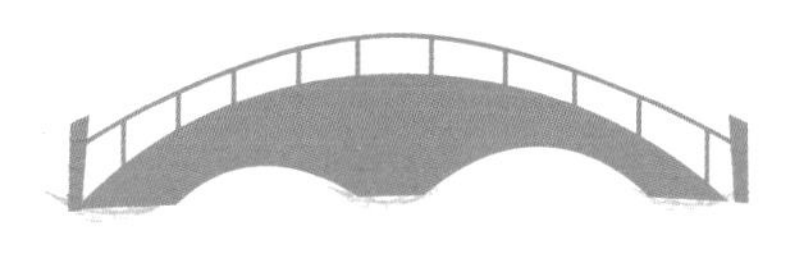

[아치형 다리]

곡면 TV는 화면이 오목하게 휘어있어 더 선명하고 편안한 영상을 보여줍니다. 아치형 다리는 하중을 다리 양쪽으로 분산해서 교각 없이도 큰 무게를 견딜 수 있는 구조입니다.
우리 생활 주변에서 '둥글게 하기' 기법을 활용한 예를 더 찾아보시오.

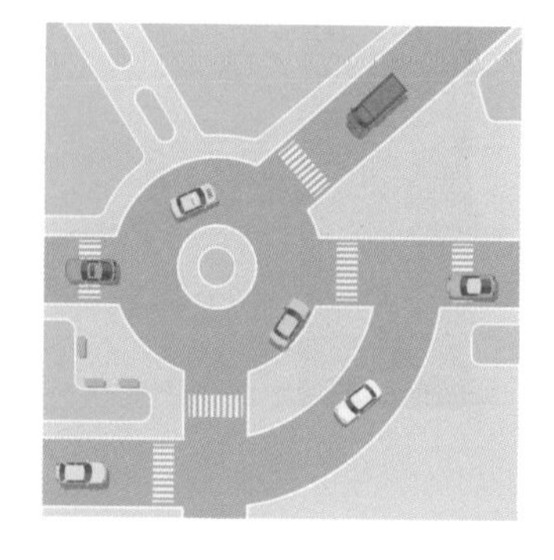

1. 회전교차로에 적용된 '둥글게 바꾸기' 기법에 관해 설명해 보시오.

2. '둥글게 바꾸기' 기법을 활용해 나만의 발명품을 새롭게 고안해 보시오.

# 비대칭 만들기

TRIZ 발명기법 중에서 '비대칭 만들기' 기법이 있습니다. 대칭인 제품을 비대칭으로 만들거나 비대칭을 더 심하게 변화시키는 기법입니다.

'비대칭 만들기' 기법을 활용한 예시로는 목 부분을 높게 만들고 머리 부분은 비교적 낮게 비대칭으로 만든 비대칭 베개가 있습니다.

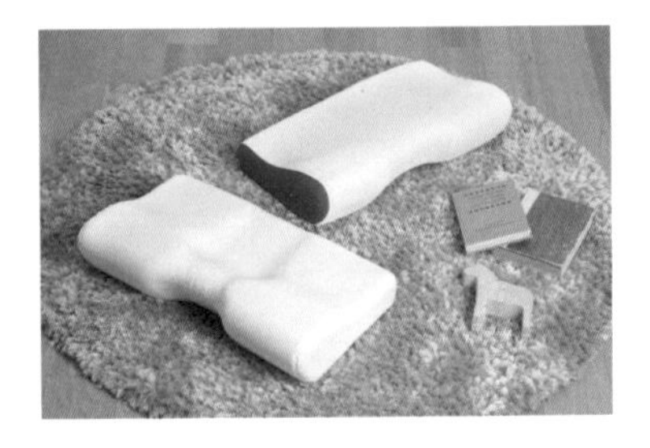

우리 생활 주변에서 '비대칭 만들기' 기법을 활용한 예를 더 찾아보시오.

연습 문제

1. 아래 그림과 같은 냉장고에 적용된 '비대칭 만들기' 기법에 관해 설명해 보시오.

2. '비대칭 만들기' 기법을 활용해 나만의 발명품을 고안해 보시오.

# 움직이게 하기

TRIZ 발명기법 중에서 '움직이게 하기' 기법이 있습니다. 대상물 또는 시스템을 각각 상대적으로 움직이지 않는 부분과 움직일 수 있는 부분으로 나누어 놓는 기법입니다.

'움직이게 하기' 기법을 활용한 예는 다음과 같습니다. 우리 생활 주변에서 '움직이게 하기' 기법을 활용한 예를 더 찾아보시오.

[굴절버스]

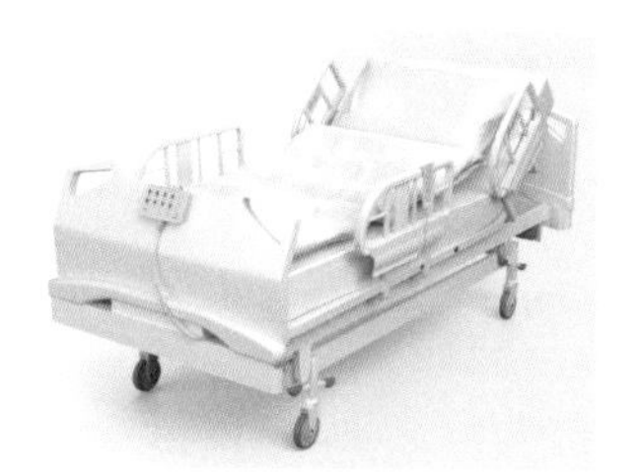

[병원침대]

1. 주름빨대에 적용된 '움직이게 하기' 기법에 관해 설명해 보시오.

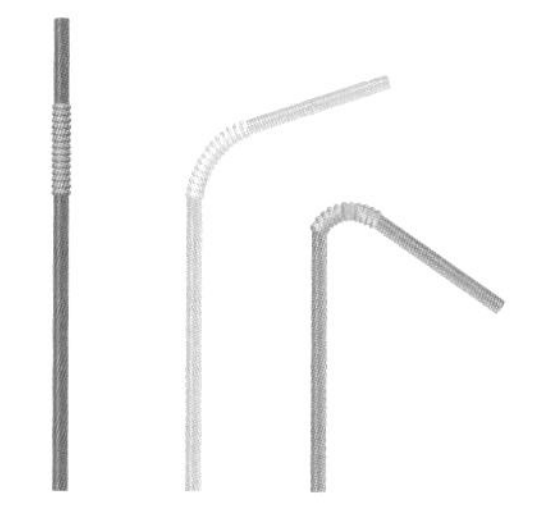

2. '움직이게 하기' 기법을 활용하여 탈것 중 하나를 고안하고 설계도와 기능을 구체적으로 설명하시오.

| 설계도 스케치 | 기능을 구체적으로 설명 |
| --- | --- |
| | |

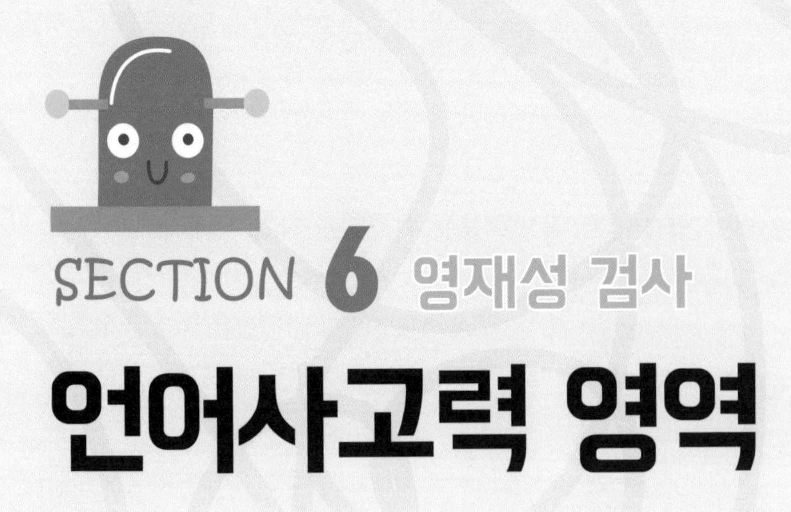

SECTION 6 영재성 검사

# 언어사고력 영역

## 언어사고력 길잡이

영재는 언어적 상상력과 어휘력이 풍부합니다. 언어사고력 영역을 통해 영재성을 파악하는 문제가 출제되고 있습니다. 평소 다방면의 풍부한 독서를 통해 스토리텔링 능력을 길러 주세요.

# 새로운 문장 만들기

〈보기〉처럼 두 단어의 유사한 특징을 4가지 이상 적어 보고, 왜 그렇게 생각하는지 이유를 설명해 보시오.

**보기**

▶ 방앗간, 블루투스 스피커

사람이 동작하지 않으면 기계는 돌아가지 않는다.

기계를 동작해야 사람이 원하는 결과물이 추출된다. (각각 떡과 노래로)

▶ 키오스크 기계, 미끄럼틀

연습 문제

1. 〈보기〉와 같이 제시한 물건의 활용도를 더 높이기 위해 변화시킬 수 있다면 어떤 방법이 있는지 모두 적어 보시오.

**보기**

▶ 신발

신발 아래 작은 전동 휠을 달아 일정 시간 동안은 더욱 빨리 앞으로 나갈 수 있도록 한다.

▶ 볼펜

PART 2 영재성 검사

2. 〈보기〉와 같이 단어가 연결되도록 빈칸에 알맞은 말을 써넣으시오.

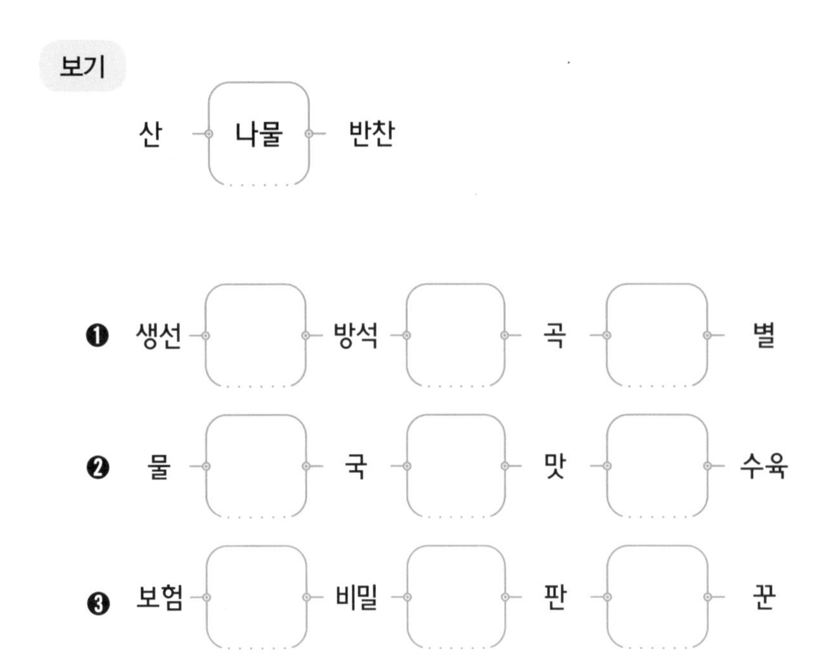

# 02 광고 문구 만들기

다음은 한국방송광고진흥공사 공익광고협의회의 광고입니다. '접속이 많아지면 접촉은 줄어듭니다'라는 광고 문구를 보고 어떤 방식이 사용되었는지 생각해봅시다.

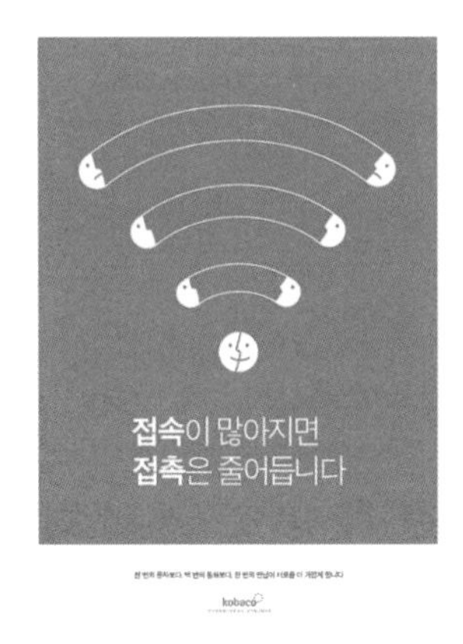

연습 문제

1. 코로나19 상황이 심각합니다. 다음 그림은 코로나19 확산 방지를 위한 서울특별시의 공익광고입니다. 이와 같은 코로나 확산 방지를 위한 광고 문구를 만들고 설명해 보세요.

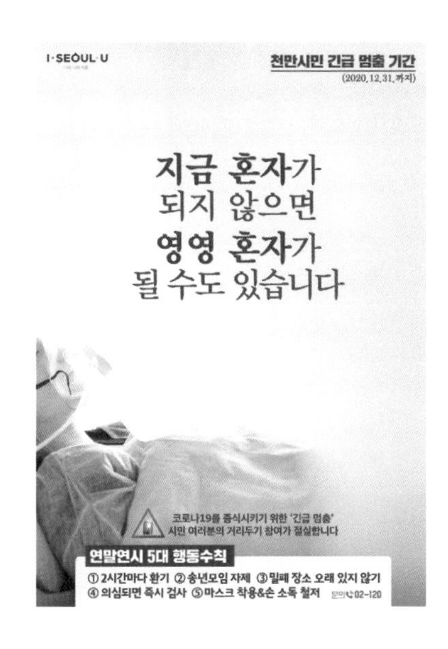

**2.** 〈보기 1〉의 광고문과 비슷한 표현방법이 사용된 광고문을 〈보기 2〉에서 골라 보세요.
또한, 〈보기 1〉과 비슷한 표현방법을 사용하여 광고문을 만드시오.

**보기 1**

이제 저는 신선한 과일만 먹기로 마음먹었습니다.

**보기 2**

① 건성건성 살지 말자. 당신의 지성 피부를 위해.

② 너 지금 멋지게 헤엄치려고 숨 참는 것부터 하고 있다고 생각해.

③ 운동에 빠졌다. 자연스레 지방이 같이 빠졌다.

④ 하나보다 강한 두 개의 바람, 듀얼 에어컨.

⑤ 먹는데 10분. 소화하는 데 100년!

광고문: ......................................................................

# 역설적인 표현

(기출)

아래 제시된 표현에 해당한다고 생각하는 것을 설명과 함께 쓰시오. (기출문제)

1. 작고도 큰 것:

2. 느리고도 빠른 것:

(기출)

아래 제시된 표현에 해당한다고 생각하는 것을 설명과 함께 쓰시오.

1. 좋으면서도 나쁜 것:

2. 멀지만 가까운 것:

3. 어렵지만 쉬운 것:

# 04 언어 논리 1

(기출)

5단으로 된 장식장에 〈보기〉의 규칙대로 인형을 넣으려고 합니다. 규칙대로 인형을 다 넣었을 때의 경우를 모두 적으시오.

보기

a. 토끼 인형은 병아리 인형 위에 넣는다.

b. 낙타 인형은 아래서 두 번째 단에 넣는다.

c. 호랑이 인형은 토끼 인형과 병아리 인형 사이에 넣는다.

d. 낙타 인형은 코알라 인형 아래에 넣는다.

| 5단 |
|---|
| 4단 |
| 3단 |
| 2단 |
| 1단 |

1단 인형:

2단 인형:

3단 인형:

4단 인형:

5단 인형:

## 연습 문제 (기출)

㉠~㉤ 5대의 차가 경주하고 있습니다. 5대의 차 중 ㉠, ㉢, ㉤은 빨간색이고 ㉡, ㉣은 파란색입니다. 처음 5대의 순위는 ㉠-㉡-㉢-㉣-㉤이고, [가]부터 [마]까지 변화가 차례로 일어났습니다. 단계별로 차량의 순위를 써보시오. 단, 추월은 바로 앞에 달리고 있는 차 1대만 할 수 있습니다.

**보기**

[가] ㉡이 ㉠을 추월했다.

[나] 파란 차가 빨간 차 1대를 추월했다.

[다] 파란 차가 빨간 차 1대를 추월했다.

[라] 빨간 차가 다른 빨간 차 2대를 추월했다.

[마] 빨간 차가 파란 차 2대를 추월했다.

[가]

1위 2위 3위 4위 5위

[나]

1위 2위 3위 4위 5위

[다]

1위 2위 3위 4위 5위

[라]

1위 2위 3위 4위 5위

[마]

1위 2위 3위 4위 5위

# 언어 논리 2

어느 집에 4마리의 암컷 고양이와 2마리의 수컷 고양이가 살고 있는데 그들의 나이는 모두 다릅니다. 다음 〈보기〉를 보고 판단할 때, 가장 나이 많은 수컷 고양이는 몇 살일까요?

**보기**

- 가장 나이 많은 고양이는 열 살이다.
- 가장 어린 고양이는 네 살이다.
- 가장 나이 많은 수컷 고양이는 가장 어린 암컷 고양이보다 네 살 많다.
- 가장 나이 많은 암컷 고양이는 가장 어린 수컷 고양이보다 네 살 많다.

에이미(Amy), 비비(Beavy), 커트리(Cuttree), 디기(Diggy), 그리고 에리(Eary)는 당신과 게임을 하고 싶어 합니다. 그들은 모두 선 위에 서 있습니다. 그때, 그들은 각각 앞에 서 있는 아이들과 뒤에 서 있는 아이 중 본인보다 키가 큰 아이들의 숫자를 셉니다. 그러고 난 뒤, 아이들은 종이 한 장에 결과를 적어 당신에게 건넸습니다. 어떤 순서대로 아이들이 서 있을까요?

| | 키가 큰 아이들의 수 | |
|---|---|---|
| 이름 | 앞 | 뒤 |
| 에이미 | 1 | 2 |
| 비비 | 3 | 1 |
| 커트리 | 1 | 0 |
| 디기 | 0 | 0 |
| 에리 | 2 | 0 |

① 에이미, 커트리, 디기, 에리, 비비

② 디기, 커트리, 에이미, 비비, 에리

③ 디기, 에이미, 커트리, 비비, 에리

④ 디기, 에이미, 에리, 비비, 커트리

# 논리사고력 영역

## 논리사고력 길잡이

정보 영재 선발 문항을 크게 두 가지로 나누어 보면 창의적 문제해결 문항과 논리적 문제해결 문항으로 나눌 수 있습니다. 논리적인 사고는 정보과학의 문제를 해결하는 데 필수이므로 정보영재원에서는 선발 문항으로 논리 사고력을 측정하는 문항이 갈수록 늘고 있습니다.

## 논리적 사고능력 영역

논리적 사고 영역은 다음과 같은 영역이 있습니다. 컴퓨터 과학을 탐구하면서 다양한 문제를 풀 때 논리적 사고에 의한 접근이 필요합니다.

| 하위요소 | 내용 |
|---|---|
| 계열화 논리 | 일련의 요소들을 규칙에 따라 배열하는 능력 |
| 비례 논리 | 비례관계의 규칙과 관계를 이해하는 능력 |
| 확률 논리 | 우연한 사건 중 특정 사건이 일어날 확률을 계산하는 능력 |
| 변인 통제 논리 | 문제에 직면하여 한 변인 효과의 가설을 입증하기 위해 다른 변인을 통제하여 변인과의 관계를 도출하는 능력 |
| 조합 논리 | 문제를 해결하는 과정에서 모든 경우를 중복되지 않도록 빠짐없이 추리하는 능력 |
| 명제 논리 | 참인지 거짓인지 판별하고 둘 이상 명제의 관계를 분석하는 능력 |

# 01 계열화 논리

## 표준 문제

수를 어떠한 규칙에 따라 나열했을 때, 마지막 칸에 오는 숫자를 고르시오.

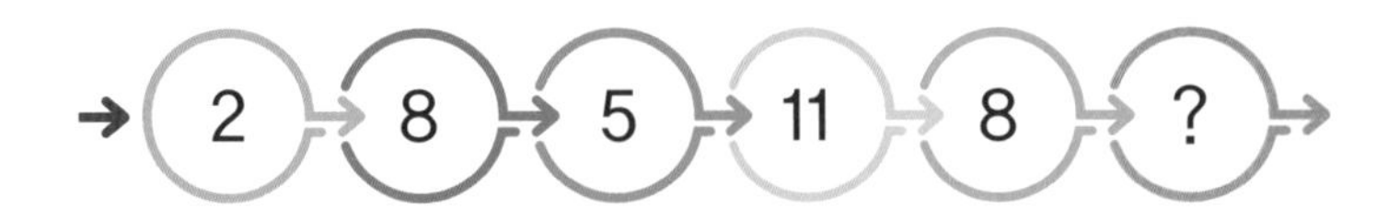


① 13　② 14　③ 15　④ 16

## 연습 문제

**1.** 문자를 일정한 규칙으로 나열했을 때, 마지막 칸에 오는 문자는 무엇일까요?

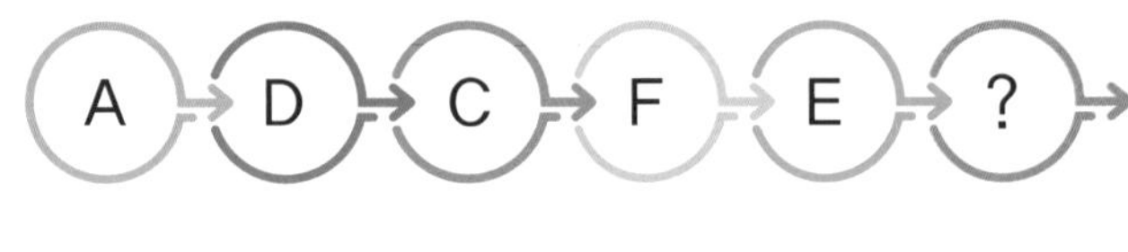


① I　② J　③ K　④ H

**2.** 아래 〈보기〉의 처리조건에 따라 규칙적으로 숫자가 배열될 때 11번 자료와 12번 자료에 저장된 숫자는 얼마일까요?

**보기**

| 처리순서 | 내 용 |
|---|---|
| 1. | '1번자료'안의 숫자에 2를 곱해서, '3번 자료'안에 넣는다. |
| 2. | '2번자료'안의 숫자에 3를 빼서, '4번 자료'안에 넣는다. |
| 3. | 처리순서 1과 2의 규칙에 따라 숫자는 연속적으로 배열된다. |

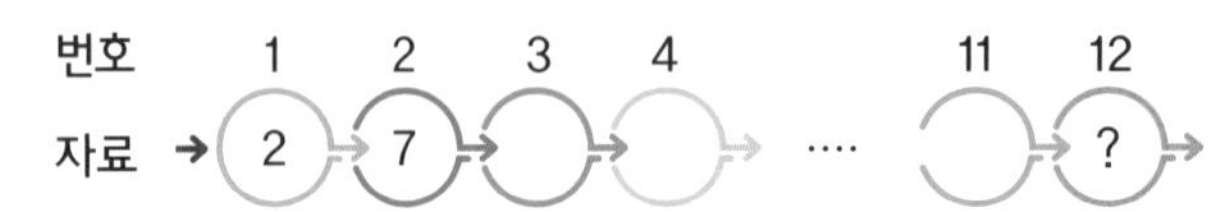


① 11번 자료: 7, 12번 자료: −1　② 11번 자료: 6, 12번 자료: 3

③ 11번 자료: 7, 12번 자료: −3　④ 11번 자료: 5, 12번 자료: 1

# 비례 논리

톱니 수가 100인 큰 기어가 1분당 40번 회전한다면, 톱니 수가 25인 작은 기어는 10분에 몇 바퀴 회전할까요? (그림의 실제 톱니수는 무시하고 문제의 톱니수로 계산해 문제를 푸세요.)

① 1200  ② 1400  ③ 1600  ④ 1800

연결된 기어 중에서 처음 기어와 마지막 기어의 회전수가 같은 것은? 각각의 그림에서 처음 기어는 제일 좌측에 있고, 마지막 기어는 제일 우측에 있습니다. 단, 모든 기어의 톱니는 같은 크기, 같은 간격으로 배열되어 있습니다.

① ② ③ ④

# 03 확률 논리

부품 상자 안에 모양과 크기가 같은 녹색, 노란색, 검은색, 흰색 나사가 각각 2개씩 모두 8개가 들어있습니다. 이 중에서 나사 한 개를 꺼내는데, 꺼내는 사람은 부품 상자 속을 확인할 수 없습니다. 이때, 녹색 나사가 나올 확률은 얼마일까요?

① $\frac{1}{2}$ ② $\frac{1}{4}$ ③ $\frac{1}{6}$ ④ $\frac{1}{8}$

**1.** 어느 회사에서 제품을 생산할 때 온전한 제품이 나올 확률이 90%라고 합니다. 이 회사에서 하루에 1000개의 물건을 만든다고 했을 때, 불량품이 나올 확률은 얼마일까요?

① 100 ② 250 ③ 350 ④ 450

**2.** 철수네 회사에서는 A, B, C 3가지 부품을 생산합니다. 생산한 부품이 납품 기준을 충족하여 합격할 확률은 다음과 같습니다.

| | A 부품 | B 부품 | C 부품 |
|---|---|---|---|
| 합격 확률 | $\frac{1}{2}$ | $\frac{1}{4}$ | $\frac{3}{4}$ |

이 회사에서 생산한 부품 중 A 부품은 불합격하고, B와 C 부품이 합격할 확률은 얼마일까요?

# 변인 통제 논리

다음 중 하나의 바퀴에 대한 회전속도를 올바르게 설명한 것은?

① 바퀴의 중심축에서 멀어질수록 회전속도가 빠르다.

② 바퀴의 중심축에 가까워질수록 회전속도가 빠르다.

③ 바퀴의 중심축과 떨어진 정도에 상관없이 회전속도가 일정하다.

④ 바퀴의 중심축에서 멀어질수록 회전속도가 증가하다가 감소한다.

**1.** 다음 그림처럼 도르래를 사용하여 같은 무게의 물건을 들어 올리고 있습니다. 이때, 가장 힘을 적게 들이고 물건을 들어 올릴 수 있는 경우는?

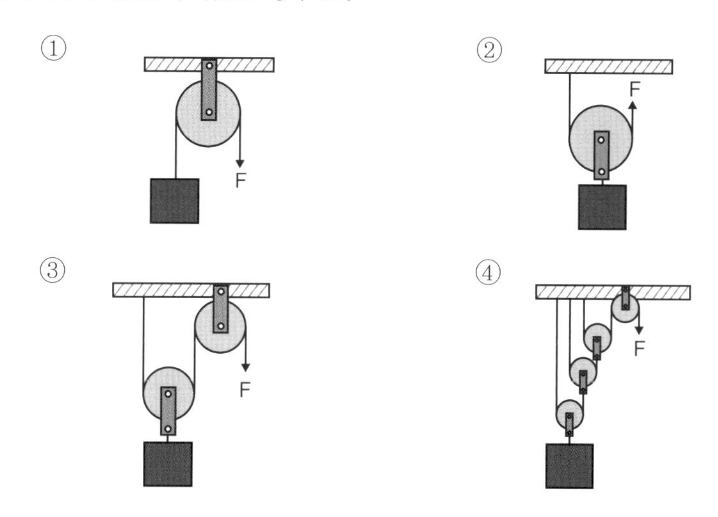


**2.** 바퀴의 크기는 같고, 축의 길이가 서로 다른 자동차들이 있습니다. 이때, 가장 큰 회전 반경으로 회전하는 자동차는?

① 축의 길이가 가장 짧은 자동차

② 축의 길이가 가장 긴 자동차

③ 축의 길이가 중간인 자동차

④ 모두 같다.

# 조합 논리

3개의 큰 공구함 안에 각각 3개의 작은 공구함과 2개의 공구가 있습니다. 그리고 이들 작은 공구함 안에는 각각 2개의 공구가 있습니다.

공구함에 들어있는 공구는 모두 몇 개일까요?

① 18 ② 24 ③ 27 ④ 30

1. 철이는 부품을 결합하려고 합니다. 서로 다른 3종류의 볼트에서 한 종류를, 각기 다른 4종류의 너트에서 한 종류를 선택하여 서로 짝지으려 합니다. 짝지을 수 있는 모든 경우의 수를 구하시오.

   ① 7 ② 12 ③ 13 ④ 15

2. 영민이는 서로 다른 3개의 우체통에 서로 다른 두 개의 편지를 넣으려고 합니다. 편지를 넣는 방법의 수는 모두 몇 가지일까요?

   ① 2 ② 4 ③ 6 ④ 8

# 명제 논리

아래 그림은 X, Y, Z의 값에 따라 6가지의 가능한 경로를 나타내고 있습니다. 만약 X가 Y보다 작다면 선택되는 경로는 직선 아래 방향을, X가 Y보다 크다면 오른쪽 방향을 선택합니다. 여기서 X, Y, Z는 모두 서로 같지 않습니다.

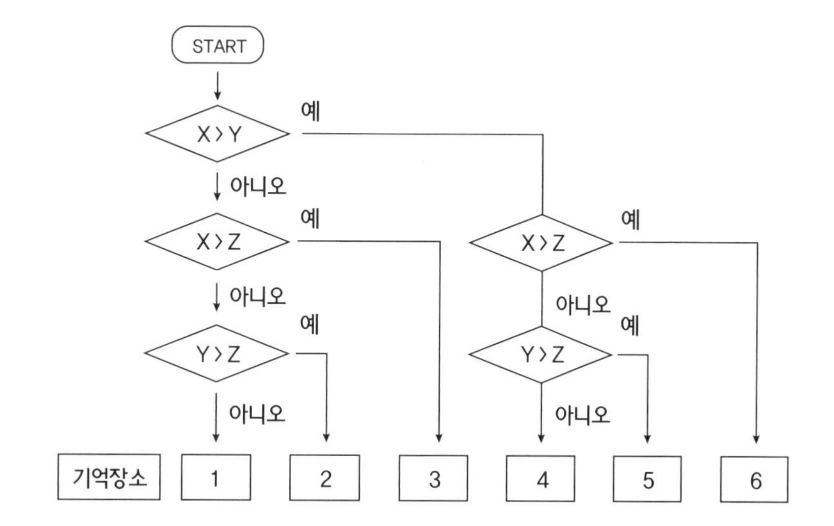


**1.** 기억장소 1번에 어떤 숫자가 기억되어 있을 때 X, Y, Z의 관계를 부등호로 올바르게 나타낸 것은 어느 것일까요?

① Z〉X〉Y ② Z〉X〉X

③ X〈Y〈Z ④ X〉Z〉Y

**2.** 기억장소 3번에 어떤 숫자가 기억되어 있을 때 X, Y, Z의 관계를 부등호로 올바르게 나타낸 것은 어느 것일까요?

① Y〉X〉Z ② Y〈Z〈X

③ Z〈Y〈X ④ Z〉X〉Y

**3.** 기억장소 4번에 어떤 숫자가 기억되어 있을 때 X, Y, Z의 관계를 부등호로 올바르게 나타낸 것은 어느 것일까요?

① X〉Y〈Z ② Z〉Y〉X

③ Y〈Z〈X ④ Z〉X〉Y

## code.org

출처: code.org

Code.org®는 2013년 하디 파르토비(Hadi Partovi), 알리 파르토비(Ali Partovi) 쌍둥이 형제에 의해 설립된 비영리 단체입니다. Code.org®의 목표는 모든 학교의 학생들에게 과학, 생물학, 화학처럼 컴퓨터 과학을 배울 기회를 주는 것입니다.

code.org의 접속주소는 이름 그대로 code.org입니다. 한 번 같이 접속해 볼까요?

먼저, 사이트의 왼쪽 아래로 가서 언어를 한국어로 바꾸고, 가운데 배너에서 〈학생들〉이라고 되어 있는 것을 클릭해 줍니다.

아래 〈Hour of Code〉가 나타나면 〈더보기〉를 누르세요.

그러면 더 많은 게임을 만날 수 있어요.

Hour of Code

아워오브코드 튜토리얼 더 보기

모든 학습 코스를 해 볼 시간이 없다면, 모든 사람들을 위해 설계된 1시간짜리 학습 튜토리얼을 해보세요. Hour of Code 와 함께 전세계 180 개가 넘는 나라의 수 백만 명 이상의 학생, 선생님들과 함께 참여해보세요.

댄스 파티

Featuring Katy Perry, Shawn Mendes, Panic! At The Disco, Lil Nas X, Jonas Brothers, Nicki Minaj, and 34 more!

마인크래프트

창의성, 문제해결 능력, 코드를 사용해 언더워터 월드를 탐험하고 만들어 보세요!

겨울왕국

얼음의 마술과 아름다움을 탐구하는 안나, 엘사와 함께 코드를 사용하세요.

더 보기

아워오브코드 튜토리얼 더 보기

스타워즈

드로이드 프로그램을 배워보고, 자신만의 머나 먼 스타워즈 게임을 만들어보세요.

교사 가이드 보기

게임 중 [스타워즈]를 선택합니다.

우리는 드로이드 프로그램을 배워보고, 자신만의 머나먼 스타워즈 게임을 만들어 볼 거에요. 코드로 은하계 건설하기에서 〈자바스크립트〉를 선택한 후 〈지금 해보기〉를 클릭해 주세요. 클릭했을 때 나타나는 안내 동영상을 시청해 주세요.

왼쪽 무대의 스타워즈 로봇이 움직일 수 있도록 코드를 만들어보세요. 코드를 만들어 〈실행〉 버튼을

눌러 미션을 성공시키세요. 이어서 자바스크립트 코드를 확인 후 계속해서 다음 단계를 성공시켜 보세요.

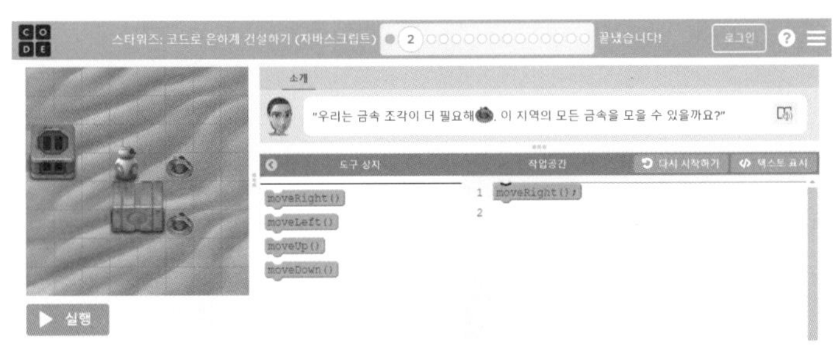


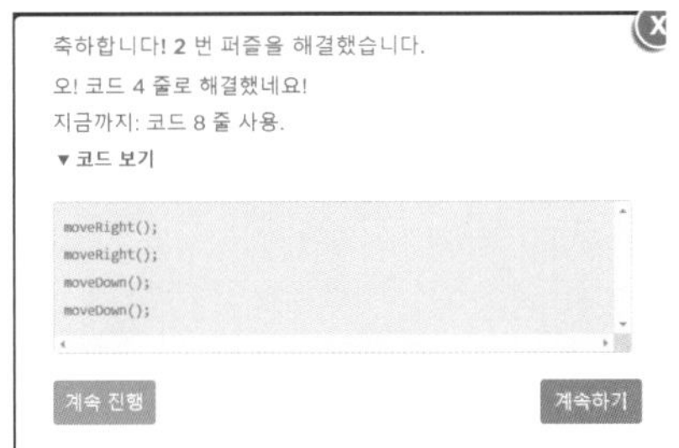

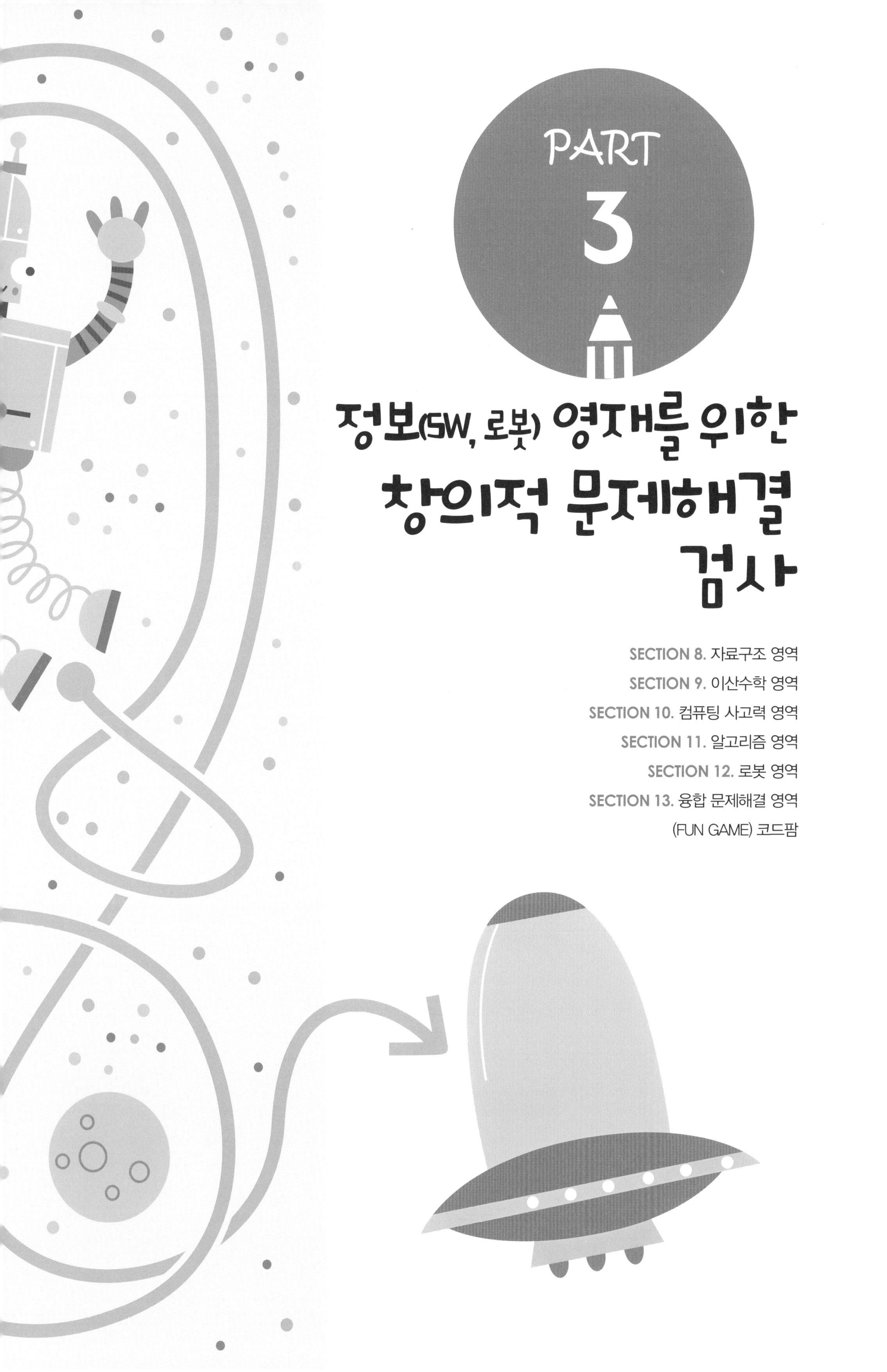

# PART 3

# 정보(SW, 로봇) 영재를 위한 창의적 문제해결 검사

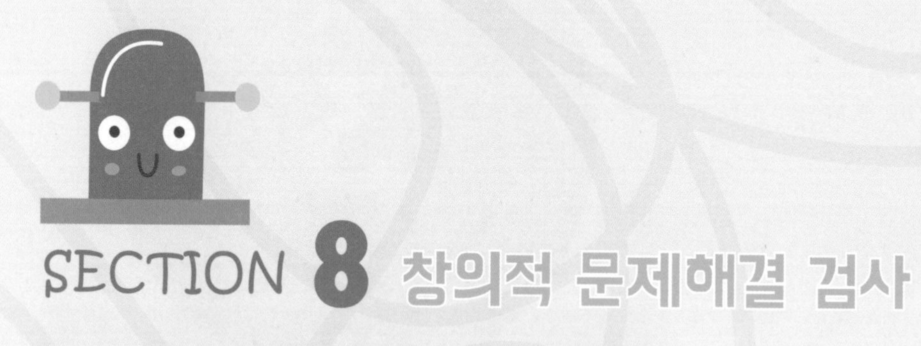


# 자료구조 영역

## 자료구조 영역 길잡이

자료구조는 컴퓨터에서 자료를 효율적으로 관리하고 구조화하는 방법을 말합니다. 대부분의 컴퓨터 프로그램은 '알고리즘+자료구조' 형태로 이루어지며 알고리즘이 특정한 목적을 달성하기 위한 절차라고 한다면 자료구조는 알고리즘 구현에 필요한 데이터의 집합입니다. 같은 알고리즘이라도 자료구조가 달라지면 전혀 다른 프로그램이 될 수 있으므로 알맞은 자료구조를 만드는 것이 매우 중요합니다.

여기에서는 트리, 그래프, 정렬 등의 자료구조에 대해 다룹니다. 자료구조는 이산수학이나 알고리즘 등과 연계되므로 핵심 개념과 원리를 잘 파악해 두어야 합니다.

## 프로그램의 구성

[프로그램의 구성]

[자료구조 영역]

# 스택(Stack)

1. 오른쪽 그림과 같이 동전을 동전통에 넣었습니다.
   2번째 넣은 동전은 몇 번째에 꺼낼 수 있을까요?

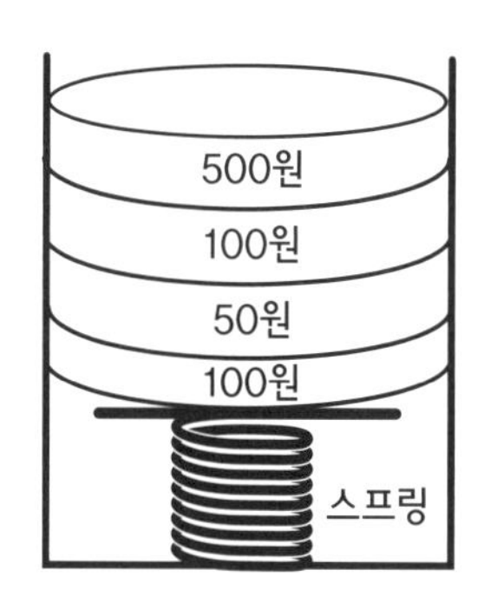


2. 호떡 집 할아버지가 맛있는 호떡을 굽고 있어요. 구운 순서대로 접시에 호떡 5개를 쌓아서 가져간다면, 가장 먼저 먹게 되는 호떡은 할아버지가 몇 번째 만든 호떡일까요? 또 할아버지가 맨 처음 만든 호떡은 몇 번째 먹게 될까요?

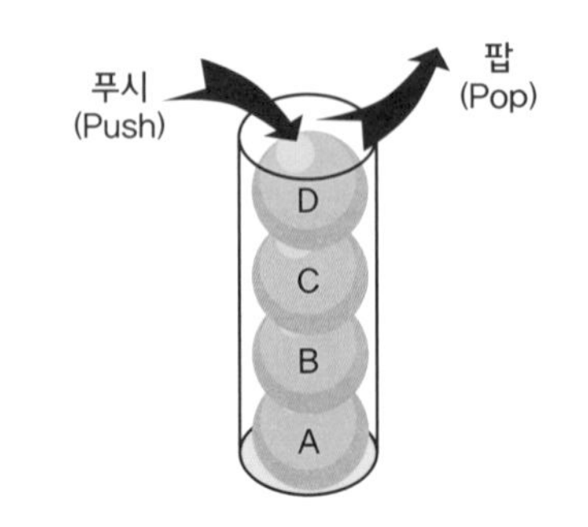


오른쪽 그림과 같이 하나의 입구로 탁구공이 들어오고 나가는 스택 구조 탁구공 통이 있습니다. 이때 탁구공을 넣는 것을 푸시(push), 탁구공을 꺼내는 것을 팝(pop)이라고 합니다.
그림에 사용된 탁구공과 통을 이용해 다음과 같은 순서대로 푸시와 팝을 해봅시다.
push → push → pop → push → pop → pop → push → pop

1. 이때, 움직이는 탁구공의 알파벳을 쓰시오. 단, 통은 빈 상태로 시작해야 하며 탁구공은 A → B → C … 순으로 푸시되어야 하고, 팝된 탁구공은 다시 푸시될 수 있습니다.

2. 이 과정에서 팝되는 공의 이름을 적어보시오.

**자료구조 개념 Plus**

**'스택'이란 무엇일까요?**

'쌓아 올린 더미'라는 뜻의 자료구조 중 하나입니다. 자료의 삽입과 삭제가 한쪽 끝에서만 일어나며 밑이 막힌 통을 세워 놓은 것으로 생각하면 됩니다. 자료의 삽입, 삭제가 일어나는 곳을 스택의 톱(top)이라 하며 자료를 스택에 넣는 것을 푸시(push), 스택에서 자료를 꺼내는 것을 팝(pop)이라고 합니다.
스택의 구조적 특성상 나중에 들어간(푸시) 자료가 먼저 꺼내지므로(팝) 후입선출(LIFO, Last In First Out)이라고 합니다.
스택은 주로 어떤 내용을 기억시켰다가 다시 이용하고자 할 때 사용됩니다.

# 02 큐(Queue)

표준 문제

1. 그림과 같이 통 안에 탁구공 A를 넣고 그다음에 탁구공 B를 같은 쪽에서 넣습니다. 같은 방법으로 탁구공 C, D를 밀어 넣습니다.

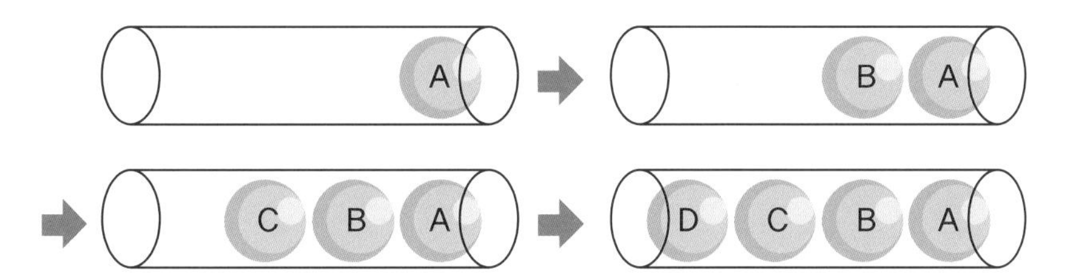


빈 통 안에 들어간 4개의 탁구공을 넣었던 쪽의 반대쪽에서 하나씩 밖으로 빼낼 때 탁구공이 밖으로 나오는 순서를 적어보시오.

2. 앞서 스택의 개념은 나중에 넣은 것을 제일 먼저 빼내는 구조(Last In First Out)입니다.
큐는 어떤 구조인가요?

연습 문제

큐와 같은 예를 일상생활에서 찾아보시오.

자료구조 개념 Plus

**'큐'란 무엇일까요?**

큐는 '차례를 기다리는 사람이나 차의 줄 또는 대기열'이라는 뜻입니다. 큐는 한쪽에서는 계속 입력만 되고 반대쪽에서는 먼저 입력된 것부터 출력되는 형태입니다.
큐는 먼저 입력되는 것부터 먼저 출력되기에 선입 선출(FIFO, First In First Out)이라고 합니다.

# 03 트리(Tree)

오른쪽 그림과 같이 알파벳 A로부터 시작해서 2갈래씩 뻗어 나가는 구조가 있습니다. 첫 번째 줄은 레벨 1, 두 번째 줄은 레벨 2, 세 번째 줄은 레벨 3이라고 합니다.

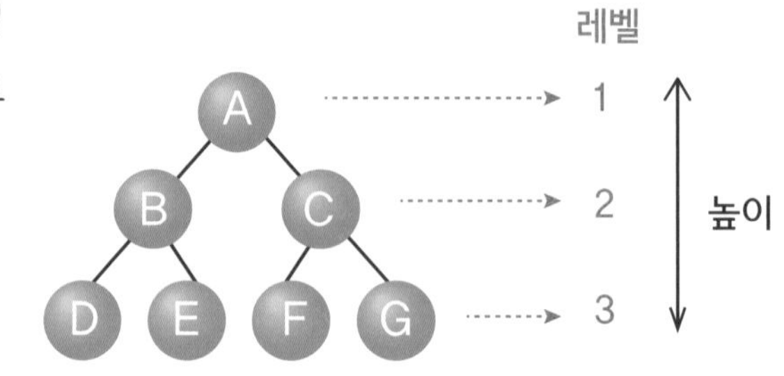


1. 알파벳 Z는 몇 번째 레벨에 있을까요?

2. 알파벳 A로부터 시작해서 네 갈래로 뻗어 나가면 알파벳 Z는 몇 번째 레벨에 있을까요?

오른쪽 그림은 가장 간단한 형태의 이진 트리입니다.
루트 A에서 출발해 B, C를 검색한 후 원래 루트 A로 돌아오는 과정은 A → B → A → C → A 총 4단계입니다.

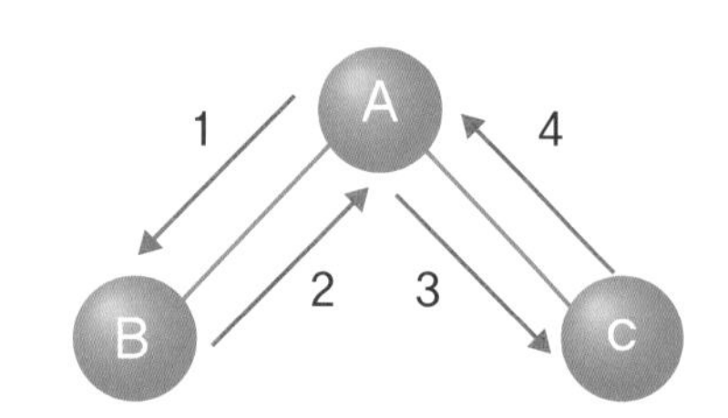


1. 아래 3레벨의 이진트리에서 A에서 출발해 모든 노드를 검색 후 루트 A로 돌아오게 할 때 총 단계를 구하시오.(단, 한 노드에서 다른 노드로 이동하는 것을 한 단계로 한다)

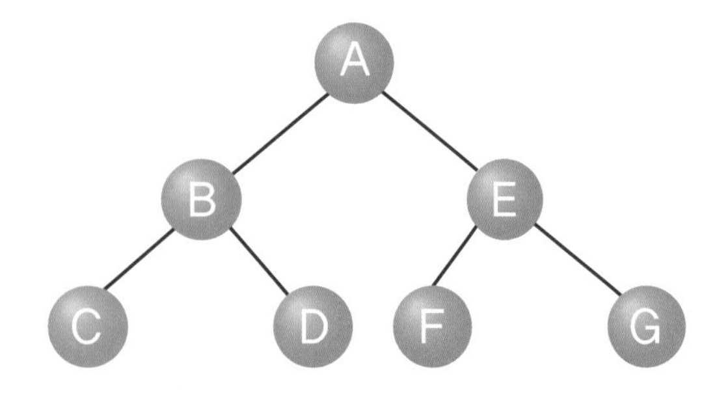

2. 다음의 4레벨의 이진트리에서 A에서 출발해 모든 노드를 검색 후 루트 A로 돌아오게 할 때 총 단계를 구하시오.(단, 한 노드에서 다른 노드로 이동하는 것을 한 단계로 한다)

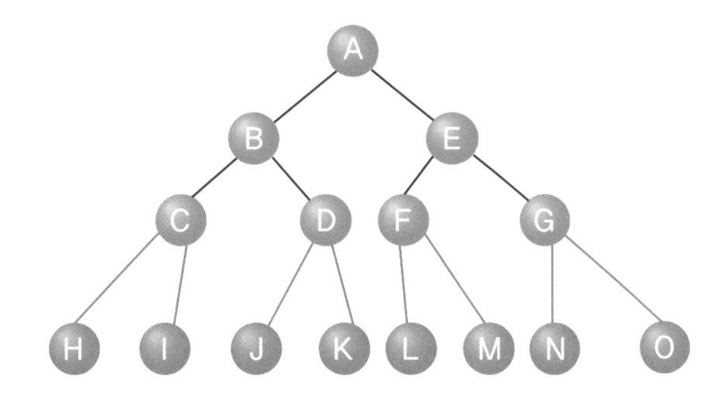


※.위와 같이 모든 노드가 채워진 이진 트리를 '포화 이진 트리(full binary tree)'라 합니다.

3. 레벨 10의 포화이진트리에서 루트를 출발해 모든 노드를 검색 후 루트로 돌아오게 할 때 총 단계를 구하시오.(기출)

4. 위에서 탐구한 이진트리 탐색의 단계를 구하는 공식을 유도하시오

자료구조 개념 Plus

### '트리'란 무엇일까요?

트리(tree)는 비선형(non-linear) 자료구조를 말합니다. 컴퓨터의 기억장소 할당, 자료의 정렬(sorting), 자료의 저장과 검색(retrieval), 그리고 언어의 번역 등에 효과적으로 이용될 수 있는 자료구조입니다.

트리 자료구조는 예를 들어 사장을 정점으로 하여, 이사, 부장, 과장, 계장, 계원 등과 같은 회사의 조직표나 조상과 자손들 간의 관계를 표기해 놓은 족보와 같은 것입니다. 이런 이유로 나무가 뿌리에서 가지로, 가지에서 잎으로 구성된 것을 비유하여 자료 간에 계층적 구조를 가질 때 이를 트리라고 합니다.

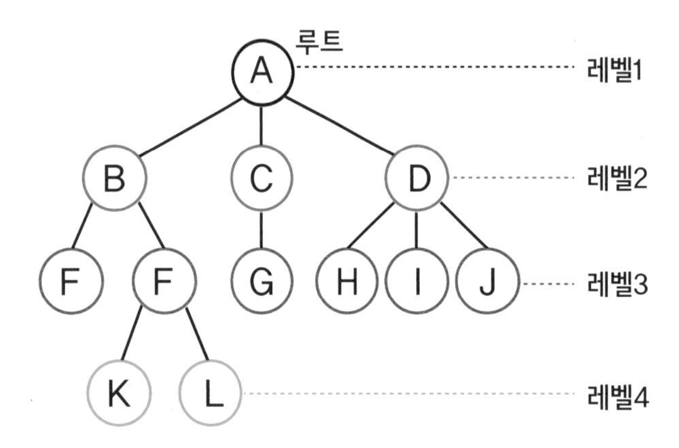


| 노드(Node) | 트리를 구성하는 꼭짓점 |
|---|---|
| 루트(Root) | 트리인 그래프의 가장 높은 곳에 위치하는 시작 노드 |
| 부모 노드(Parent Node) | 트리를 구성하는 노드의 바로 한 단계 위에 있는 노드 |
| 자식 노드(Child Node) | 트리를 구성하는 노드의 바로 한 단계 아래에 있는 노드 |
| 형제 노드(Sibling Node) | 트리를 구성하는 노드에서 부모가 같은 노드 |
| 리프 노드(Leaf Node) | 트리를 구성하는 노드 중 자식이 없는 노드 |
| 레벨(Level) | 루트 노드를 레벨 1로 시작하여 자식 노드로 한 단계씩 내려갈 때마다 하나씩 증가하는 단계 |
| 높이(Height) | 트리의 최대 레벨 |

# 04 그래프

표준 문제

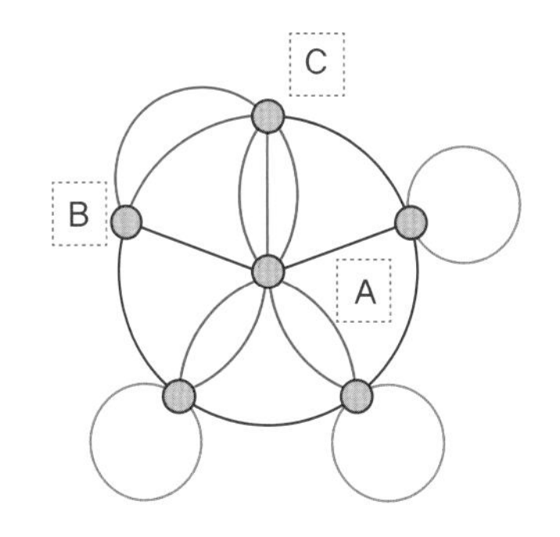


오른쪽 그래프에서 차수가 가장 높은 꼭짓점을 A, 차수가 가장 낮은 꼭짓점을 B라고 합시다.

**1.** A의 차수에서 B의 차수를 뺀 값을 구하시오.

A의 차수 – B의 차수 =

**2.** 꼭짓점 A에서 출발해 C를 거쳐 B에 도달할 수 있는 경우의 수를 구하시오.

연습 문제

학교 컴퓨터실에서 철수는 새로운 비밀번호를 설정해야 합니다. 비밀번호는 알파벳 소문자, 대문자와 0에서 9까지의 숫자를 사용할 수 있습니다.

A~Z는 알파벳 대문자를 의미합니다. 0~9는 임의의 숫자를 의미합니다. a~z는 알파벳의 소문자를 의미합니다.

다음과 같은 암호를 수락하는 규칙이 있습니다.

루프에서 문자 또는 숫자를 여러 번 사용할 수 있으며, (a)루프에서 철수는 0개 또는 하나 이상의 소문자를 사용할 수 있습니다.

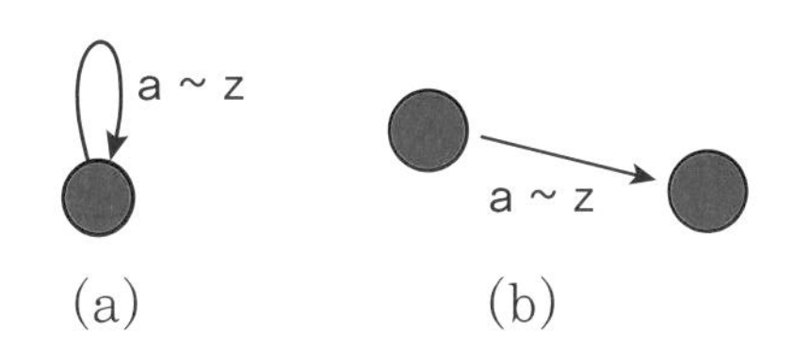


간선은 철수가 정확히 하나의 문자 또는 숫자를 사용해야 한다는 것을 의미합니다. 간선 (b)는 하나의 소문자를 요구합니다. 다음 중 허용되지 않는 비밀번호는?

① 123aNNa

② Peter3ABCd

③ 2010Beaver4EVEr

④ bENNOZzz

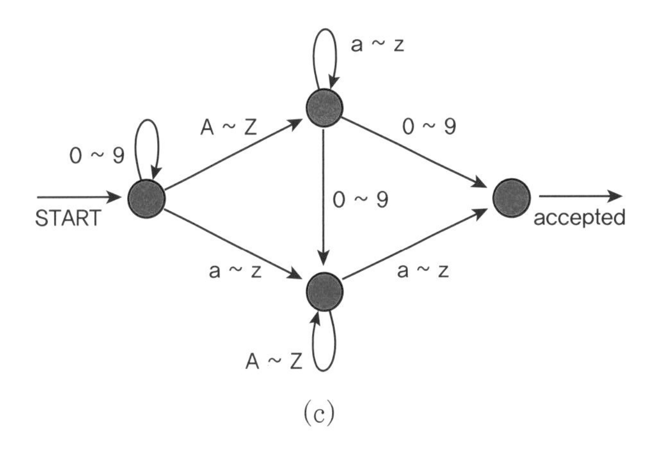

자료구조 개념 Plus

### 그래프란?

컴퓨터 과학에서의 그래프란, '연결된 정점(node or vertex)과 그 정점을 연결하는 선인 간선(edge)으로 이루어진 자료구조(data structure)'를 말합니다.

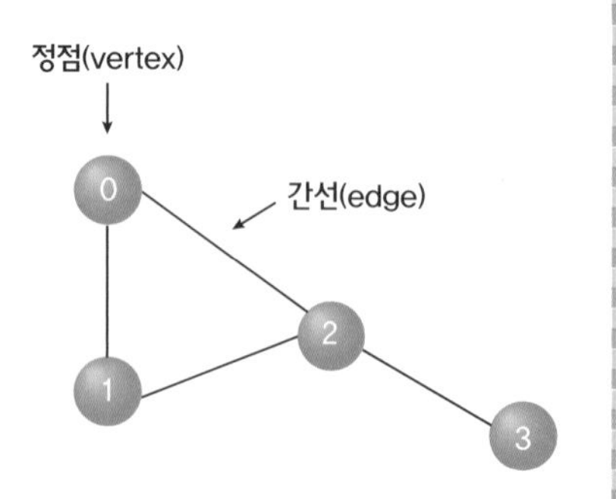


그래프의 차수란?

그래프의 차수란 한 정점에 연결된 간선의 수를 말합니다.

- 홀수 점: 차수가 홀수인 정점
- 짝수 점: 차수가 짝수인 정점

### 그래프의 종류

1. 방향에 따른 분류
   - 단방향 그래프(directed graph): 정점과 정점 사이 방향성이 있는 간선으로 이루어진 그래프를 말합니다.
   - 양방향 그래프(무방향 그래프, undirected graph): 정점과 정점 사이 방향성이 없는 간선으로 이루어진 그래프를 말합니다. 보통 그래프라고 하면, 이 양방향 그래프를 말하는 것입니다.

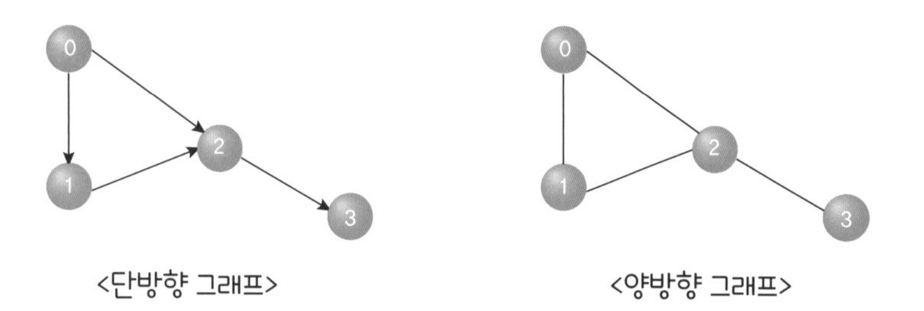


<단방향 그래프>　　<양방향 그래프>

2. 구조적 특징에 따른 분류
   - 단순 그래프(simple graph): 두 정점 사이에 오직 한 개의 간선만 존재하는 그래프입니다.
   - 다중 그래프(multiple graph): 두 정점 사이에 두 개 이상의 간선이 존재하는 그래프입니다.
   - 의사 그래프(pseudo graph): 다중 간선과 루프(loop)를 허용하는 그래프입니다.
   - 완전 그래프(complete graph): 모든 정점이 연결된 그래프입니다. 두 정점 간에 최소한 한 개, 또는 그 이상의 경로가 반드시 있게 됩니다. 즉, 모든 정점의 쌍 사이에는 간선이 반드시 존재합니다.

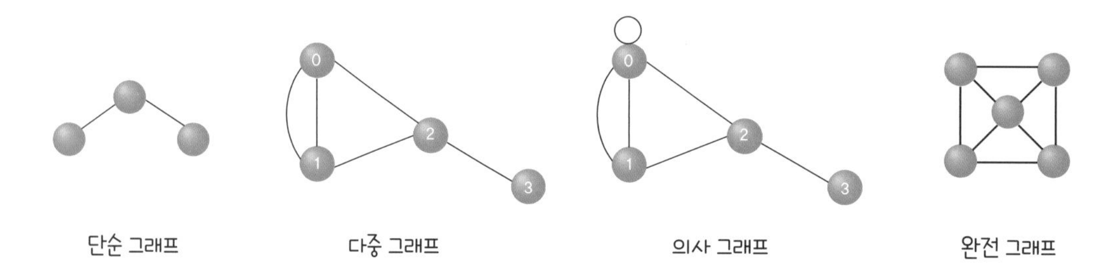


단순 그래프　　다중 그래프　　의사 그래프　　완전 그래프

# 05 정렬

표준 문제

오른쪽 그림과 같이 크기가 서로 다른 막대가 섞여 있습니다.

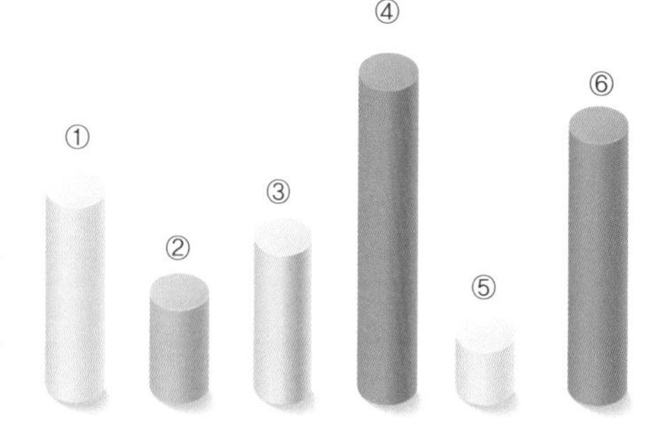


1. 정렬은 무질서한 데이터를 크기에 따라 가지런히 줄 세우는 것입니다. 오른쪽의 막대들을 가지런히 줄 세우는 기준은 몇 가지 있을까요?

2. 키 작은 막대를 앞쪽에 세우고 뒤로 갈수록 키 큰 막대를 세우는 방법을 '오름차순', 반대로 세우는 방법을 '내림차순'이라 합니다.
   정렬 규칙에 따라 막대들을 오름차순으로 세워보시오.

3. 오름차순으로 줄 세우는 과정에서 알게 된 규칙성을 설명해 보시오.

PART 3 창의적 문제해결 검사

연습 문제 (기출)

다음과 같이 〈처음 상태〉의 표에서 수가 한 칸에 한 개씩 들어있고 한 칸은 비어 있습니다. 한 개의 수를 골라 빈칸으로 옮길 수 있는데 수를 옮겨 〈목표 상태〉와 같이 왼쪽에서부터 순서대로 1, 2, 3, 4, 5, 6, 7, 8이 되게 하려고 합니다.

목표하는 배열로 만들려면 최소 몇 번 이동해야 하는지 설명하시오.

| 5 | 7 | 1 | 2 | 6 | 3 | 8 | | 4 | 〈처음 상태〉 |
|---|---|---|---|---|---|---|---|---|---|

⬇

| 1 | 2 | 3 | 4 | 5 | 6 | 7 | 8 | | 〈목표 상태〉 |
|---|---|---|---|---|---|---|---|---|---|

# 06 해밀턴 경로

## 표준 문제

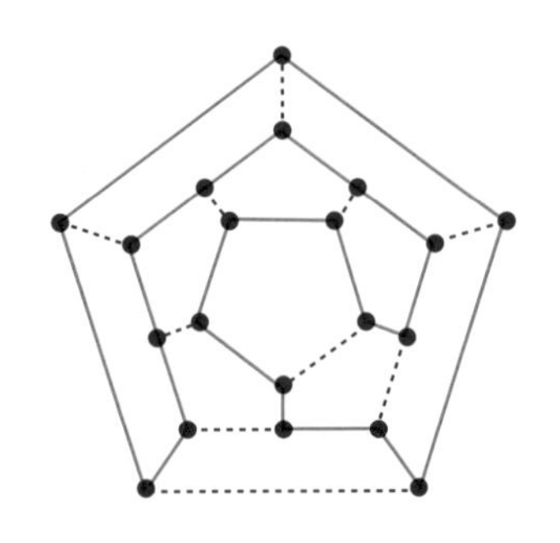

해밀턴 경로란 오른쪽 그림처럼 모든 꼭지점을 한 번씩 지나는 경로를 말합니다. 해밀턴 순환(회로)이란 한 꼭짓점에서 시작해서 모든 꼭짓점을 꼭 한 번씩만 지나 원래 꼭짓점으로 다시 돌아오는 경로를 말하며, 해밀턴 그래프란 해밀턴 순환을 갖는 그래프를 말합니다.

아래 그래프에서 해밀턴 경로를 그려보시오.

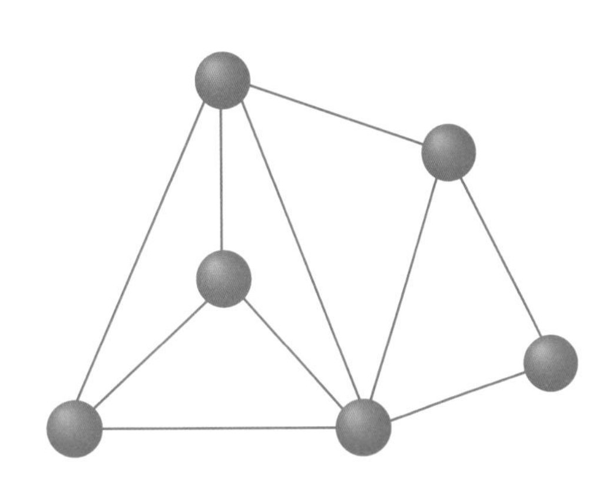

## 연습 문제 (기출)

1. 아래 그림과 같이 회사에서 출발해 다섯 군데의 집을 한 번씩 모두 들러 물건을 배달하고 다시 회사로 돌아오는 배달차가 있습니다.
   경로 위의 숫자가 그 길을 지나는데 내야 하는 통행료라고 할 때, 돈이 가장 적게 드는 경로를 찾아 그려 보시오.

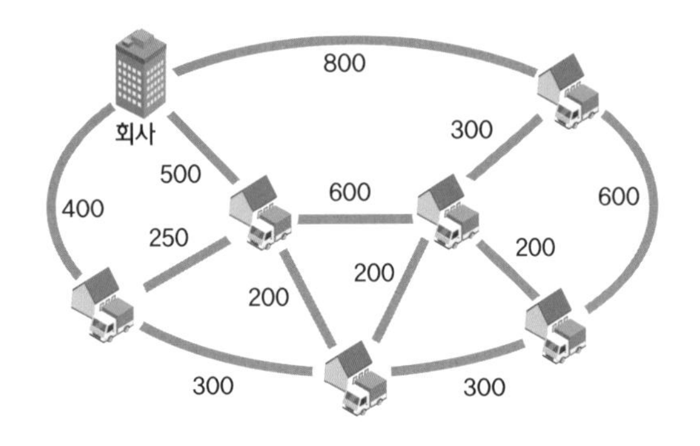

2. 아래 그림은 정사면체에서의 해밀턴 경로를 나타낸 것입니다.

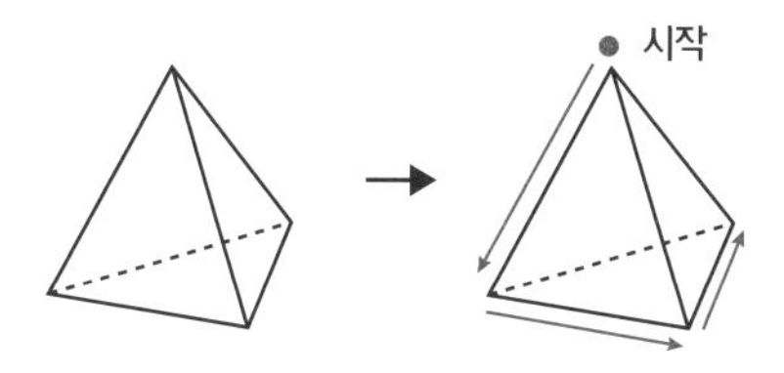


정육면체, 정팔면체, 정십이면체, 정이십면체의 해밀턴 경로를 그려 보시오.

▶ 정육면체

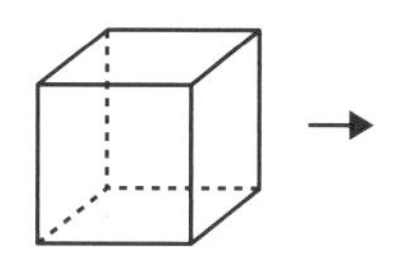

▶ 정팔면체

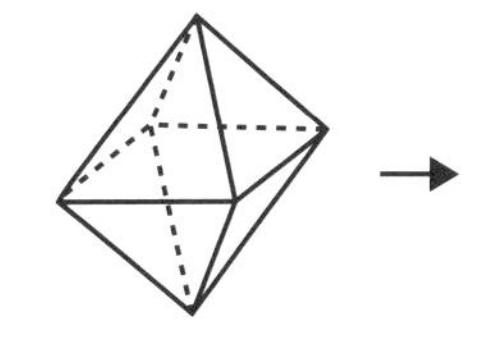

▶ 정십이면체

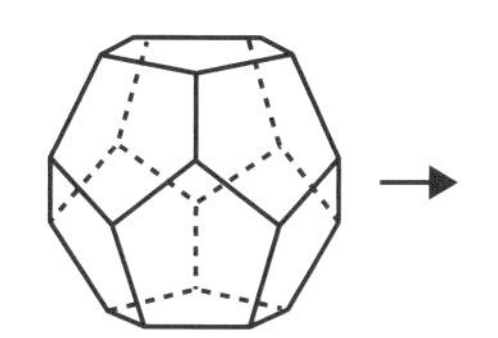

▶ 정이십면체

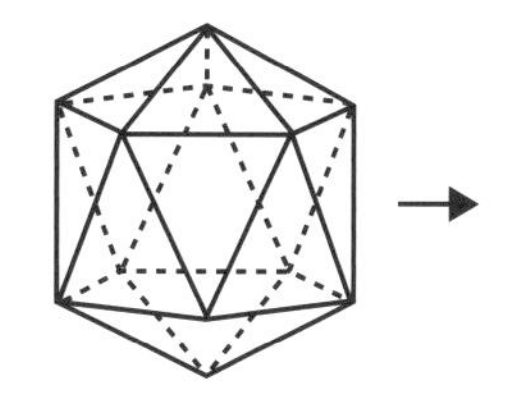

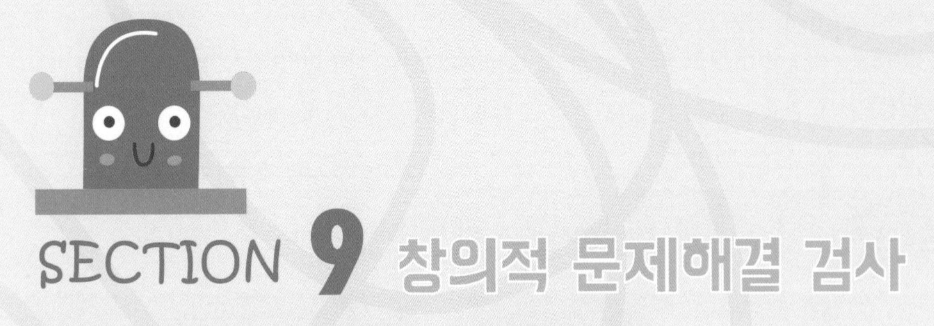

## SECTION 9 창의적 문제해결 검사

# 이산수학 영역

### 이산수학 영역 길잡이

정보영재란 이산수학적 사고가 뛰어난 학생입니다. 이산(discrete)이란 서로 다르던가 혹은 연결되어 있지 않은 원소들로 구성되었다는 말입니다. 이산적인 내용을 다루는 것을 이산수학 혹은 전산수학이라고 하며, 이산수학은 현재 우리가 다루는 프로그래밍 언어, 소프트웨어 공학, 자료구조 및 데이터베이스, 알고리즘, 컴퓨터 통신, 암호 이론 등의 컴퓨터 응용 분야에 적용되고 있습니다. 즉, 정보과학을 심도 있게 공부하려면 이산수학을 잘할 수 있어야 합니다. 이런 까닭으로 정보영재원에서는 이산수학 관련 내용으로 정보영재를 판별하므로 이 책에서 이산수학에 대한 학습합니다. 아래 표는 이산수학의 영역을 나타낸 것입니다

| 이산수학 영역 | 이산수학 세분화 | 이산수학적 사고 능력 |
|---|---|---|
| • 선택과 배열<br>• 그래프<br>• 알고리즘<br>• 의사결정과 최적화 | **선택과 배열**<br>• 순열과 조합<br>• 포함과 배제(집합)<br>**그래프**<br>• 수형도<br>• 그래프, 트리<br>• 여러 가지 회로<br>**알고리즘**<br>• 그래프 활용<br>• 수와 알고리즘<br>• 순서도<br>• 점화 관계<br>**의사결정과 최적화**<br>• 의사결정 과정<br>• 최적화 알고리즘 | • 직관적 통찰 능력<br>• 수학적 추론 능력<br>• 정보의 조직화 능력<br>• 정보의 일반화 및 적용 능력<br>• 논리적인 문제 해결 능력<br>• 해결방법의 다양성 추구 능력 |

# 01 한붓그리기

표준 문제

다음 그림에서 임의의 점에서 출발하여 붓을 떼지 않고, 지나갔던 길을 다시 가지 않는 조건으로 모든 점을 지날 수 있는지 결정하고, 홀수점의 개수, 출발점, 도착점 및 경로를 표시하여 봅시다.

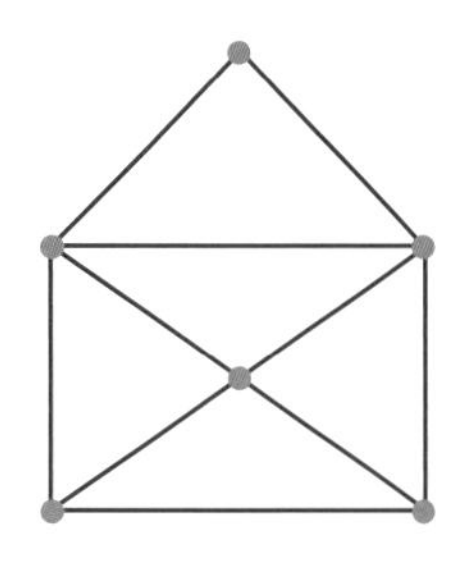

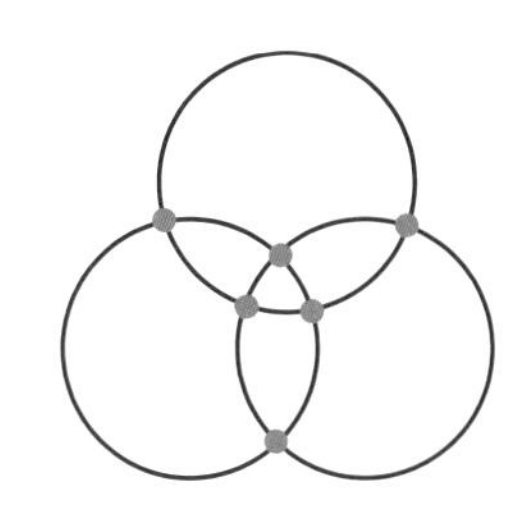

연습 문제 (정보올림피아드 기출)

1. 다음 그림에서 작은 사각형은 모두 가로 길이와 세로 길이가 1인 정사각형입니다. 이 도형의 한 점 A에서 출발하여 선분을 따라 움직이면서, 도형의 모든 선분을 지나 A로 다시 돌아오고자 합니다. 같은 선분을 두 번 이상 지날 수 있다고 할 때 이동거리의 최솟값은 얼마일까요?

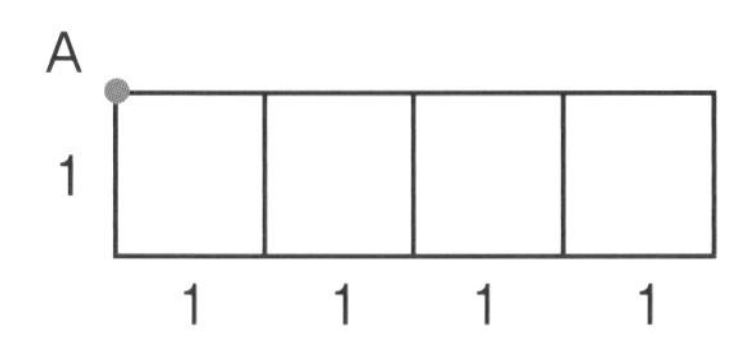


2. 아래 도형은 한붓그리기가 불가능합니다. 즉, 종이에서 연필을 떼지 않고 모든 선분을 한 번씩만 지나도록 그리는 것은 불가능한 도형입니다. 만약 같은 선분을 두 번 이상 지나는 것을 허용하여 연필을 종이에서 떼지 않고 한 번에 그린다면 두 번 이상 그려야 하는 선분의 최소 개수는 몇 개일까요?

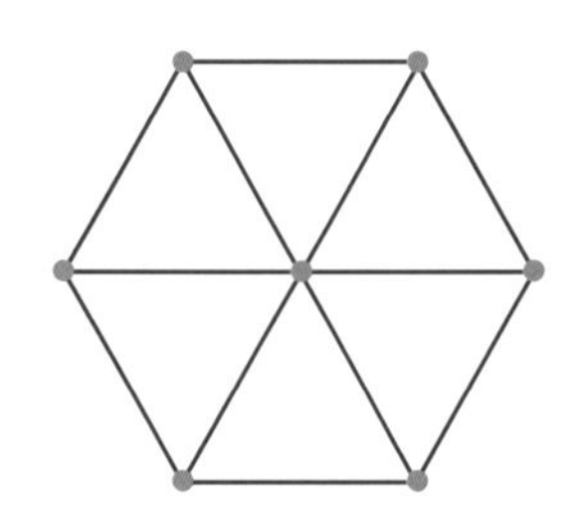

**3.** 아래 그림은 11개의 전시실과 전시실을 연결하는 17개의 문으로 이루어진 박물관의 평면도입니다. 한 곳의 입구로 들어가서 모든 문을 한 번씩만 통과해 빠져나오는 방법을 그려보시오.(기출)

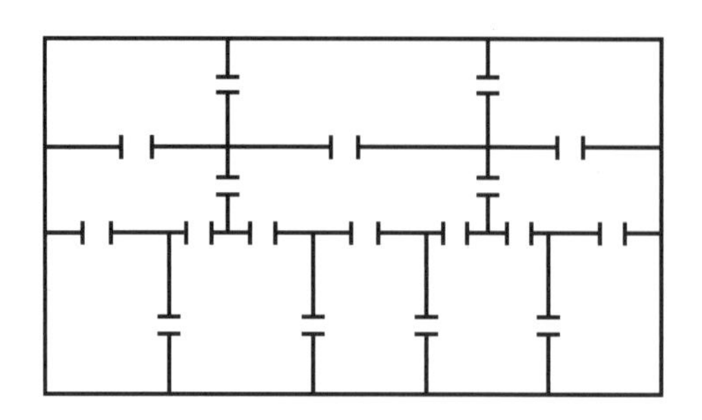

**참고**

이 문제는 방을 점으로 문과 문 사이를 선으로 연결한 오른쪽 그림과 같은 그래프 형태로 바꾸어서 문제를 해결할 수도 있습니다.

※ 이와 같은 그래프를 오일러 그래프라고 합니다.

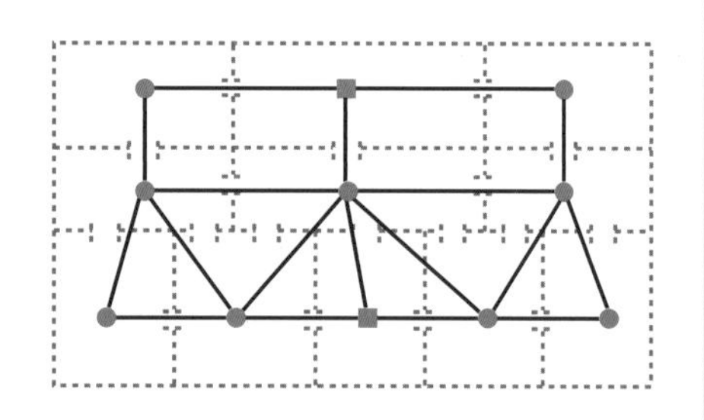

# 비둘기집의 원리

오른쪽 〈보기〉 그림과 같이 주머니 속에 빨간 구슬 2개, 파란 구슬 2개, 녹색 구슬 2개, 주황색 구슬 2개 이렇게 4종류의 구슬이 모두 8개 있습니다. 이 주머니 속의 구슬을 한 번에 하나씩 꺼낸다면, 똑같은 종류의 구슬이 반드시 나오려면 적어도 몇 번이나 구슬을 꺼내야 할까요? 반드시 풀이 과정을 써 주세요.

보기

1. 서랍 안에 아빠 양말, 엄마 양말, 동생 양말이 각각 20개씩 있습니다. 서랍 안을 보지 않고 양말을 꺼낼 때, 같은 사람의 양말이 항상 2개가 나오려면 적어도 몇 개의 양말을 꺼내면 될까요?

2. 영희는 생일 선물로 작은 박스를 친구에게 받았습니다. 박스를 열어 보니 7가지 색깔의 구슬이 20개씩 들어 있었습니다. 영희는 눈을 감고 상자에 손을 넣어 같은 색의 구슬 4개를 꺼내려고 합니다. 영희는 최소한 몇 개의 구슬을 꺼내야 할까요?

이산수학 개념 Plus

**비둘기집의 원리**

N+1마리의 비둘기가 N개의 비둘기집에 들어간다고 할 때 어떤 비둘기집에는 적어도 2마리의 비둘기가 들어가야 합니다.

비둘기의 수가 비둘기집 수의 N배보다 많으면 어떤 비둘기집에는 적어도 N+1마리의 비둘기가 들어간다. → 비둘기의 수보다 비둘기집의 수가 적을 때 비둘기를 어떻게 비둘기집에 넣는가 하는 문제에서 출발

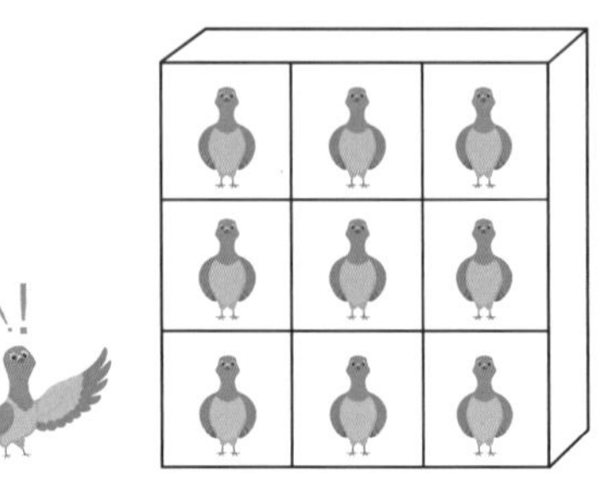


4마리의 비둘기가 3개의 비둘기집에 들어간다고 할 때 적어도 하나의 비둘기집에는 2마리의 비둘기가 들어갑니다.

10마리의 비둘기가 3개의 비둘기집에 들어간다고 할 때, 하나의 비둘기집에는 적어도 4마리의 비둘기가 들어갑니다..

# 규칙적 배열

(기출)

〈보기〉의 숫자와 도형으로 볼 때, A, B에 각각 들어갈 숫자를 쓰시오.

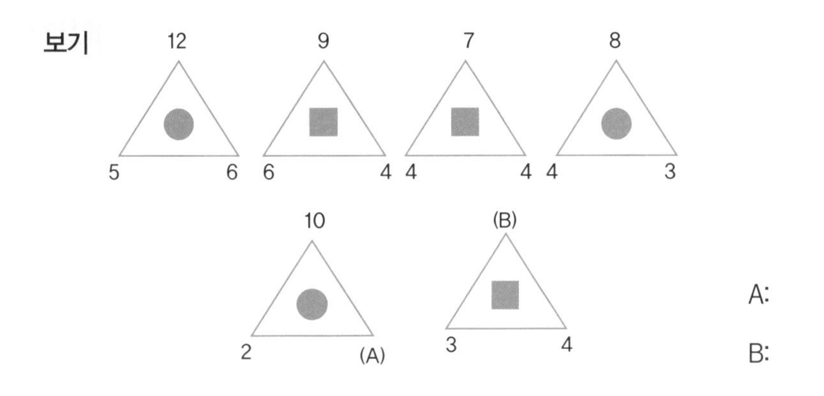


A:

B:

(기출)

다음의 표 안의 숫자들을 살펴보면 일정한 규칙에 따라 배열되어 있음을 알 수 있습니다. 어떠한 규칙으로 이루어졌는지 3가지를 찾아 설명하시오.

| | | | | |
|---|---|---|---|---|
| 2 | 2 | 2 | 2 | 2 |
| 2 | 4 | 6 | 8 | 10 |
| 2 | 6 | 12 | 20 | 30 |
| 2 | 8 | 20 | 40 | 70 |
| 2 | 10 | 30 | 70 | 140 |

이산수학 영역

# 04 색칠하기

다음 그림의 동그라미를 색칠하려고 합니다. 단, 선으로 연결된 동그라미들은 같은 색으로 색칠해서는 안 됩니다. 그림안에 있는 동그라미를 색칠하려면 최소한 몇 가지 색이 필요할까요?

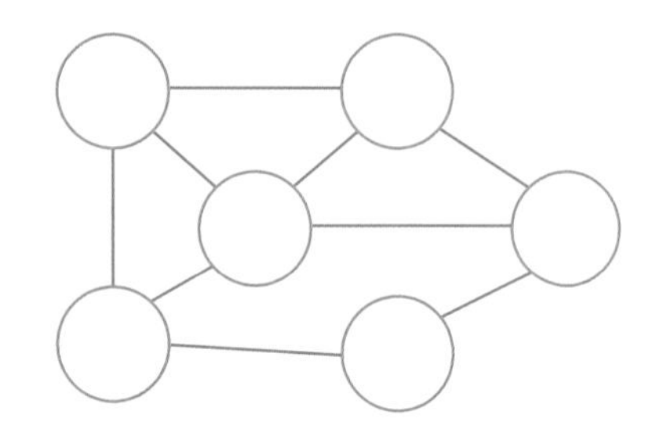

(심화)

오른쪽 그림을 인접한 영역이 서로 다른 색이 되게 색칠하려고 합니다.

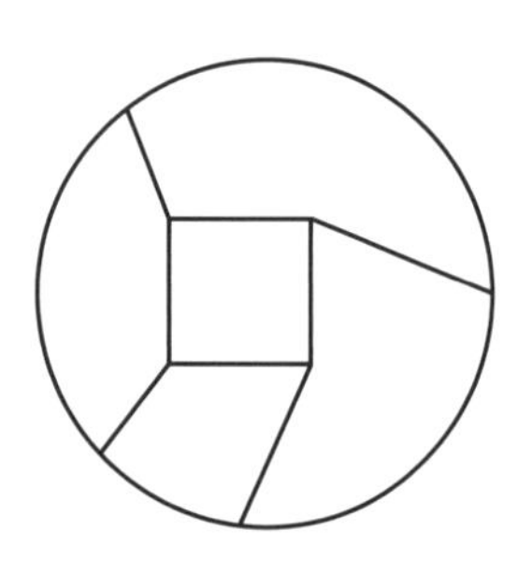

❶ 5가지 색을 모두 사용하여 이 그림을 색칠하는 방법은 몇 가지일까요?

❷ 이 도형을 색칠하려면 최소한 몇 가지 색이 필요할까요?

# 함수 규칙

(기출)

동전을 1개 넣으면 사탕이 1개 나오고, 동전을 2개 넣으면 사탕이 3개, 동전을 3개를 넣으면 사탕이 7개 나오는 기계가 있습니다.

1. 다음은 넣은 동전의 수와 나온 사탕의 수를 표로 정리한 것입니다. 빈칸에 알맞은 수를 써넣고, 어떤 규칙인지 설명해 보시오.

| 넣은 동전의 수 | 1 | 2 | 3 | 4 | 5 | 6 |
|---|---|---|---|---|---|---|
| 나온 사탕의 수 | 1 | 3 | 7 | | | |

2. 또 다른 규칙을 찾아 표를 완성하고, 설명해 보시오.

| 넣은 동전의 수 | 1 | 2 | 3 | 4 | 5 | 6 |
|---|---|---|---|---|---|---|
| 나온 사탕의 수 | 1 | 3 | 7 | | | |

## 연습 문제

그림과 같이 특정한 연산을 나타내는 연산기호와 어떤 값을 입력하면 연산규칙에 따라 출력하는 기능 상자가 있습니다.

| 기호 | 설명 | 예 |
|---|---|---|
| ⊕ | 어떤 값을 한 번 더 더하는 연산자 | 2 ⊕ 3 = (2 + 3) + (2 + 3) |
| ⊗ | 어떤 값을 한 번 더 곱하는 연산자 | 4 ⊗ 5 = (4 X 5) X (4 X 5) |

아래 그림과 같이 두 개의 값이 입력되면 기능 상자 안과 같은 연산을 한 후 출력한다고 했을 때, 출력값을 구해보시오. x=2, y=3으로 놓고 계산하세요.

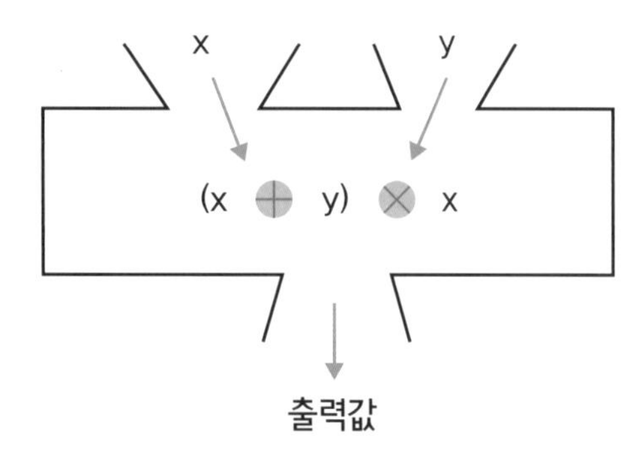

# 06 ON, OFF

## 표준 문제

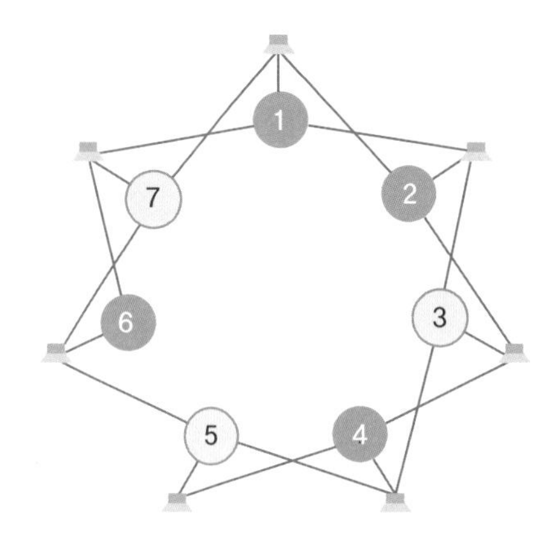


오른쪽 그림처럼 전구와 스위치들이 연결된 네트워크가 있습니다. 어떤 스위치를 누르면, 그 스위치에 연결된 전구는 켜지고, 켜져 있던 전구는 꺼집니다.

스위치들을 눌러 모든 전구의 불을 켜보려고 합니다. 스위치들을 누를 때마다 전구들의 상태가 바뀌게 되고, 모든 전구가 켜지지 않은 때는 경고 메시지가 출력됩니다. 스위치를 누르는 순서를 적어보세요.(초기 상태: 1, 2, 4, 7번 스위치는 꺼져 있고 3, 5, 7번 스위치는 켜져 있어요)



## 연습 문제

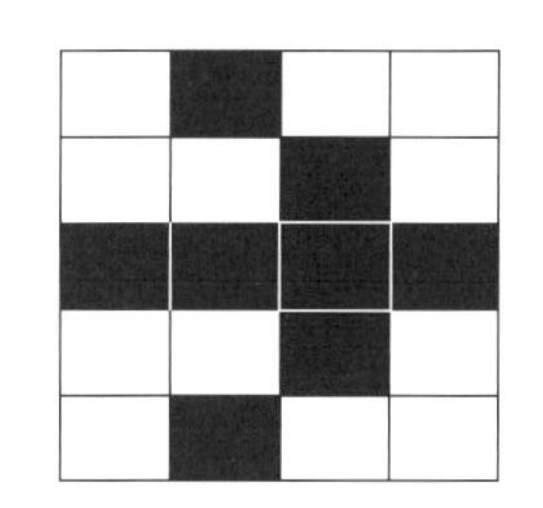

오른쪽 그림의 화살표 모양은 컴퓨터를 이용해 구현한 것입니다. 컴퓨터는 픽셀 방식으로 그림을 저장하며 픽셀은 그림을 여러 개의 칸으로 나눈 후 각각의 칸을 0과 1로 쪼개어 나타냅니다(검은색은 1, 흰색은 0).

오른쪽 화살표의 픽셀을 위에서부터 아래로 0과 1 숫자를 이용해 나타내면 다음과 같습니다.

0100 0010 1111 0010 0100

아래 빈칸에 왼쪽 화살표를 검은색으로 표시하고, 픽셀 단위를 위의 예와 같이 0과 1로 표시해 보시오.

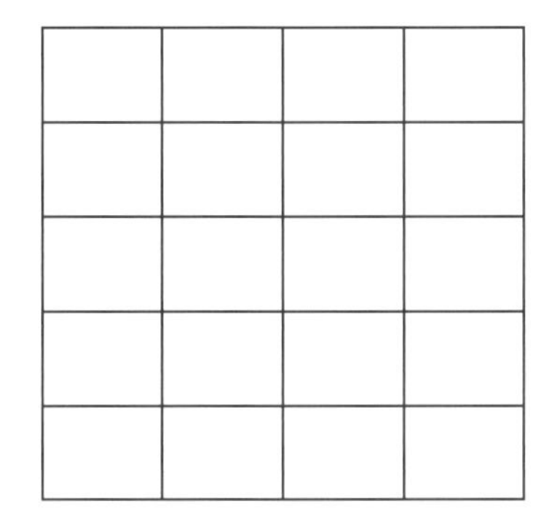

# 이진법 체계

작은 도시에 100,000명이 살고 있습니다. 2020년 12월 1일에 코로나 확진자가 1명 발생했고, 이후 하루가 지나 그 다음날이 되면 1명의 확진자는 반드시 2명에게 바이러스를 감염시킨다고 합니다. 일단 바이러스를 한 번 퍼뜨린 사람은 자가격리가 이루어져 바이러스를 더는 퍼뜨리지 못합니다.

바이러스가 확산해서 100,000명의 시민이 모두 감염되는 날짜는 몇 월 며칠일까요? (단, 감염된 후 자가격리를 통해 치료받은 사람도 감염된 숫자에 포함시킵니다, 이미 감염된 사람은 더 이상 감염이 되지 않는다고 가정합니다.)

아래 5개로 이루어진 칸은 일정한 규칙에 따라 오른쪽부터 색이 칠해지고 있습니다. 마지막에는 어떤 색이 칠해질까요?

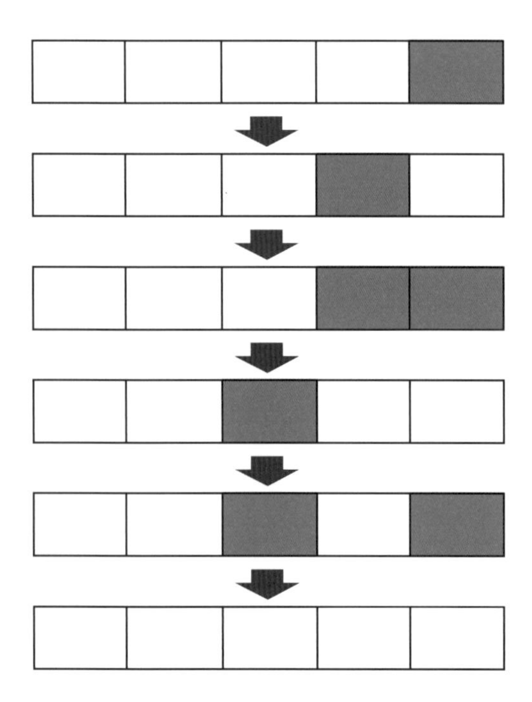

# 타일 채우기

(정보올림피아드 기출)

명수네 집은 화장실 공사 중입니다. 명수네 집의 화장실은 아래의 왼쪽 그림과 같은 가로, 세로 4인 정사각형 모양입니다. 화장실 바닥을 오른쪽 그림과 같은 모양의 타일로 채우려고 하는데, 화장실 바닥 중 한 칸은 하수도를 연결하기 위한 배수구로 사용해야 하므로 타일로 채울 필요가 없습니다.

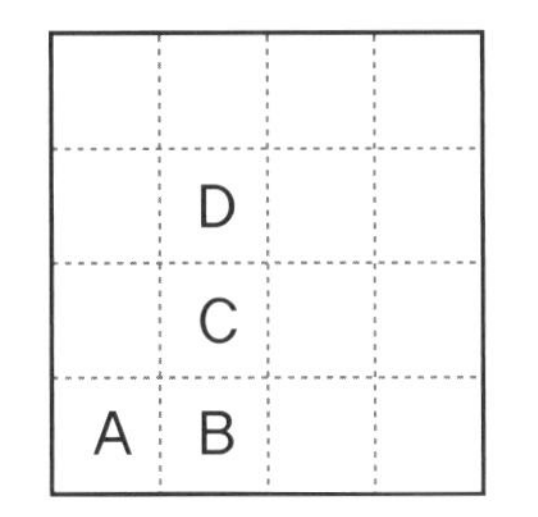


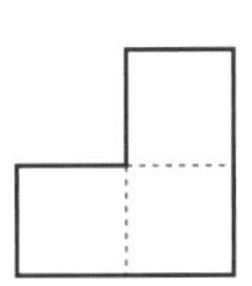

명수는 아래 그림에서 A, B, C, D 중 한 곳을 배수구 위치로 하고 싶습니다. 화장실 배수구의 위치로 불가능한 곳은 어디일까요?

① A　　② B　　③ C　　④ D　　⑤ 없다

(정보올림피아드 기출)

아래 그림 왼쪽에 있는 정사각형 판을 잘라 오른쪽 그림과 같은 타일을 여러 개 만들려고 합니다. 최대 몇 개의 타일을 만들 수 있을까요? 단, 타일은 회전할 수 있습니다.

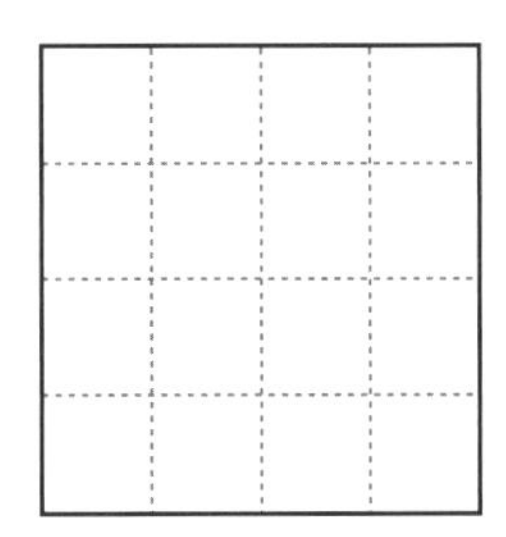

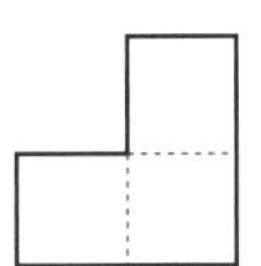

# 9 복잡한 규칙 해결하기

다음 그림처럼 도형을 어떤 규칙에 따라 수로 나타냈습니다.

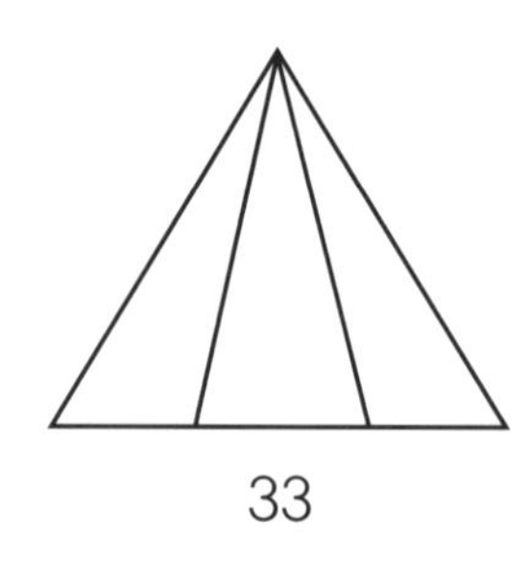

33

14

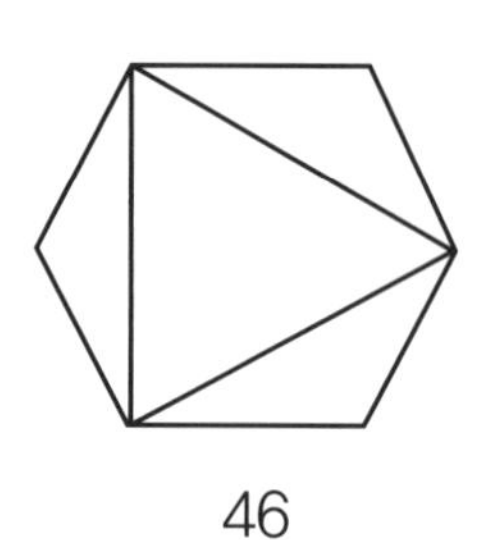

46

이때, ⬠ − ⧄ 는 숫자로 얼마일까요?

다음 규칙으로 수를 나열합니다.

규칙

① 홀수이면, 그 수에서 5를 뺀 것이 다음 수가 된다.

② 짝수이면, 그 수에서 3을 더한 것이 다음 수가 된다.

③ 1이 나오면 더는 수를 나열하지 않는다.

**1.** 8을 시작 수로 하여, 1이 나올 때까지 나열하시오.

**2.** 5번째 수가 9일 때, 2번째 수는 얼마일까요?

# 리그와 토너먼트

(기출)

운동경기에서 경기를 진행하는 방식 중 토너먼트는 2팀씩 서로 경기를 하여, 이긴 팀이 상위 단계로 올라가는 방식입니다. 〈보기〉는 4개 반일 때의 토너먼트 예입니다.

보기

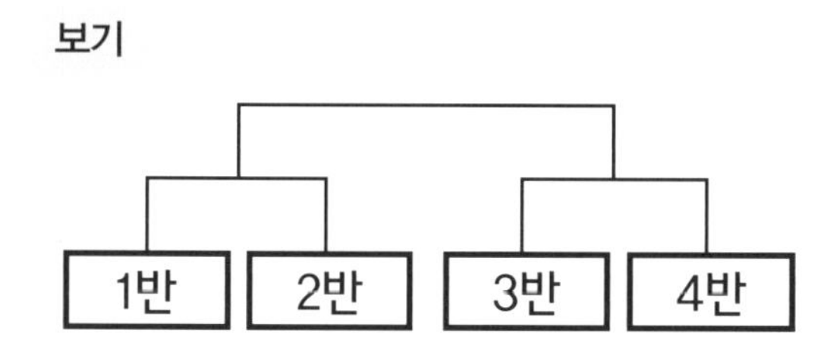


※ 우승팀을 결정하기 위해서는 모두 3번의 경기를 해야하고 순위(1~4등)를 매기기 위해서는 총 4번의 경기가 필요합니다.

영재네 중학교 1학년 8개 반이 토너먼트 방식으로 티볼 경기를 하여 우승팀을 정하려고 합니다. 우승팀을 결정하려면 모두 몇 번의 경기를 해야 하는지 쓰시오.(순위를 매겨야 합니다)

운동경기에서 경기를 진행하는 방식 중 리그방식은 모든 팀이 서로 경기를 해서 순위를 정하는 방식입니다.

아래 〈보기〉는 4개 반이 서로 경기를 하는 모든 경우의 수를 연결한 것으로, 리그방식일 경우 총 6번 경기를 하면 순위를 매길 수 있습니다. 10개 반이 리그방식으로 축구 경기를 한다면 몇 번의 경기를 진행해야 할지 구해 보시오.

보기

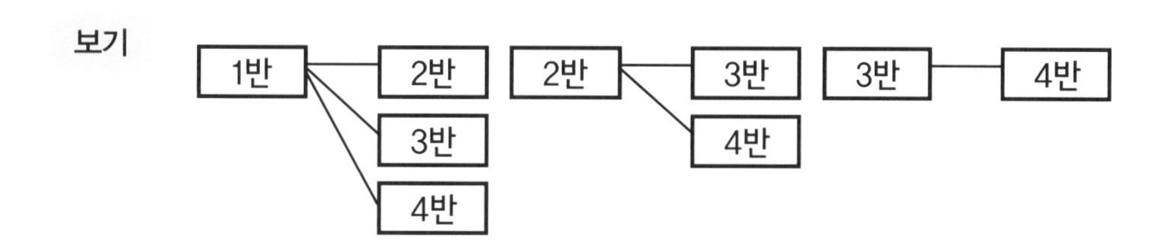

# 컴퓨팅 사고력 영역

## 컴퓨팅 사고력 영역 길잡이

컴퓨팅 사고력(Computational Thinking)은 컴퓨터가 문제를 해결하는 방식처럼 복잡한 문제를 단순화하고 이를 논리적, 효율적으로 해결하는 능력을 말합니다. 컴퓨터 과학적 사고를 기르면 우리가 실생활에서 겪는 여러 문제를 컴퓨터가 일을 처리하는 것처럼 논리적으로 해결할 수 있습니다.

미국 컴퓨터 교사협의회는 컴퓨팅 사고력을 9가지 요소로 분류했습니다.

### ■ 컴퓨팅 사고력의 구성요소

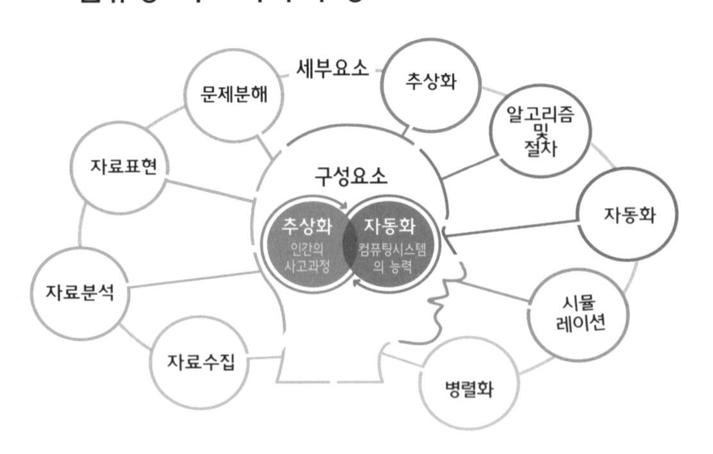

## 컴퓨팅 사고의 9가지 요소

컴퓨팅 사고의 9가지 요소는 자료수집, 자료 분석, 자료표현, 문제 분해, 추상화, 자동화, 알고리즘과 절차화, 시뮬레이션, 병렬화입니다. 각 요소에 대한 간단한 설명은 다음과 같습니다.

1. **자료 수집:** 알맞은 자료를 모으는 과정
2. **자료 분석:** 자료 이해, 패턴 찾기, 결론 도출
3. **자료 표현:** 적절한 그래프, 차트, 글, 그림 등으로 자료를 정리하고 표현하기
4. **문제 분해:** 문제를 관리 가능한 수준의 작은 문제로 나누기
5. **추상화:** 문제해결을 위한 핵심 요소를 파악하고 문제해결의 복잡도를 줄이기 위해 간단하게 만드는 과정
6. **알고리즘과 절차화:** 문제를 해결하거나 어떤 목표를 달성하기 위해 수행되는 일련의 단계
7. **자동화:** 컴퓨터나 기계를 통해 반복적이거나 지루한 작업 수행
8. **시뮬레이션:** 절차의 표현 또는 모델, 시뮬레이션은 모델을 사용한 실험 수행을 포함함
9. **병렬화:** 목표를 달성하기 위해 작업을 동시에 수행하도록 자원 구성

# 스택 응용

원숭이들이 어두운 숲을 수색하고 있습니다. 원숭이들은 길이 너무 좁아 한 줄로 서서 이동합니다. 숲 속에서 구덩이를 마주치기도 합니다. 구덩이를 마주치면 다음과 같은 방법으로 통과합니다.

1. 우선 최대한 많은 원숭이가 구덩이 속으로 뛰어듭니다.
2. 나머지 원숭이들이 구덩이를 지나갑니다.
3. 구덩이 속에 뛰어든 원숭이들은 기어 올라옵니다.

보기 1

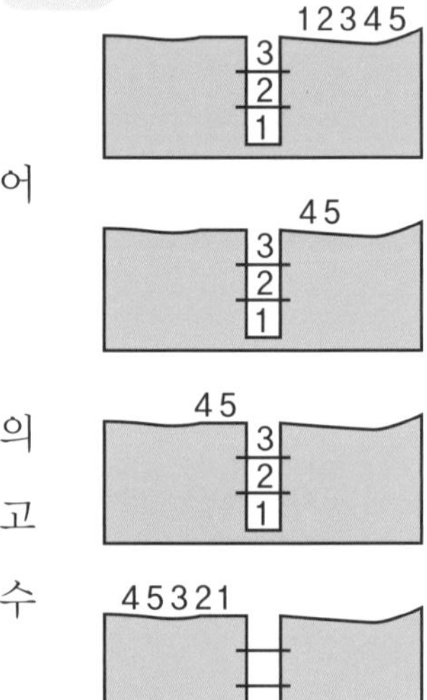


오른쪽 〈보기1〉의 그림은 5마리의 원숭이가 출발해서 3마리의 원숭이가 들어갈 수 있는 구덩이를 어떻게 지나가는지를 잘 보여줍니다.

아래 〈보기2〉의 그림처럼 6마리의 원숭이가 숲을 지나가려고 합니다. 3개의 구덩이를 지나야 하는데 첫 번째 구덩이는 4마리의 원숭이가 들어갈 수 있고 두 번째 구덩이는 2마리 그리고 마지막 구덩이는 3마리의 원숭이가 들어갈 수 있습니다.

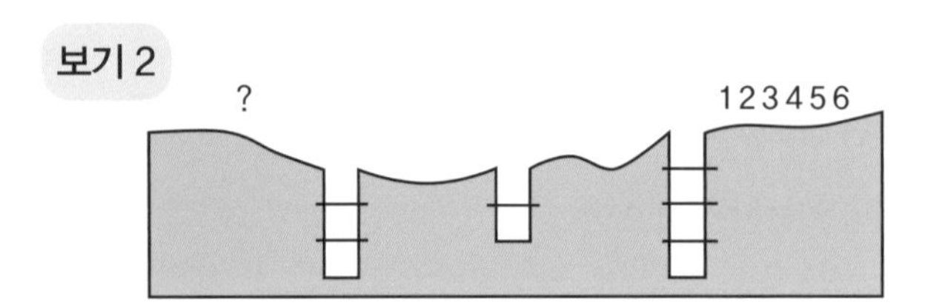


이 경우, 세 개의 구덩이를 지나고 나면 원숭이들이 어떤 순서로 서 있을까요?

① 1 6 5 2 3 4 ② 6 5 2 3 4 1

③ 2 4 6 1 3 5 ④ 1 3 4 2 5 6

**연습 문제** (정보올림피아드 기출)

1번부터 6번까지 번호가 매겨진 동전이 6개 있고 다음 그림과 같이 이 동전들은 위에서 아래로 번호가 '1, 2, 3, 4, 5, 6'이 되도록 쌓아서 작은 탑을 이루고 있습니다. 현재 동전이 쌓여 있는 위치를 A라 할 때, 다음과 같은 세 가지 연산을 이용하여 이 동전을 모두 위치 C로 옮겨서 쌓고자 합니다.

> ① 위치 A의 맨 위에 있는 동전 하나를 위치 B의 맨 위로 옮긴다.
> ② 위치 A의 맨 위에 있는 동전 하나를 위치 C의 맨 위로 옮긴다.
> ③ 위치 B의 맨 위에 있는 동전 하나를 위치 C의 맨 위로 옮긴다.

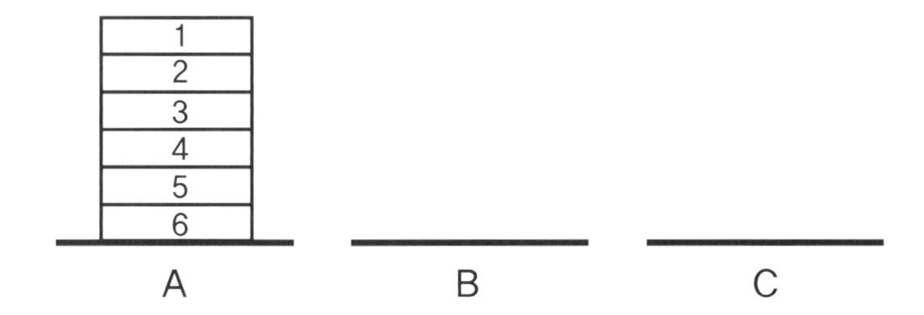


예를 들어, 연산 ②를 6회 실행하면 모든 동전이 C로 옮겨질 것이고, 동전은 위에서 아래로 '6, 5, 4, 3, 2, 1'의 순서로 쌓여 있게 될 것입니다.

만약 연산을 ①, ②, ②, ②, ②, ②, ③의 순서로 실행하면 위치 C의 동전은 위에서 아래로 '1, 6, 5, 4, 3, 2'의 순서가 될 것입니다.

이와 같은 방법으로 동전을 옮길 때 위치 C에서 나타날 수 없는 순서는?

① 1, 2, 3, 4, 5, 6

② 1, 2, 4, 6, 5, 3

③ 3, 6, 5, 4, 2, 1

④ 5, 6, 4, 3, 2, 1

⑤ 2, 1, 6, 5, 4, 3

# 순서와 절차

강하(5살), 동하(6살), 명하(7살), 수하(8살), 평하(9살)는 물웅덩이를 뛰어다니는 놀이를 하고 있습니다. 그들은 물웅덩이 사이에 화살표를 그리고 물웅덩이의 가장 왼쪽에서부터 놀이를 시작하기로 했습니다.

한 아이가 물웅덩이로 뛰고 나면 두 번째 아이가 도착할 때까지 기다립니다. 물웅덩이에 두 명의 아이가 도착하면, 그중 가장 나이가 많은 아이는 두꺼운 화살표를 따라가고 가장 나이가 어린 아이는 얇은 화살표를 따라 건너갑니다.

물웅덩이를 전부 건너고 나면 아이들이 어떤 순서대로 서 있을까요?

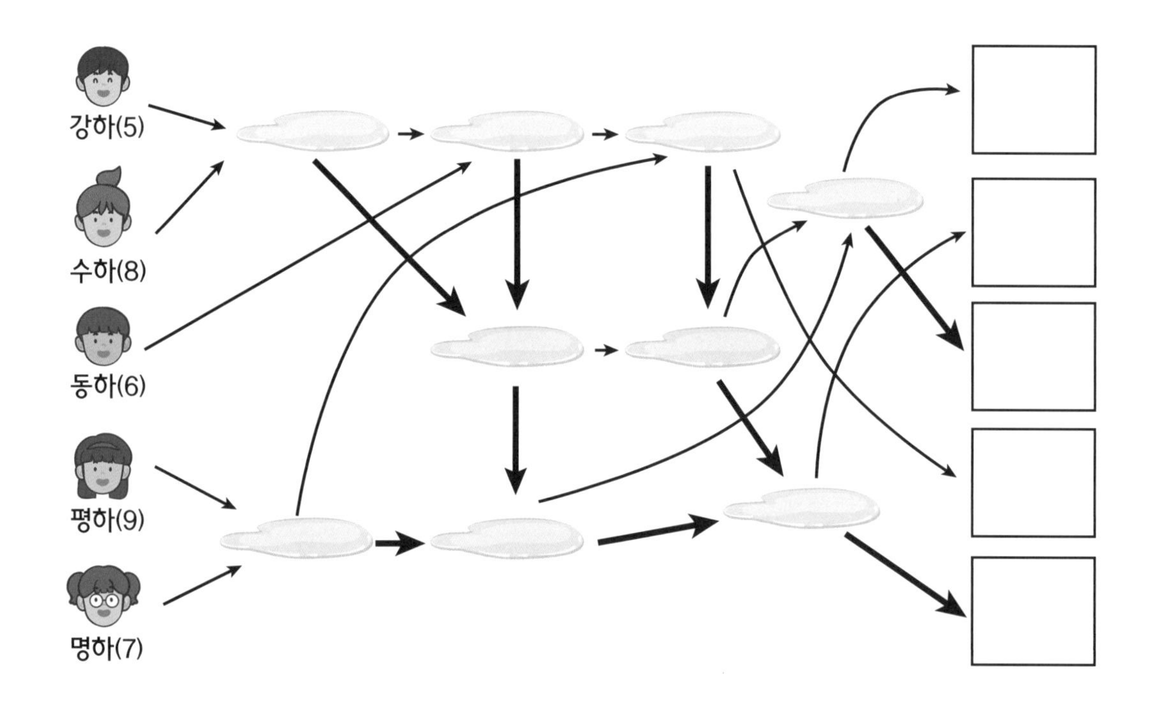

연습 문제

민정이는 영어 문장을 고대 언어로 번역하려고 합니다. 각 단어는 고대 문양으로 바뀔 수 있는 여러 개의 문양이 있습니다. 그녀는 가장 완벽하게 번역을 하고 싶습니다.

그녀는 각 영어 단어 아래에 바꿀 수 있는 고대 문양을 나타냈습니다. 그리고 각각 문양 한 쌍 사이에, 그 문양들의 순서가 얼마나 잘 맞는지 숫자로 나타냈습니다. 숫자가 높을수록 더욱 잘 맞는 것을 의미합니다.

가장 적합한 번역은 총합이 가장 높은 5개의 문양으로 결정될 것입니다. 민정이는 'you make me very happy'라는 영어 문장을 번역하기 위해 준비했습니다.

가장 적합한 번역이 되기 위한 문양을 골라주세요.

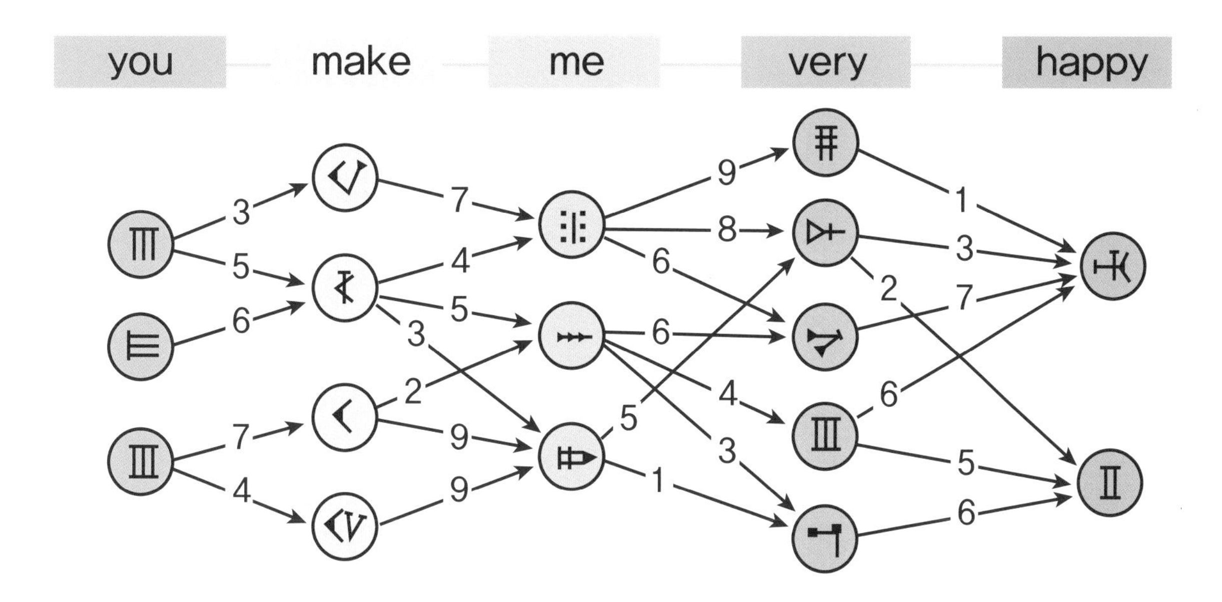

# 네트워크

제주도에는 5G 기지국 타워 네트워크가 잘 마련되어 있습니다. 모든 타워는 동그란 형태로 섬을 덮고 있습니다.

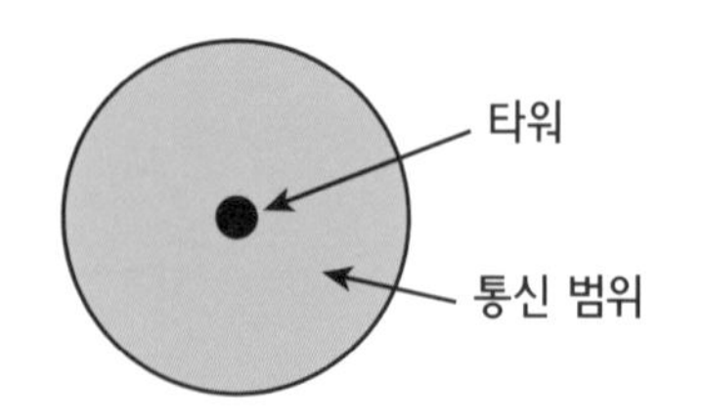


동그란 모양이 서로 겹칠 때, 타워는 서로 '직접 연결'되어 있다고 합니다. 만약 두 개의 타워가 직접 연결된 모양이 체인처럼 이어질 때, 타워들은 '간접 연결'되어 있다고 합니다.

기지국을 관리하는 사람은 폭풍을 예고하는 네트워크를 만들려 합니다. 만약 한 개의 타워가 무너지더라도 나머지 타워들은 계속해서 서로 잘 연결되어 있어야 한다는 뜻입니다.

다음 중 어떤 방법으로 타워를 설치해야 폭풍을 잘 예고하는 네트워크가 설치되었다고 할 수 있을까요?

① 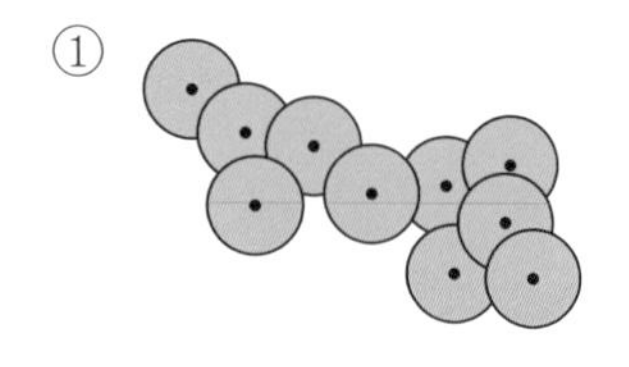

② 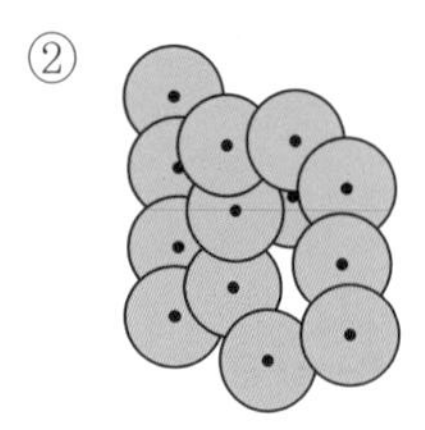

③ 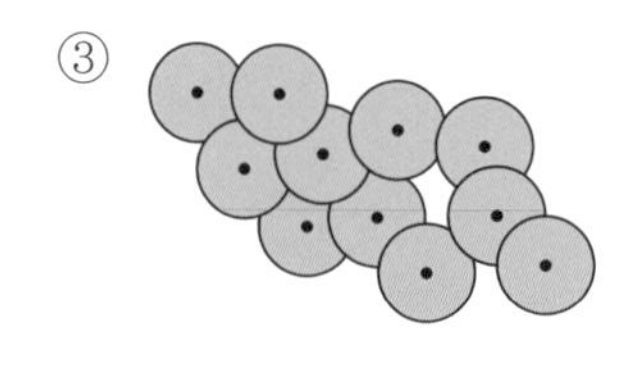

④ 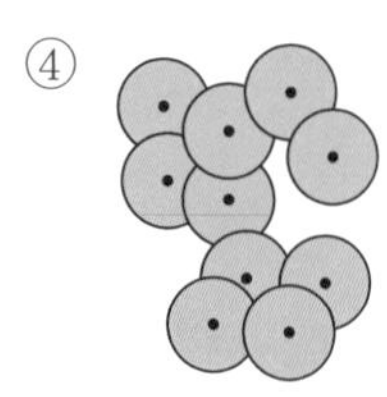

## 연습 문제

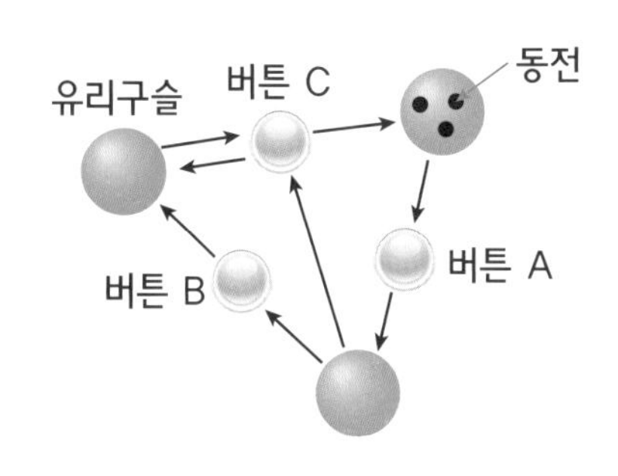


생쥐들이 마법의 기계를 갖고 놀고 있습니다. 이 기계는 동전이 들어있는 유리구슬로 만들어졌습니다. 유리구슬은 누를 수 있는 커다란 버튼으로 서로 연결되어 있습니다.

오른쪽 그림은 마법의 기계의 모양입니다. 유리구슬이 바깥으로 향한 화살표를 갖고 있으면 소스 구슬이라고 불리고, 유리구슬로 향하는 화살표를 갖고 있으면 타겟 구슬이라고 불립니다.

구슬을 연결해주는 버튼을 어떻게 누르냐에 따라 유리구슬이 소스 구슬이 될 수도 있고, 타겟 구슬이 될 수도 있습니다.

구슬을 연결해주는 버튼을 누르면 다음과 같이 순서대로 2가지 일이 발생합니다.

> **① 마법의 기계는 눌린 버튼에 연결된 모든 구슬 속에 최소 1개의 동전이 있는지를 확인한다.**
>
> **② 만약 ①이 사실이면 소스 구슬들 속에 있는 1개의 동전이 각각 사라지고, 버튼과 연결된 타겟 구슬에 나타난다.**

예를 들어, A 버튼을 누르면, 오른쪽 위에 있는 동전 1개가 사라지고 가장 아래에 있는 유리구슬 속에 동전 1개가 나타납니다.

흥미롭게도, 버튼들을 특정한 순서대로 잘 누르면 이 마법의 기계가 안정적인 상태로 유지가 된다고 합니다. 기계가 안정적인 상태가 되면 어떤 버튼을 눌러도 더는 동전의 변화가 나타나지 않습니다.

어떤 순서대로 버튼을 눌러야 마법의 기계가 안정적인 상태가 될까요?

① A–C–B–C–B–A

② A–C–B–B–A–A

③ A–A–B–A–B–B

④ A–B–C–B–B–C

# 04 좌표와 패턴

## 표준 문제

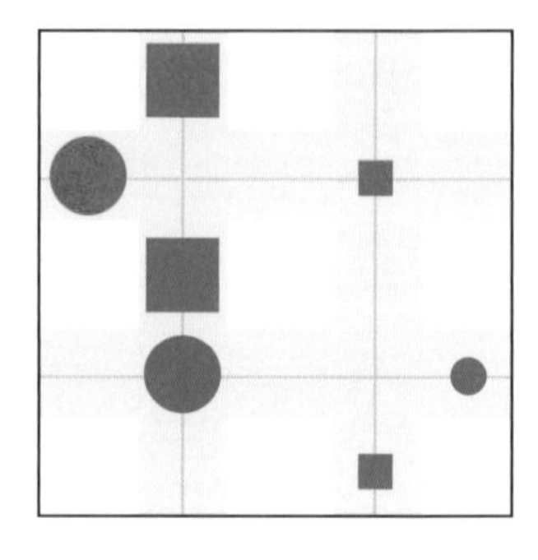

철수와 영희는 교실에 새로 설치한 자석 칠판을 이용하여 '진실 혹은 거짓' 게임을 하고 있습니다.

영희는 칠판 위에 붙어있는 7개의 서로 다른 자석을 발견했습니다. 그녀는 각각 자석들의 모양, 색깔, 크기와 위치에 관한 4가지 문장을 만들었습니다. 오직 1개의 문장만 참이므로 철수는 그 문장이 무엇인지 밝혀내야 합니다. 어떤 문장이 참일까요?

① A는 파란색이고 B는 빨간색이라면, A는 B보다 상대적으로 위에 붙어있습니다.

② A가 사각형이고 B가 원이라면, A는 B보다 상대적으로 아래에 붙어있습니다.

③ A가 빨간색이고 B가 파란색이라면, A는 B보다 큽니다.

④ A가 크고 B가 작다면, A는 B의 왼쪽에 붙어있습니다.

## 연습 문제

델루나 호텔은 방문을 열기 위한 새로운 열쇠 체계를 구축했습니다. 모든 손님은 9×9 모양의 작은 동그라미들이 그려진 사각형 플라스틱 카드를 받습니다. 각각의 동그라미는 구멍이 뚫려있을 수도, 구멍이 뚫려있지 않을 수도 있습니다.

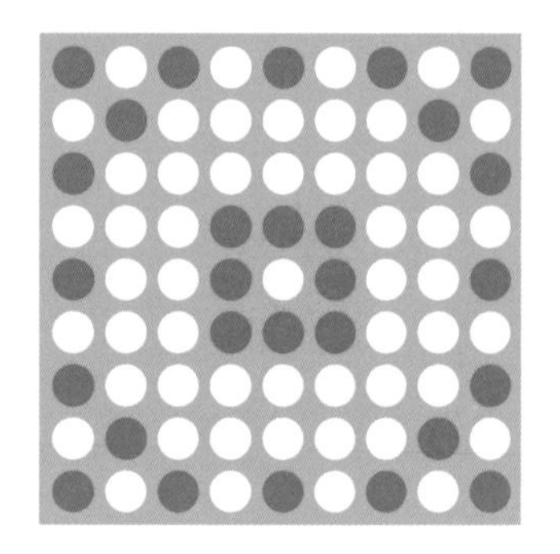

오른쪽 그림은 호텔 방 열쇠의 한 가지 예시입니다. 각각의 호텔 방문에는 열쇠를 읽어 구멍이 뚫린 패턴을 확인하는 기계가 부착되어 있습니다. 열쇠가 정확히 정사각형 모양이기 때문에, 열쇠의 앞면과 뒷면은 동그라미가 뚫린 패턴의 모양이 정확히 같아야 합니다.

서로 다른 모양의 열쇠를 최대 몇 개까지 만들 수 있을까요?

① 64　　② 128

③ 4096　　④ 32768

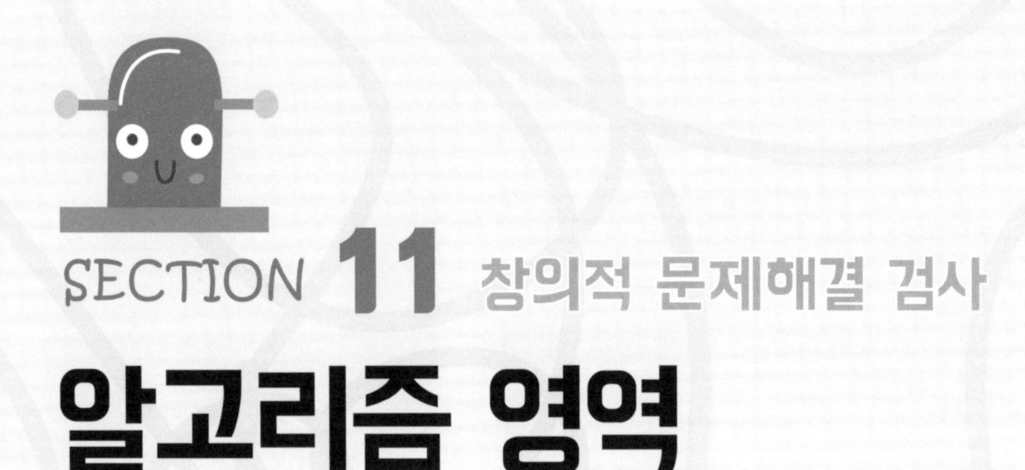


# 알고리즘 영역

## 알고리즘 영역 길잡이

알고리즘(algorithm)은 주어진 문제를 논리적으로 해결하는 데 필요한 방법이나 절차 또는 명령어들을 모아놓은 것입니다. 어떤 문제를 컴퓨터를 이용하거나 수학적인 방법 등으로 논리적으로 해결하기 위해 일정한 절차나 명령문을 구성했다면, 그것을 알고리즘이라고 합니다. 순서도를 통해 프로그램을 구성하는 것도 일종의 알고리즘이라고 할 수 있습니다.

프로그램을 만드는 과정에서 알고리즘을 짜는 것은 '계획' 단계에 해당합니다. 알고리즘은 프로그램이 어떻게 동작할지를 결정해주며, 이것이 완성된 후 코딩(프로그램 짜기)을 해주면 하나의 소프트웨어가 완성된다고 할 수 있습니다.

## 알고리즘을 표현하는 방법

- 순서도를 통한 방법
- 의사 코드를 이용한 방법
- 프로그래밍을 통한 방법

### ■ 의사 코드

의사코드 (슈도코드, Pseudo Code)는 프로그램을 작성할 때 각 모듈이 작동하는 논리를 표현하기 위한 언어이다. 특정 프로그래밍 언어의 문법에 따라 쓰인 것이 아니라, 일반적인 언어로 코드를 흉내 내어 알고리즘을 써놓은 코드를 말한다.

# 순서도

## 표준 문제

철수는 공부방의 전기스탠드 전등이 켜지지 않아서 해결법을 찾고 있습니다. 철수는 마침 얼마 전 배운 '순서도'를 이용해 전구가 작동하지 않는 원인과 문제 해결법을 작성해 보려고 합니다. 오른쪽 순서도의 빈칸에 들어갈 알맞은 것을 고르세요.

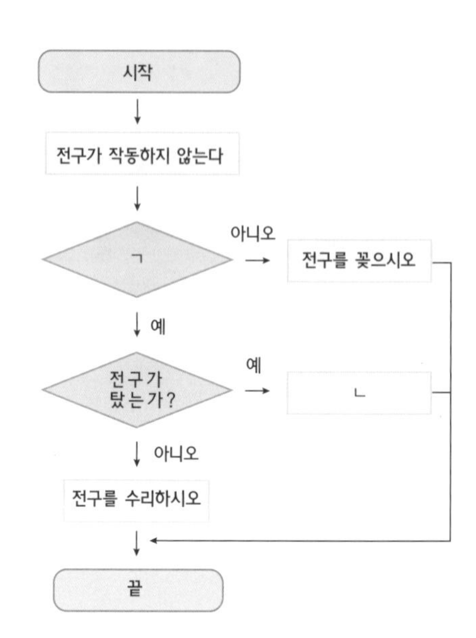


| | ㄱ | ㄴ |
|---|---|---|
| ① | 전구를 수리했는가? | 전구를 수리하시오. |
| ② | 전구를 끼웠는가? | 전구를 교체하시오. |
| ③ | 전구를 교체했는가? | 전구를 수리하시오. |
| ④ | 전구가 고장 났는가? | 전구를 교체하시오. |

## 연습 문제

1. 철수는 집에서 학교에 갈 때 신호등이 있는 도로를 건너야 합니다. 집에서 출발해 신호등이 있는 도로를 거쳐 학교까지 갈 때의 과정을 순서도로 표현해 보세요.

2. 코로나바이러스 때문에 학교에 가게 되면 2가지 검사 후 교실로 들어갈 수 있습니다.

검사 1: 마스크를 착용했는가?

검사 2: 체온이 37도 이하인가?

이 2가지 조건을 만족할 때만 출입할 수 있다고 할 때, 방역 검사 후 출입하는 과정을 순서도로 표현해 보세요.

3. 최소한의 시간에 방 안을 깨끗이 청소하도록 로봇 청소기를 일정한 경로로 움직이게 하려고 합니다.

❶ 어떤 경로로 움직이게 하면 좋을지 구체적으로 설명해 보시오.

❷ 로봇이 청소하는 알고리즘(장애물 회피 및 쓰레기처리)을 순서도로 표현해 보시오.

❸ 아래쪽으로 향하는 계단이 나타났을 때 처리할 수 있는 로봇 청소기의 기능과 동작 알고리즘을 구성해 보시오.

4. 한 로봇과학자가 초고속 비전 센서를 활용해 가위바위보 게임 로봇을 개발했습니다. 이 로봇은 거의 실시간으로 상대방의 손동작을 파악할 수 있습니다.
가위바위보 게임에서 로봇이 항상 이기기 위한 알고리즘을 순서도로 표현해 보시오.

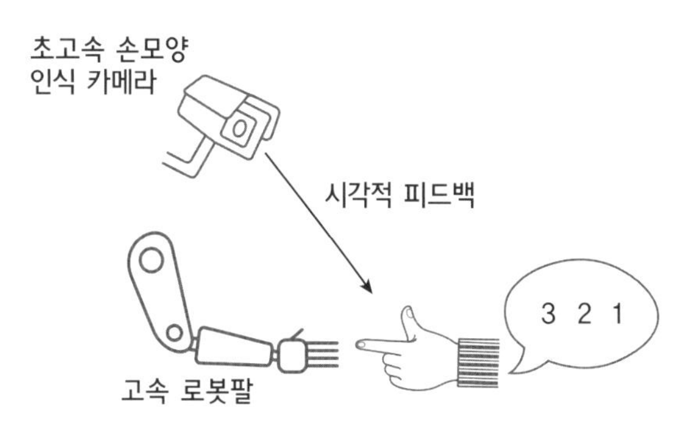




5. 집에서 나오는 쓰레기를 일일이 분리해 수거하는 것을 힘이 듭니다. 쓰레기 자동 분리 수거장치를 만들려고 할 때, 이 장치의 알고리즘을 설명하시오.
쓰레기 종류: 캔, 종이, 병, 플라스틱

**알고리즘을 표현하는 '순서도(Flowchart)'**

1. 순서도란?

'순서도(Flowchart)'란 문제를 해결하는데 필요한 논리적인 단계를 그림(기호와 도형)으로 나타낸 것입니다. 즉 명령문들의 연관 관계를 시각적으로 표현한 것입니다.

예를 들어 '전구가 작동하지 않을 때'의 상황을 해결하는 경우, 다양한 경우의 수를 순서도를 통해 일목요연하게 처리함으로써 문제해결의 시각화 과정을 통해 일의 처리를 손쉽게 알아볼 수 있습니다.

2. 순서도 기호

순서도에서 사용하는 주요 기호를 알아봅시다. 순서도는 시작과 끝을 알리는 기호, 입력과 출력을 처리하는 기호, 그리고 기호들끼리의 연결을 나타내는 흐름선인 화살표 등이 있습니다.

타원은 시작과 끝을 의미하고, 마름모 모양은 조건 기호로 그 조건이 맞는지를 확인하는 역할을 합니다.

| 구분 | 기호 | 의미 |
|---|---|---|
| 단말 | | 순서도의 시작과 끝을 표시한다. |
| 준비 | | 기억장소, 초기값 등을 나타낸다. |
| 입출력 | | 자료의 입출력을 나타낸다. |
| 비교 · 판단 | | 조건을 비교 · 판단하여 흐름을 분기한다. |
| 처리 | | 자료의 연산, 이동 등 처리 내용을 나타낸다. |
| 출력 | | 각종 문서 및 서류를 출력한다. |
| 흐름선 | | 처리의 흐름을 나타낸다. |
| 연결자 | | 다음에 처리할 순서가 있는 곳으로 연결한다. |

3. 순서도를 통한 알고리즘 표현

순차문(sequence): 위에서부터 아래로 순차적으로 실행되는 명령문.

조건문(selection): 여러개의 실행 경로 가운데 하나를 선택하는 명령문.

반복문(iteration): 조건이 유지되는 동안 정해진 횟수만큼 처리를 반복하는 명령문.

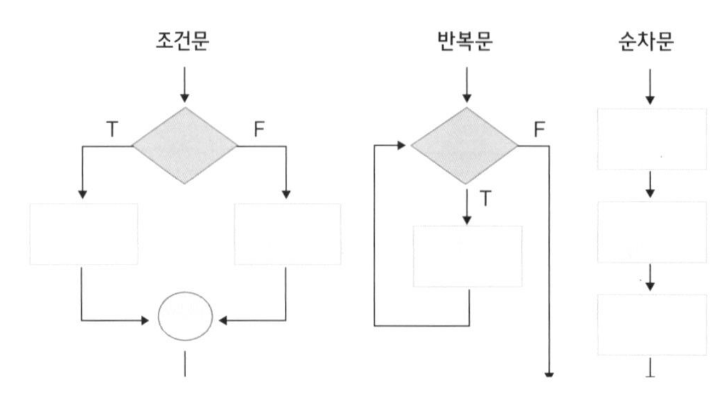


알고리즘은 순차문, 조건문, 반복문 중 하나이며 순차문+조건문, 조건문+반복문, 순차문+조건문+반복문 등으로 서로 다른 구문을 서로 혼합해서 표현할 수 있습니다.

# 최단 경로(격자 형태)

(기출)

아래 그림에서 로봇이 다음의 해당 지역을 모두 통과하는 데 최소 몇 번의 명령을 입력해야 하는지 쓰시오.

| <명령> | <해당지역> |
|---|---|
| 오른쪽 회전<br>왼쪽 회전<br>앞으로 전진 | |

| 로봇 | | | | | |
|---|---|---|---|---|---|
| | | | | | |
| | | | | | |
| | | | | | |
| | | | | | |

(기출)

**1.** 〈보기〉와 같이 만들어진 길의 시작점에 로봇이 서 있습니다. 로봇이 S 지점에서 출발하여 반대쪽 꼭짓점에 도착한다고 할 때, 15초가 걸리는 경로를 6개 그려 보시오. 단, 로봇이 움직이는 데는 한 칸에 1초가 걸리며, 방향을 바꿀 때도 1초가 걸립니다.

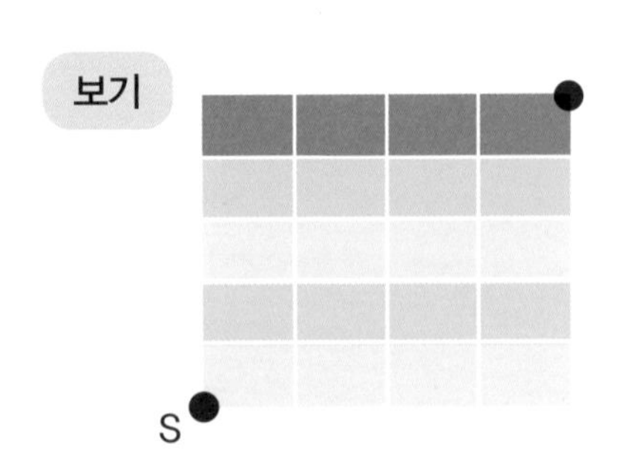


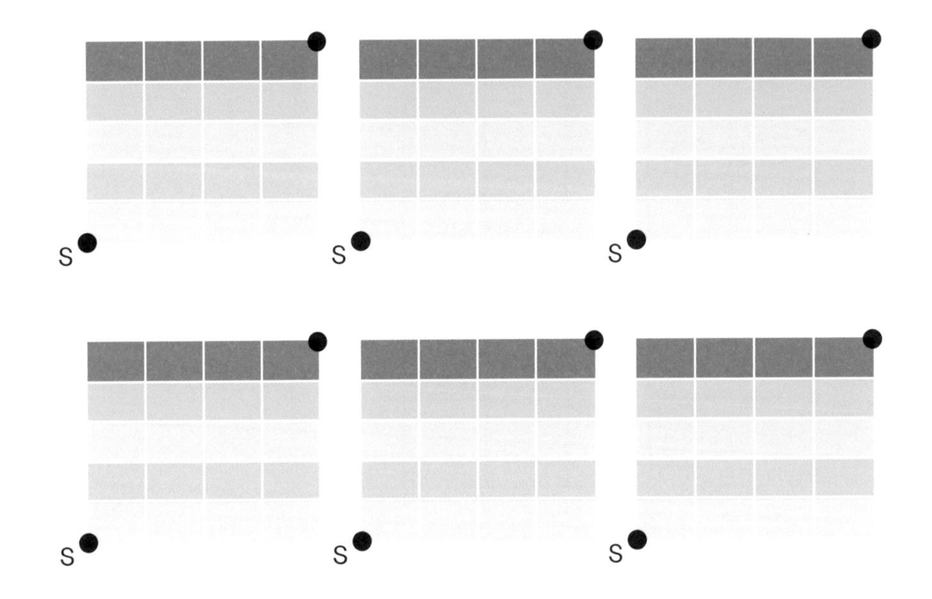


**2.** 아래 그림과 같은 도로망이 있습니다.
A에서 출발하여 P를 경유하지 않고 B로 가는 최단 경로의 수는 얼마일까요?

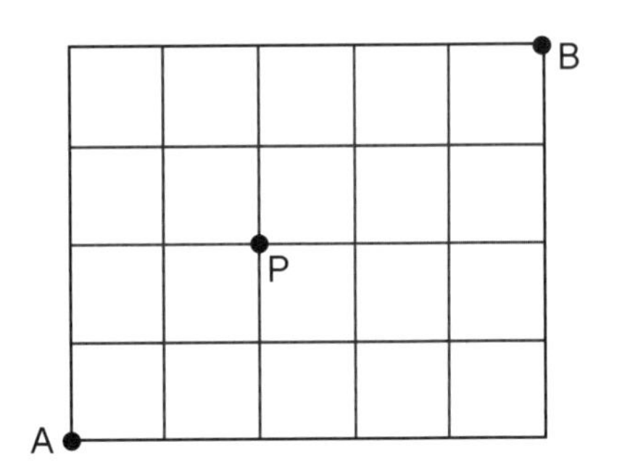

# 03 그래프 알고리즘

(기출)

가족여행으로 5개의 도시(A, B, C, D, E)를 모두 여행해 보려고 합니다. 각 도시 사이를 이동하는 시간은 다음 표와 같습니다.

| | A 도시 | B 도시 | C 도시 | D 도시 | E 도시 |
|---|---|---|---|---|---|
| A 도시 | | 17 | 33 | 22 | 25 |
| B 도시 | 17 | | 56 | 15 | 30 |
| C 도시 | 33 | 56 | | 56 | 37 |
| D 도시 | 22 | 15 | 56 | | 37 |
| E 도시 | 25 | 30 | 37 | 37 | |

**1.** 도시 사이에 걸리는 시간을 아래 그림처럼 나타내 보시오.

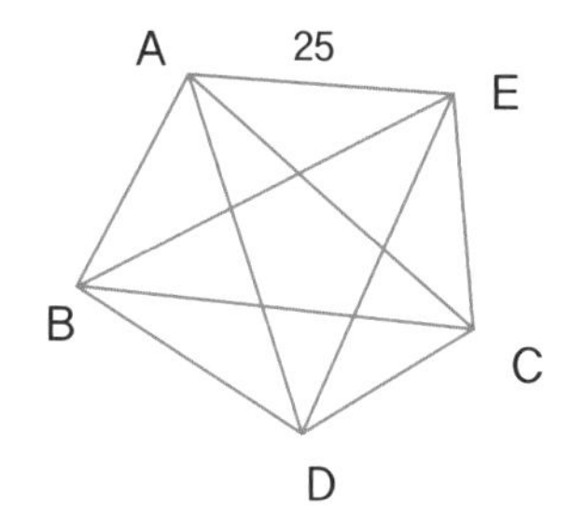


**2.** 위의 표와 그림을 바탕으로 아래의 조건에 맞는 여행경로를 정해 보시오.

1. 여행 경로는 최단 시간으로 만들어야 한다.
2. 각 도시는 한 번씩만 방문해야 한다.
3. 도시 사이에 거리는 상관하지 않으며, 오직 걸리는 시간만 생각해야 한다.

여행경로: (　　　) – (　　　) – (　　　) – (　　　) – (　　　)

걸리는 시간: (　　　)분

## 연습 문제

1. 다음 그림에서 집에서 학교까지 가는 방법 중 시간이 가장 적게 걸리도록 하려면 어느 지점을 거쳐 가야 하는지 경로를 모두 쓰시오. 단, 지나쳐 가는 각 지점의 개수는 관계치 않으며, 각 구간에 적힌 숫자는 속력이고, 각 지점의 속력은 무시합니다. 각 구간의 거리는 같습니다.(기출)

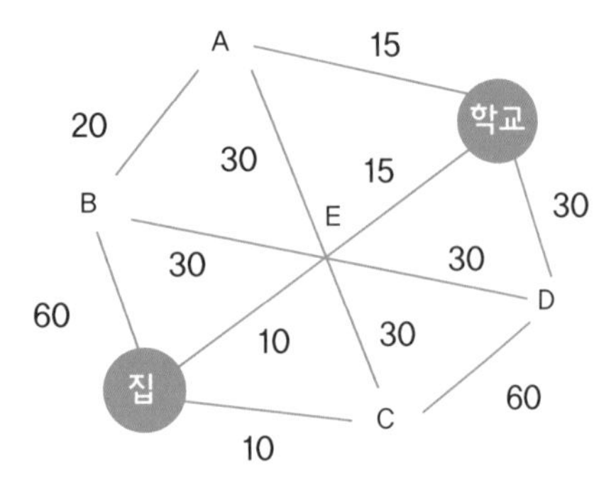


2. 다음 그림과 같이 A에서 B로 가는 경로가 있습니다. A에서 B로 갈 수 있는 가장 빠른 길을 찾아보시오.(정보올림피아드 기출)

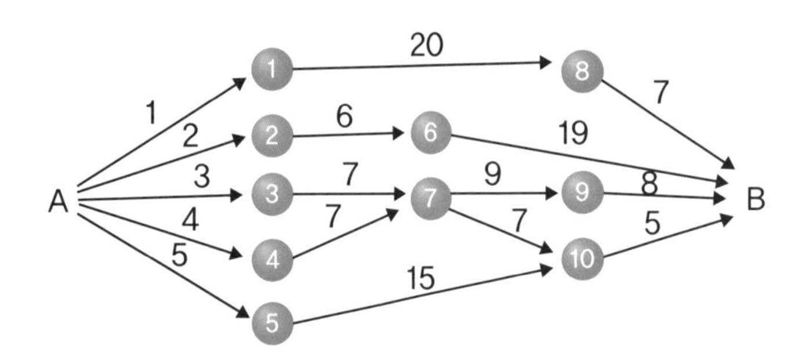


3. 아래 그림은 스키장에 있는 7개 지점을 스키를 타고 내려갈 수 있는 길을 나타내고 있습니다. 지점 1에서 출발하여 지점 7에 도착하는 방법은 모두 몇 가지인가요? 예를 들면, 1에서 2를 거쳐 7까지 가는 방법 1→2→7이 있고, 다른 방법으로 1→2→6→7도 있습니다.(정보올림피아드 기출)

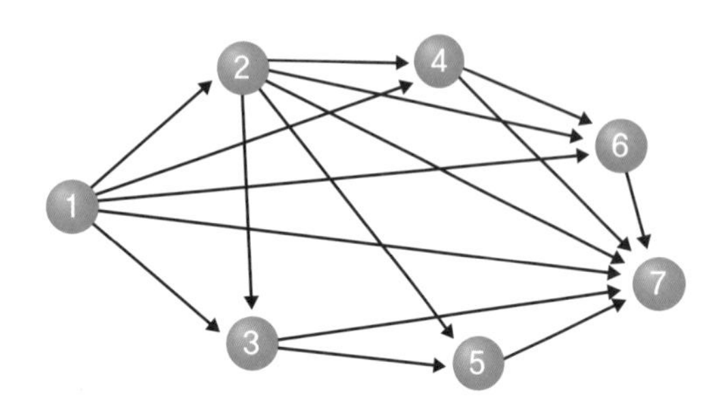

알고리즘 개념 Plus

## 그래프 표현법

아래 그래프를 인접행렬로 표현하는 방법을 알아보겠습니다.

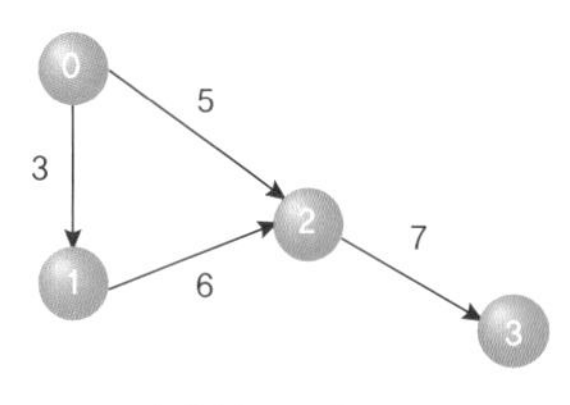


단방향 그래프

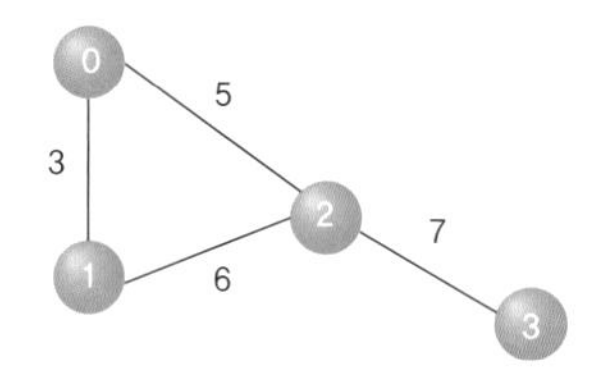


양방향 그래프

■ 행렬 표현법

그래프를 행렬(matrix)로 표현하는 방법입니다.

1. 인접 행렬 방식(Adjacency Matrix Method)

   인접 행렬 방식은 각 행(row)과 열(column)을 정점으로 하고 원솟값(cell value)들을 인접한 간선의 수로 정합니다.

| | 0 | 1 | 2 | 3 |
|---|---|---|---|---|
| 0 | 0 | 3 | 5 | 0 |
| 1 | 0 | 0 | 6 | 0 |
| 2 | 0 | 0 | 0 | 7 |
| 3 | 0 | 0 | 0 | 0 |

단방향 그래프의 인접행렬 표시

| | 0 | 1 | 2 | 3 |
|---|---|---|---|---|
| 0 | 0 | 3 | 5 | 0 |
| 1 | 0 | 0 | 6 | 0 |
| 2 | 5 | 6 | 0 | 7 |
| 3 | 0 | 0 | 7 | 0 |

양방향 그래프의 인접행렬 표시

■ 단방향 그래프의 인접 행렬 표현

원소들의 값은 정점 사이 간선의 화살표 개수입니다. 다른 정점을 가리키는 정점일 때만 연결 관계가 유효해집니다. 즉, 원소의 값이 부여됩니다.(위의 인접행렬에서는 간선사이를 연결하는 가중치 값을 넣었습니다.)

■ 양방향 그래프의 인접 행렬 표현

원소들의 값은 정점과 정점 사이 간선의 개수가 됩니다. 행렬이 대칭 형태를 보이며, 정점의 차수는 행 또는 열을 더한 값과 같다는 특징이 있습니다.(위의 인접행렬에서는 간선사이를 연결하는 가중치 값을 넣었습니다.)

# 알고리즘 응용1

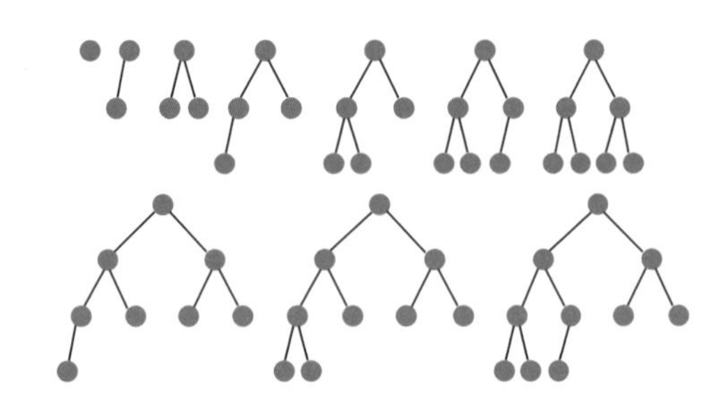

다음과 같이 번식하는 동물이 있습니다.

1. 태어나서 정확히 1년 만에 2마리 이하의 새끼를 낳는다.
2. 태어나서 1년이 지난 이후에는 더는 새끼를 낳지 않는다.

갓 태어난 새끼 한 마리로부터 번식된 동물이 이 새끼를 포함하여 모두 270마리였습니다. 이처럼 되는 데 걸린 기간의 최소 년 수는 얼마일까요?

연습 문제

어떤 미생물의 암컷과 수컷이 있습니다. 암컷은 하루 후에 암컷 2마리와 수컷 1마리로 변하고 수컷은 변하지 않는다고 합니다. 최초에 미생물 암컷 한 마리가 있다고 할 때 이 미생물이 1,000마리보다 많아지게 되는 것은 며칠 후일까요? 단, 미생물은 죽지 않습니다.

# 05 알고리즘 응용2

표준 문제

한 기술전문대학에서 3년 과정으로 오른쪽의 표와 같이 12개 과목들을 개설하였습니다. 각 과목의 수강 기간은 1년입니다.
학생들은 1년에 4과목을 듣게 되어 결과적으로 3년간 12과목을 마치게 됩니다. 학생들은 같은 제목의 과목을 수강하려고 할 때, 하위 단계를 전년도에 마쳐야만 상위 단계를 들을 수 있습니다.
예를 들어, 경영학1과 경영학2를 마쳐야만 경영학3을 들을 수 있습니다. 또한, 기계공학1을 마쳐야만 전자공학1을 들을 수 있고, 기계공학2를 마쳐야만 전자공학2를 들을 수 있습니다.

| | 과목 코드 | 과목명 |
|---|---|---|
| 1 | M1 | 기계공학 1 |
| 2 | M2 | 기계공학 2 |
| 3 | E1 | 전자공학 1 |
| 4 | E2 | 전자공학 2 |
| 5 | B1 | 경영학 1 |
| 6 | B2 | 경영학 2 |
| 7 | B3 | 경영학 3 |
| 8 | C1 | 컴퓨터 시스템 1 |
| 9 | C2 | 컴퓨터 시스템 2 |
| 10 | C3 | 컴퓨터 시스템 3 |
| 11 | T1 | 기술 및 정보처리 1 |
| 12 | T2 | 기술 및 정보처리 2 |

아래 표를 완성하여 몇 학년 때 어떤 과목을 들어야 하는지 결정하시오. 표에 과목 코드를 적어 넣으시오. 단, 답은 여러 가지가 가능합니다.

| | 과목 1 | 과목 2 | 과목 3 | 과목 4 |
|---|---|---|---|---|
| 1학년 | | | | |
| 2학년 | | | | |
| 3학년 | | | | |

소이는 반려견 삼순이에게 복종 훈련을 시키기 위해 반려견훈련원에서 복종 카드를 받았습니다. 훈련 기간은 3개월로 오른쪽 표와 같이 12개 명령을 훈련시켜야 합니다.

소이는 삼순이에게 한 달에 4개의 명령을 훈련시켜야 하며 3개월간 12개의 명령을 훈련시키면 끝납니다. 소이는 같은 알파벳 코드의 명령을 훈련시킬 때 반드시 하위 단계를 전 달에 마쳐야만 상위 단계를 훈련시킬 수 있습니다.

예를 들어 '밥 먹자' '쉬하러 가자' 훈련을 마쳐야만 '하우스'훈련을 시킬 수 있습니다. 또한 '앉아' 훈련을 마쳐야만 '엎드려' 훈련을 시킬 수 있고, '기다려' 훈련을 마쳐야만 '일어서' 훈련을 시킬 수 있습니다.

| | 명령 코드 | 명령어 |
|---|---|---|
| 1 | D1 | 앉아 |
| 2 | D2 | 엎드려 |
| 3 | O1 | 기다려 |
| 4 | O2 | 일어서 |
| 5 | G1 | 밥 먹자 |
| 6 | G2 | 쉬하러 가자 |
| 7 | G3 | 하우스 |
| 8 | Y1 | 이리와 |
| 9 | Y2 | 집에 가자 |
| 10 | Y3 | 물어와 |
| 11 | A1 | 자자 |
| 12 | A2 | 이리 줘 |

아래 표를 완성하여 첫 달, 둘째 달, 셋째 달에 어떤 명령을 훈련시켜야 하는지 결정하시오. 단, 답은 여러 가지가 가능합니다.

| 첫 달 | | | | |
|---|---|---|---|---|
| 둘째 달 | | | | |
| 셋째 달 | | | | |

# 최단경로 알고리즘

다음 그림은 서울시 지하철 노선도입니다.

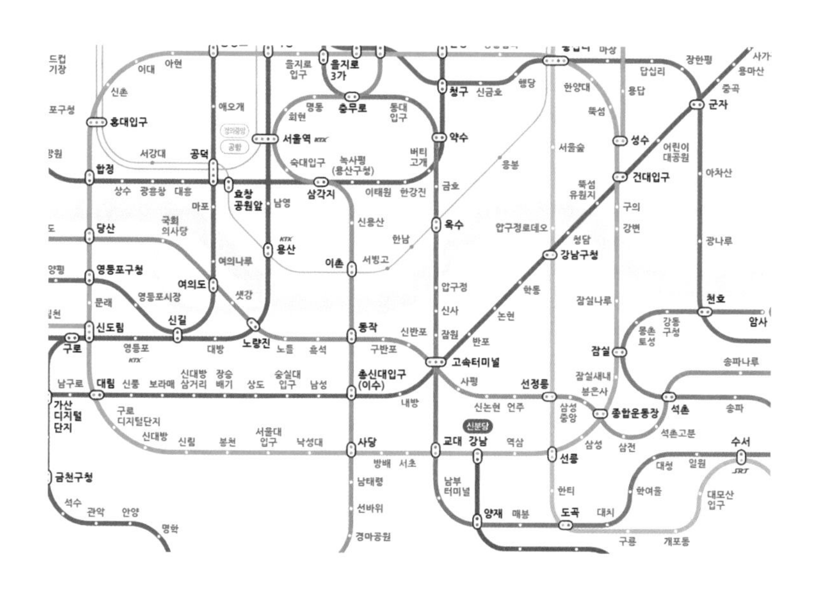


1. 서울역에서 강남역으로 갈 수 있는 여러 가지 경로를 찾아보고 가장 빨리 갈 수 있는 경로를 그려 보시오.

2. 최단 경로 문제(shortest path)는 네트워크에서 정점과 정점을 연결하는 경로 중에서 간선들의 가중치 합이 최소가 되는 경로를 찾는 문제입니다.
   아래 그림에서 A에서 F로 갈 수 있는 최단 경로를 찾아보시오.

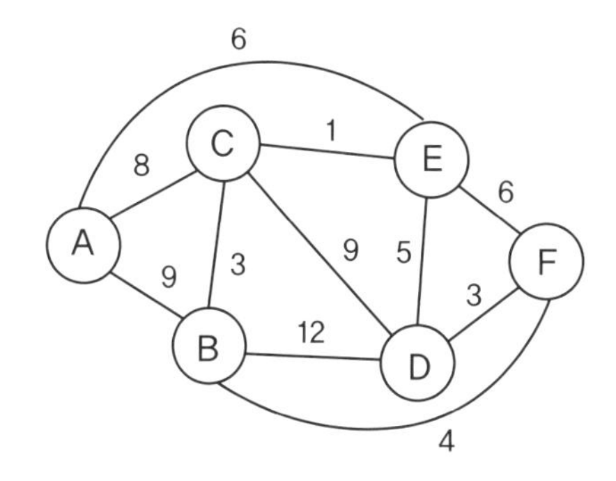

## ◖ Dijkstra 최단 경로 알고리즘 ◗

다익스트라 최단 경로 알고리즘은 네트워크에서 하나의 시작 정점으로부터 모든 다른 정점까지의 최단 경로를 찾는 알고리즘입니다. 즉 방향성이 있고 가중치가 있는 그래프에서 임의의 한 노드에서 다른 노드까지 최단 거리를 찾는 알고리즘입니다.

**step 1** 시작 정점을 0으로 하면 나머지 노드의 값은 무한대의 값입니다.

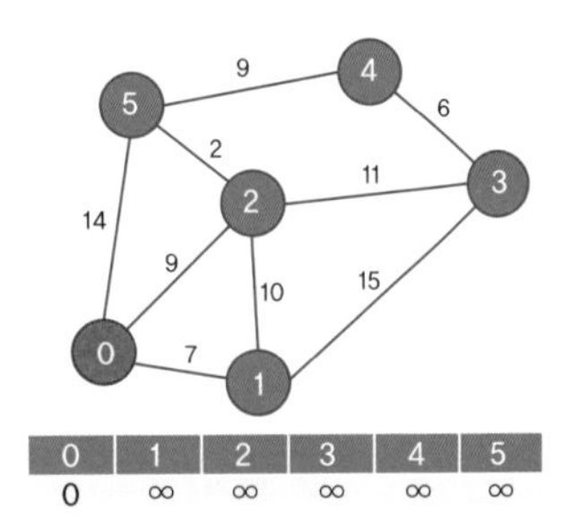


**step 2** 시작 정점을 0과 연결된 1, 2, 5번 노드를 탐색하며, 1번 노드는 7, 2번 노드는 9, 5번 노드는 14로 갱신됩니다.

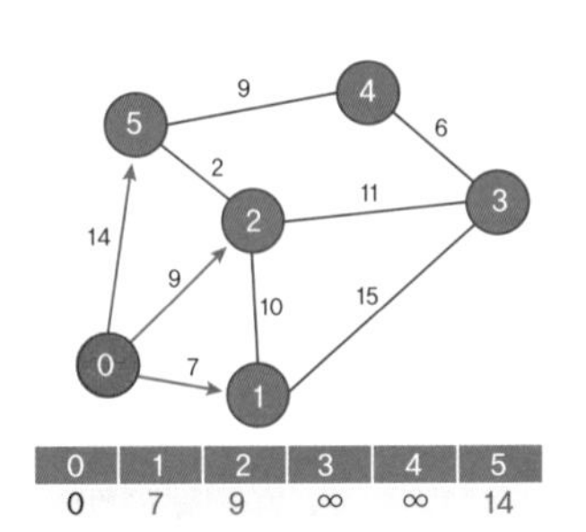


**step 3** 1, 2, 5번 노드 중에서 가중치가 가장 작은 1번 노드에서 이미 탐색한 0번 노드를 제외한 2, 3번 노드를 방문합니다. 2번 노드는 기존 가중치 9가 새로운 가중치 10보다 작으므로 그대로 두고, 3번 노드는 22로 갱신합니다.

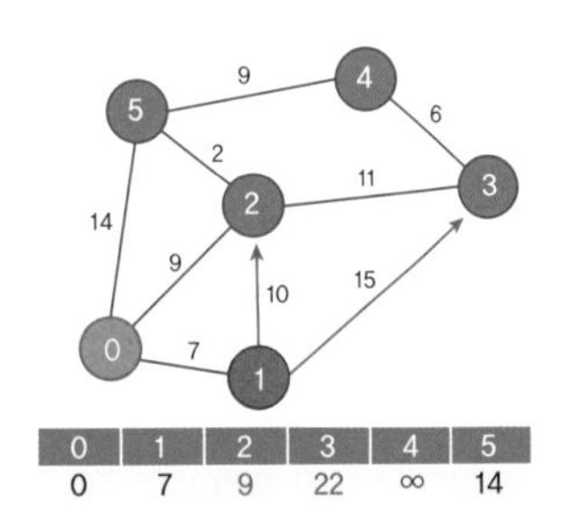


**step 4** 가중치가 작은 2번 노드에서 이미 탐색한 경로를 제외하고 5, 3번 노드를 탐색합니다. 0→5로 갈 때 14, 0→2→5일 때 11이므로 5번 노드의 최종 가중치 합은 11로 갱신하고, 3번 노드의 최종 가중치 값은 0→2→3일 때 20으로 갱신합니다.

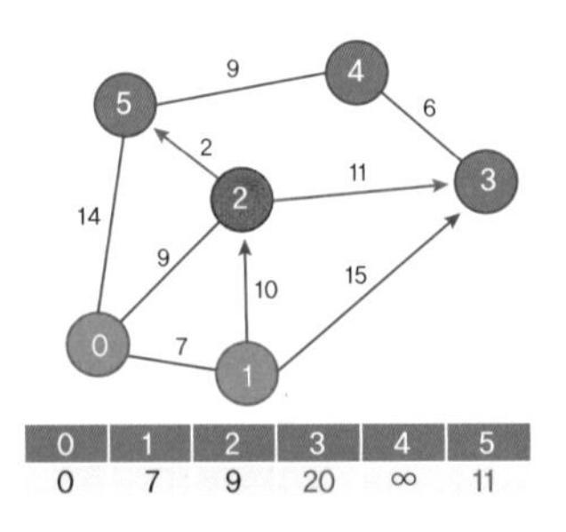


**step 5** 가중치가 작은 5번 노드에서 이미 탐색한 경로를 제외하고 4번 노드를 탐색합니다. 0→5→4일 때 23, 0→2→5→4일 때 20이므로 노드 4의 가중치 합은 20으로 갱신합니다.

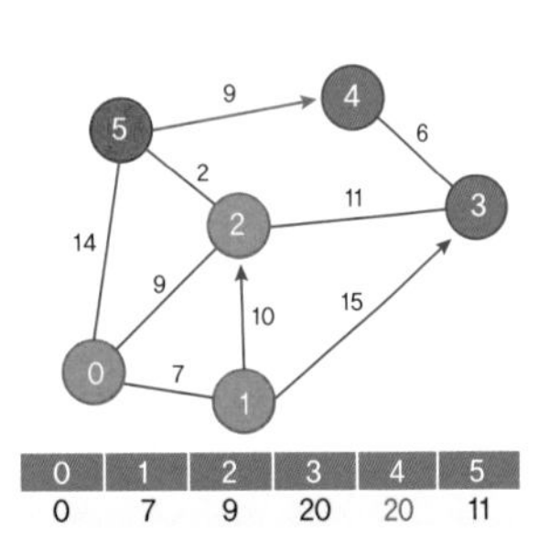


**step 6** 3번 노드에서 이미 탐색한 경로를 제외하고 4번 노드를 탐색합니다. 0→2→3경로의 가중치 합이 20이 가장 작으므로 노드에서 20을 유지합니다.

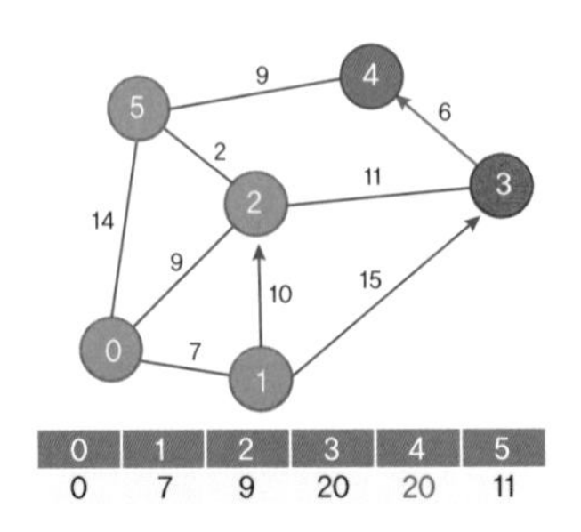

**step 7** 마지막으로 4번 정점만 남았을 때는 나머지 정점을 다 방문한 상태이므로 아무것도 하지 않습니다. 여기까지가 다익스트라 알고리즘 작동의 과정인데, 이게 끝나고 나면 각 노드의 가중치 값이 0번 정점 기준으로 최소 가중치 합을 나타냅니다.

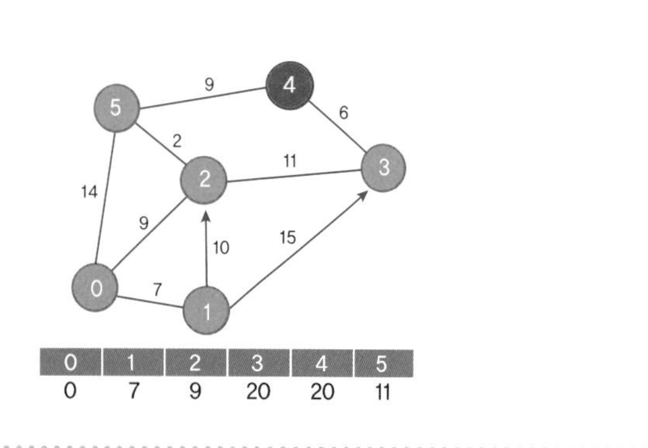


## 연습 문제

1. 아래 그래프에서 노드 0을 출발점으로 했을 때 노드 1, 2, 3, 4에 이르는 최단 경로를 다익스트라 알고리즘을 이용해 나타내 보시오.

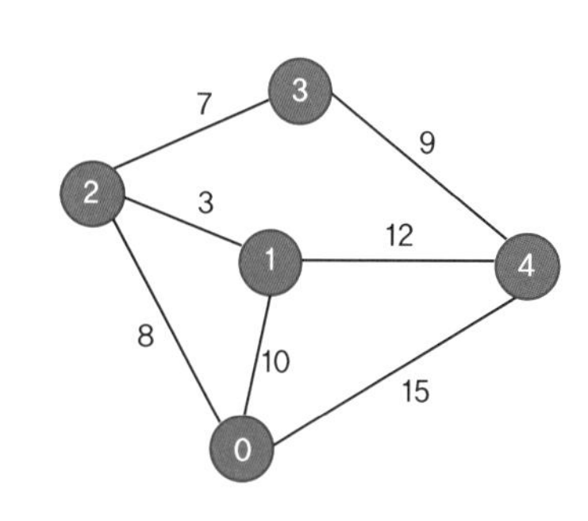

| 0 | 1 | 2 | 3 | 4 |
|---|---|---|---|---|
| | | | | |

2. 아래 그래프에서 노드 0을 출발점으로 했을 때 노드 1, 2, 3, 4, 5, 6에 이르는 최단 경로를 다익스트라 알고리즘을 이용해 나타내 보시오.

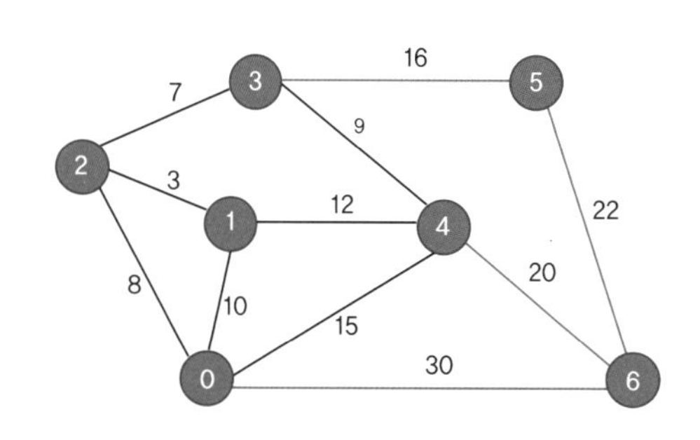

| 0 | 1 | 2 | 3 | 4 | 5 | 6 |
|---|---|---|---|---|---|---|
| | | | | | | |

## 최단 경로 알고리즘

최단경로 알고리즘은 그래프 상의 두 정점 사이를 연결하는 경로 중 가장 짧은 경로를 찾는 절차를 말합니다. 대표적으로는 플로이드-워셜 알고리즘, 크루스칼 알고리즘, 프림 알고리즘, 다익스트라 알고리즘 등이 있습니다.

1. 플로이드-워셜 알고리즘 ( Floyd-Warshall Algorithm )

알고리즘을 한 번 수행하면 모든 꼭짓점 쌍 간의 최단 경로의 길이(가중치의 합)를 찾아주는 알고리즘입니다.

2. 크루스칼 알고리즘(Kruskal Algorithm)

크루스칼 알고리즘은 한 간선에서 다른 간선까지의 가중치가 적은 경로들을 찾아 각각 연결하는 알고리즘입니다. 계속 찾아서 연결하다 보면 모든 정점을 거치면서 가중치가 가장 작은 경로가 만들어집니다. 크루스칼 알고리즘은 탐욕적인 방법을 이용하면서도 최적의 해답을 주는 것으로 증명되어 있습니다.

3. 프림 알고리즘(Prim Algorithm)

프림 알고리즘의 실행 방법은 다음과 같습니다. 임의의 정점을 시작점으로 선택하고 시작점과 인접한 정점 중 가장 가중치가 적은 것을 찾아 방문합니다. 그리고 새로 방문한 정점에서 똑같은 알고리즘을 실행합니다. 단계적으로 이 알고리즘을 반복하다 보면 최단 경로가 만들어집니다.

4. 다익스트라 알고리즘(Dijkstra Algorithm)

다익스트라 알고리즘의 실행 방법은 다음과 같습니다. 임의의 정점에서 가장 가중치가 낮은 정점을 선택합니다. 그리고 이미 지나온 정점을 제외한, 가중치가 가장 낮은 정점을 다시 선택합니다. 만약 선택한 정점으로 가는 도중의 가중치가 이전에 선택한 정점에서의 정점까지 가중치보다 작다면 기존의 해당 자료를 갱신합니다. 이 알고리즘을 반복하다 보면 최단 경로가 만들어집니다.

SECTION 12 창의적 문제해결 검사

# 로봇 영역

## 로봇 영역 길잡이

로봇 영역의 창의적 문제해결 검사는 로봇 영재원을 대비하는 학생이라면 집중적으로 공부해야 합니다. 정보(SW) 분야 영재원을 대비하는 학생들도 로봇 관련 문제가 자주 출제되므로 대비할 필요가 있습니다

로봇 영역

# 01 로봇 발명

표준 문제 (기출)

요즈음에는 청소 로봇, 서빙 로봇, 안내 로봇, 애완견 로봇 등 여러 종류의 로봇을 일상생활에 이용하고 있습니다. 이런 로봇 중에는 동물의 생김새와 특징을 이용한 것도 있습니다.

[크래브스트]　[스티키봇]　[스마트 버드 로봇]

미래 로봇공학자가 되어 위 그림에 제시된 것 외에 동물의 생김새와 특징을 활용한 로봇 3가지를 설명하시오.

연습 문제

우리가 사용하는 제품 중에는 식물이나 동물을 모방하여 만든 것이 많습니다. 이처럼 식물 또는 동물에서 아이디어를 얻어 새로운 제품을 만드는 것을 '생체 모방 기술'이라고 합니다.
대표적인 것으로 다음과 같은 것이 있습니다.

1. 연잎의 물방울에서 아이디어를 얻은 방수복
2. 도꼬마리 가시에서 아이디어를 얻은 벨크로
3. 바람에 날리는 민들레 씨에서 아이디어를 얻은 낙하산

개미를 관찰하면 자신보다 훨씬 큰 물체를 이고 이동하는 것을 볼 수 있습니다. 개미는 어떻게 이런 힘을 낼 수 있는 걸까요?

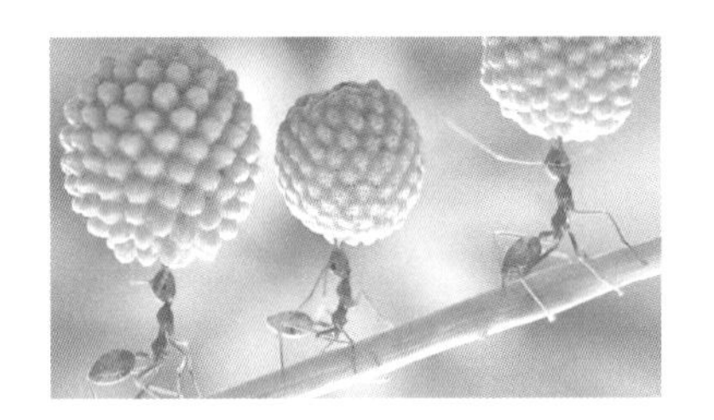

1. 개미가 자신보다 훨씬 큰 물체를 옮길 수 있는 비결을 개미의 신체 특징과 관련해서 설명해 보시오.

2. 인간은 몸에 착용하는 로봇 슈트를 통해 자신의 신체 능력을 극대화할 수 있습니다. 개미처럼 힘을 낼 수 있는 로봇슈트는 어떻게 만들면 좋을까요?



**로봇 개념 Plus**

**생체 모방 기술**

우리가 사용하는 제품 중에는 식물이나 동물을 모방하여 만든 것이 많습니다. 이처럼 식물이나 동물에서 아이디어를 얻어 새로운 제품을 만드는 것을 '생체 모방 기술'이라고 합니다. 최근에는 곤충(애벌레, 파리 등)을 모방한 초소형 로봇이 개발되어 정찰용이나 폭발물 탐지용 등으로 활용되고 있습니다.

**로봇 슈트(외골격 로봇)**

로봇 팔이나 다리 등을 사람에게 장착해 근력을 높여주는 장치

# 창작 로봇 설계

(기출)

세상에는 수많은 로봇이 있고 이런 로봇은 우리 생활을 편리하게 해줍니다. 자신이 만들고 싶은 창작 로봇을 설계해 보세요. 이 로봇의 이름과 사용된 재료를 적고, 구체적으로 어떤 모양인지 그려보세요. 그리고 이 로봇의 쓰임새에 관해 설명해 보세요.

| 로봇 이름 | |
|---|---|
| 로봇에 사용된 재료 | |
| 로봇 모양 | |
| 로봇의 쓰임새 | |

## 연습 문제

사람이 갈 수 없는 지역에 로봇을 투입해 사람 대신 작업을 시키려고 합니다. 로봇의 기능과 모양은 어떠해야 하는지 자신만의 로봇을 설계해 보세요.

| 로봇 이름 | |
|---|---|
| 로봇에 사용된 재료 | |
| 로봇 모양 | |
| 로봇의 쓰임새 | |

재난구조 로봇의 예: **일본 후쿠시마 원전 사고에 투입된 로봇들**

미국, 아이로봇사의 팩봇(PackBot)

일본, 사쿠라 1호

로봇 영역

# 03 로봇 과학

## 표준 문제

오른쪽 로봇은 거미 모양의 네 다리로 이동하는 로봇입니다. 로봇이 바닥에서 미끄러지지 않고 움직일 수 있는 이유는 무엇일까요? (QR코드를 스마트폰으로 스캔하여 거미로봇 동영상을 감상한 후 문제풀이)

## 연습 문제

1. 오른쪽 그림의 왼쪽 로봇 A는 5초간 30m를 움직였고, 오른쪽 로봇 B는 1분에 120m를 움직였습니다. 어떤 로봇이 더 빠른 걸까요?

   ※ 속력=이동 거리÷걸린 시간

A

B

2. 오른쪽 그림의 두 발로 걷는 로봇은 좌우로 뒤뚱거리면서 넘어지지 않고 움직입니다. 두 발로 안정적으로 걸을 수 있는 이유를 과학적으로 설명하시오. (QR코드를 스마트폰으로 스캔하여 거미로봇 동영상을 감상한 후 문제풀이)

3. 배틀 로봇 경기는 주어진 공간 내에서 상대방 로봇을 밀어서 경기장 바깥으로 밀어내면 이기는 경기입니다.

❶ 배틀 로봇 경기에서 적용되는 로봇 과학 원리를 구체적으로 설명하시오.

❷ 배틀 로봇 경기에서 상대방 로봇을 이기기 위해서는 어떤 전략을 사용해야 할지 설명해 보시오.

# 로봇과 인공지능

## 표준 문제

로봇에 인공지능 기술이 결합하면, 로봇은 어떤 발전이 있을까요?

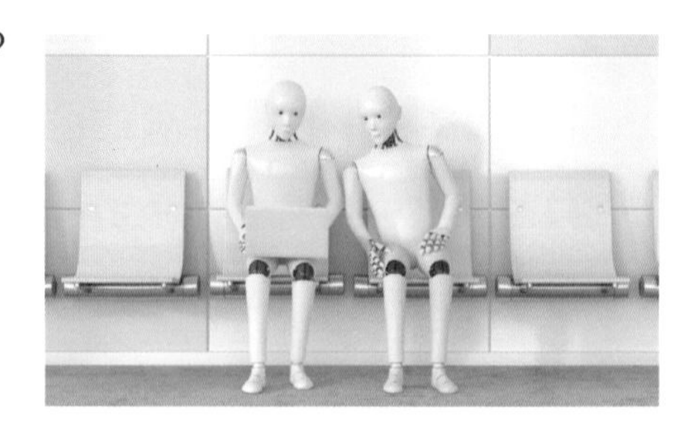

## 연습 문제

1. 인공지능 기가지니가 로봇처럼 움직일 수 있다면 어떤 장점이 있을까요?

2. 다음 그림은 사람의 감정을 읽는 로봇 에바입니다. 한국생산기술연구원 융합생산기술연구소 로봇그룹 연구진이 개발했습니다.

❶ 인간의 감정을 읽을 수 있으려면 로봇 에바에게 감정과 관련된 머신 러닝(기계 학습)을 적용하게 됩니다. 어떤 형식으로 기계학습을 적용하면 좋은지 그 과정을 설명해 보시오.

❷ 인간의 감정을 읽는다면 어떤 분야에 활용될까요?

# 로봇과 현실 세계의 문제해결

집안에 아무도 없는 상태에서 로봇 청소기가 움직이고 있습니다. 도둑이 침입했을 때, 로봇 청소기가 이것을 감지하고 주인에게 스마트폰으로 정보를 전송해 알린다고 해봅시다. 여기에 적용된 기술에 관해 설명해 보세요.

연습 문제

1. 스마트폰을 가정 내에서 편리하게 쓰고 싶은 친구가 있어요. 그 친구는 스마트폰을 다음과 같이 업그레이드하려고 해요.

스마트폰을 손으로 잡거나 놓지 않고 음성으로 명령하면 자신이 있는 쪽으로 스마트폰이 다가오게 하고, 음성으로 명령해서 스마트폰이 집안의 원하는 위치에 가도록 한다.

이것을 구현하려면 어떤 기술이 필요할까요?

2. 우산은 비가 올 때 사용합니다. 우산에 재미있는 로봇 기능을 넣으려고 합니다. 자신이 생각하는 우산 로봇을 설계하고, 그 기능과 구조를 설명해 보시오.

3. 코로나는 심각하게 우리 생활을 위협하고 있습니다. 코로나 감염을 줄이거나 멈출 수 있도록 우리 생활에 투입 가능한 코로나 예방 로봇을 구상하고, 그 기능과 구조를 설명해 보시오.

| 로봇에 사용된 재료 | |
|---|---|
| 로봇의 구조 | |
| 로봇의 기능 | |

SECTION 13 창의적 문제해결 검사

# 융합 문제해결 영역

## 융합 문제해결 영역 길잡이

융합사고력은 STEAM 원리로 탐구해 볼 수 있습니다. 우리는 하나의 자연현상이나 어떤 문제를 해결할 때, 수학-과학-기술-공학-예술과 연관 지어 탐구할 수 있어야 합니다. 영재성 검사에서는 지원자의 융합적이고 통합적인 사고력을 파악하는 문제가 출제됩니다.

융합사고력 요소

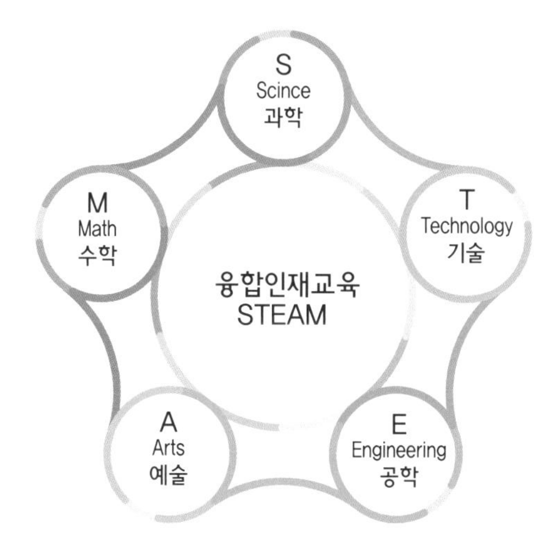


■ 과학, 기술, 공학의 차이점

과학은 자연의 성질을 연구하는 학문이고, 공학은 물건을 만들기 위해 과학지식의 응용법을 연구하는 학문입니다.
기술은 공학적 연구 결과를 바탕으로 실제 물건을 만드는 것입니다.

# 01 증강 현실, 가상 현실

## 표준 문제

인기 만화인 '드래곤볼'에는 안경처럼 눈에 착용하고 상대를 바라보면 그의 전투력 정보와 상대 거리, 위치 등을 실시간으로 보여주는 '스카우터'라는 기기가 등장합니다. 이것이 증강 현실 기술의 대표적인 사용 예입니다. 현실의 사물에 대해 가상의 관련 정보를 덧붙여 보여주는 것입니다.

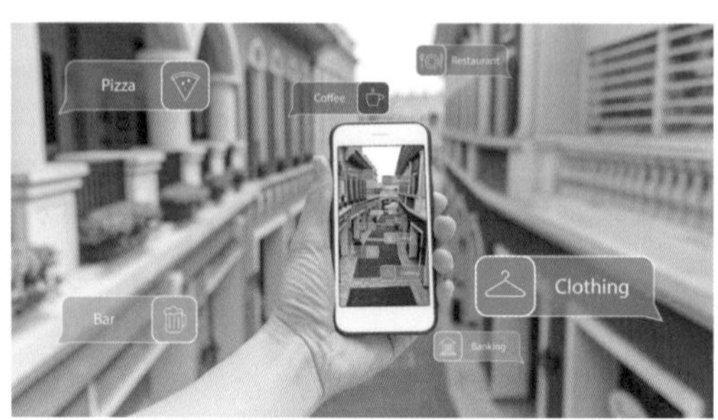


스마트폰으로 거리의 어떤 건물을 촬영하면 촬영화면에 그 건물에 대한 정보가 보입니다. 이것은 어떤 원리로 이루어지는 걸까요?

## 연습 문제

철수는 부모님과 함께 한강에 놀러 왔습니다. 이때 자신의 스마트폰으로 한강의 잔디 위를 촬영해 보니 포켓몬스터가 나타났습니다. 철수는 스마트폰으로 포켓몬스터를 잡느라 시간 가는 줄 모릅니다. 철수가 한강에서 포켓몬스터를 발견할 수 있는 원리를 설명해 보세요.

용어해설

**증강 현실**(增强現實, augmented reality): 실제 세계에 3차원 가상물체를 겹쳐 보여주는 기술

# 02 자연현상의 융합 원리

표준 문제

과학자들은 자연현상을 탐구할 때 여러 가지 지식을 융합해서 접근합니다. 예를 들어, 미국에서 자주 발생하는 토네이도로 인한 피해를 줄이기 위해 과학자들이 어떤 형태로 탐구하는지 알아봅시다.

아래 왼쪽은 탐구 영역이고 오른쪽은 탐구 내용입니다. 해당 영역에 알맞은 내용을 선을 그어 연결하세요.

| 탐구 영역 | 탐구 내용 |
| --- | --- |
| S 과학 • | ① 토네이도를 소멸시키기 위해 토네이도의 한 가운데 폭발을 일으키는 폭발물에 관해 연구하고 컴퓨터로 시뮬레이션해 본다. |
| M 수학 • | ② 토네이도를 발생시키는 에너지를 탐구한다. |
| T 기술 • | ③ 토네이도의 움직임을 잠잠하게 하는 폭발물을 만든다. |
| E 공학 • | ④ 토네이도의 나선형 구조를 도형으로 나타내 본다. |

이처럼 토네이도라는 하나의 자연현상을 탐구할 때 과학, 수학, 기술, 공학으로 접근해 연구한다는 것을 알 수 있어요.

용어해설

**나선형:** 부드러운 곡선의 하나로 물체의 겉모양이 빙빙 비틀린 형태의 곡선.

1. 다음은 지진이 일어나는 자연현상을 과학, 수학, 기술, 공학으로 나누어서 분석해본 결과입니다. 해당 영역에 알맞은 내용을 선을 그어 연결하세요.

| 탐구 영역 | 탐구 내용 |
|---|---|
| S 과학 • | ① 지진을 관측하고 감지하기 위해 지진계를 실제 만든다. |
| M 수학 • | ② 역사적으로 관측된 지진의 지각운동을 컴퓨터 시뮬레이션으로 나타낸다. |
| T 기술 • | ③ 지진이 일어나는 자연적인 원인을 분석한다. |
| E 공학 • | ④ 지진의 지각변동 종류마다 도형으로 표현한다. |

2. 다음과 같이 과학, 수학, 기술에 대한 개념이 있습니다.

과학: 용수철과 같은 탄성력

수학: 직육면체 도형

기술: 초음파

위 세 가지 영역을 합쳐 새로운 제품이나 아이디어를 만들어 보시오.

# 사회현상의 융합 원리

CSI 과학 수사대는 첨단기법으로 범인을 추적하지요. 과학 수사대가 되어서 범인을 잡는다고 할 때 그들이 사용하는 수사기법에 녹아있는 과학, 수학, 기술, 공학의 원리를 찾아보세요.

과학: 지문 인식 및 유전자 검사

수학: (                                                                                                    )

기술: (                                                                                                    )

공학: 유전자 감식 프로그램

코로나바이러스와 관련해서 자가격리의 중요성이 커지고 있습니다. 자가격리와 관련해 4개의 관점으로 접근해 탐구해 보시오.

1. 자가격리를 왜 해야 하는지 과학적으로 설명해 보시오.

2. 자가격리를 왜 해야 하는지 수학적으로 설명해 보시오.

3. 자가격리를 잘할 수 있는 기술에 관해 설명해 보시오.

4. 자가격리를 효과적으로 할 수 있는 공학에 관해 설명해 보시오.

융합 문제해결 영역

# 04 기술 중심의 융합 원리

표준 문제

인공지능(AI)은 기계가 경험을 통해 학습하고 입력 내용에 따라 기존 지식을 활용해 사람과 비슷한 방식으로 과제를 수행할 수 있도록 하는 기술입니다. 체스를 두는 컴퓨터에서부터 직접 운전을 하는 자동차에 이르기까지 오늘날 대부분의 인공지능(AI) 사례들은 딥러닝과 자연어 처리에 크게 의존하고 있습니다. 이러한 기술들을 통해 대량의 데이터를 처리하고 데이터에서 패턴을 인식함으로써 특정한 과제를 수행하도록 컴퓨터를 훈련할 수 있습니다.

만일, 자율주행차에 인공지능 기술이 적용된다면 자율주행차는 어떤 점이 좋을지 인공지능의 특징과 관련지어 설명해 보시오.

## 연습 문제

인공지능 스피커는 사람과 대화를 나눌 수 있고, 음성명령으로 인공지능 스피커와 무선으로 연결된 다양한 가전기기를 조작할 수 있습니다. 인공지능 스피커에 적용된 다음 영역에 관해 설명해 보시오.

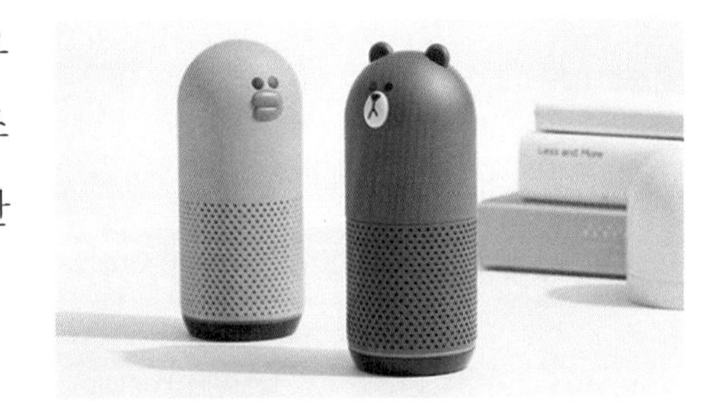

1. 인공지능 스피커에 적용된 과학에 관해 설명하시오.

2. 인공지능 스피커에 적용된 수학에 관해 설명하시오.

3. 인공지능 스피커에 적용된 기술에 관해 설명하시오.

4. 인공지능 스피커에 적용된 공학에 관해 설명하시오.

5. 인공지능 스피커에 적용된 예술에 관해 설명하시오.

## 두들리고우

출처: https://www.ebssw.kr/coding/ddgoView.do

사이버 공간에서 골드버그 장치를 다루면서 코딩 실력도 함께 키울 수 있으면 좋겠지요.
바로 '두들리고우'라는 게임이 이것을 가능하게 하죠. 자~ 게임의 세계로 한 번 들어가 볼까요?

### 1. 게임 시작

https://www.ebssw.kr/coding/downloadGame.do 링크로 들어가면, 아래 그림과 같은 창이 뜨고 왼쪽 아래에 있는 '두들리GO!'를 클릭하면 게임을 내려받을 수 있는 버튼이 있습니다.

### 2. 게임 방법

① 두 가지 모드가 준비되어 있어요.

② 스토리 모드에서는 스토리를 진행하며 모험을 떠날 수 있어요.

③ 4개의 테마로 이루어진 40개의 미션에 도전해보세요.

④ 두들리가 목적지까지 안전하게 도착해야 해요.

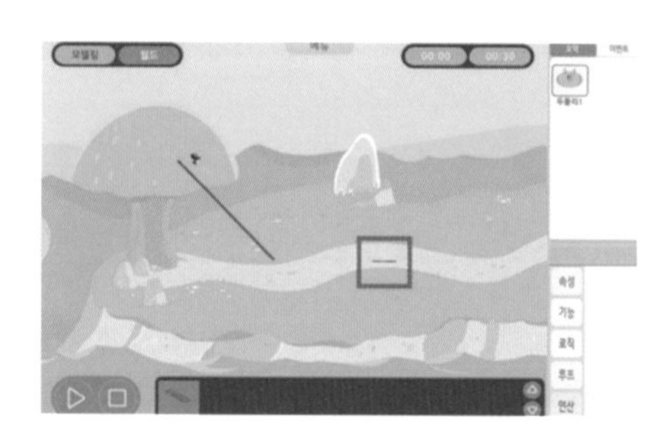

⑤ 투석기, 자동문, 물레방아 등 다양한 오브젝트를 코딩을 통해 작동하도록 해주세요.

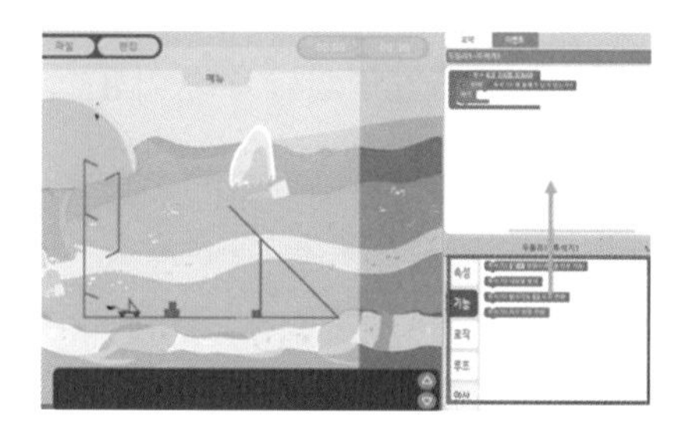

⑥ [시작] 버튼을 눌러 두들리가 목적지까지 정확하게 도착할 수 있는지 확인해보세요. 안전하게 도착하지 못했다면 오른쪽 위에서 두들리의 높이와 속력을 살펴보며 오브젝트의 위치나 코드를 바꾸어 보세요.

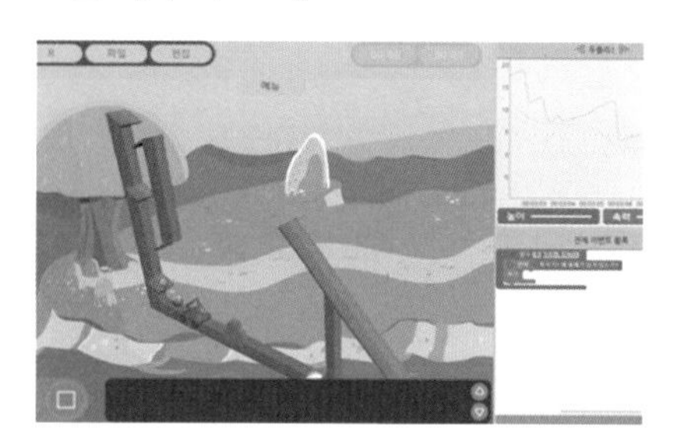

⑦ 하늘 세상에는 악당 맘바가 산다는 소문이 있어요. 맘바에게 두들리가 붙잡히지 않도록 조심해야 해요.

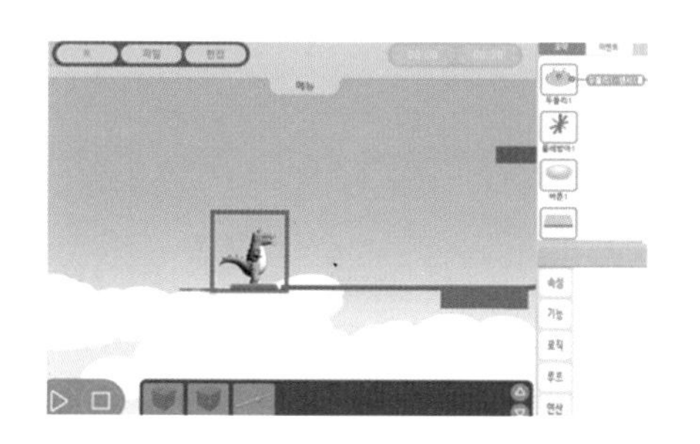

⑧ 에디터 모드에서는 모든 오브젝트를 사용해 나만의 미션을 만들어 볼 수 있어요. 재미있고 창의적인 나만의 문제를 만들어 친구들과 함께 풀어보세요.

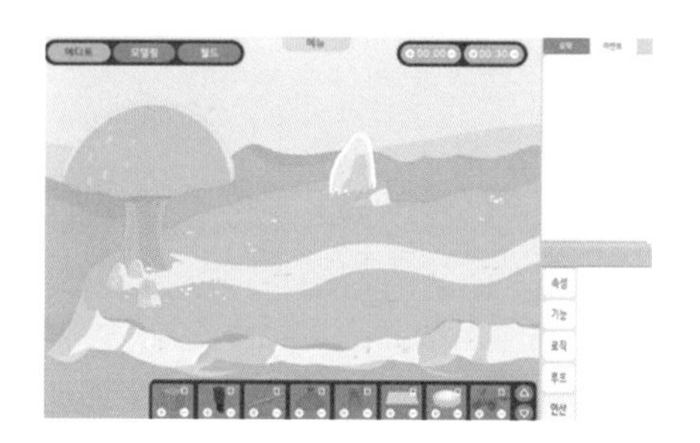

⑨ '두들리고' [파일] 메뉴에서 [저장하기], [다른 이름으로 저장하기] 버튼을 활용하여 프로젝트를 저장하여 관리할 수 있어요.

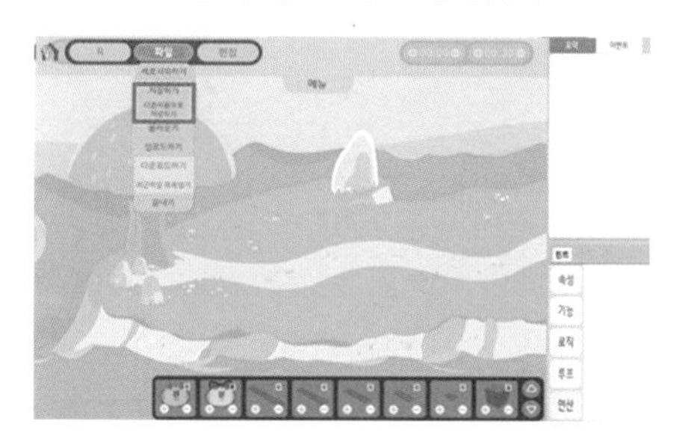

⑩ '두들리고' [파일] 메뉴에서 [업로드하기] 버튼을 눌러서 내가 작업한 프로젝트를 〈이솝〉→〈작품방〉에 공유할 수 있어요.

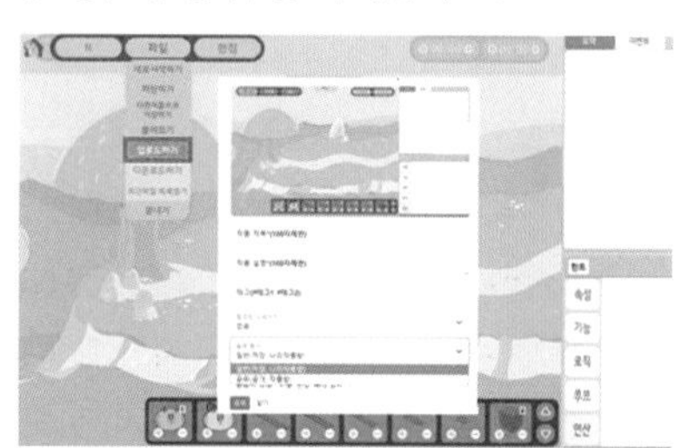

⑪ 업로드한 두들리고 작품은 〈이솝〉→〈마이페이지〉→〈나의 작품방〉에서 확인할 수 있어요. [다운로드] 버튼을 누르면 프로젝트를 저장할 수 있어요.

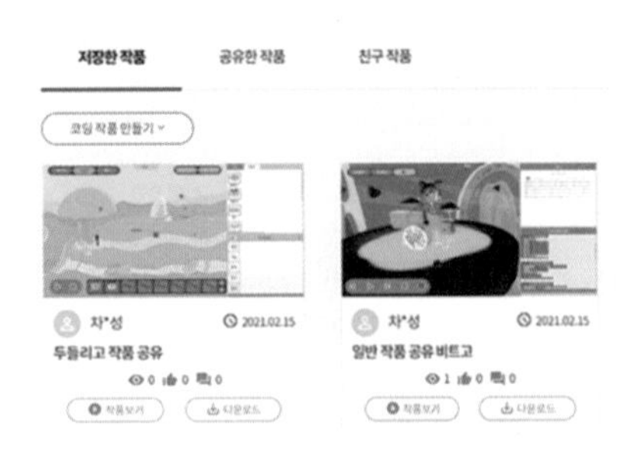


⑪ '두들리고' [파일] 메뉴에서 [불러오기] 버튼을 눌러 내가 저장했던 작품이나 작품방에서 다운로드한 작품을 불러와 작업할 수 있어요.

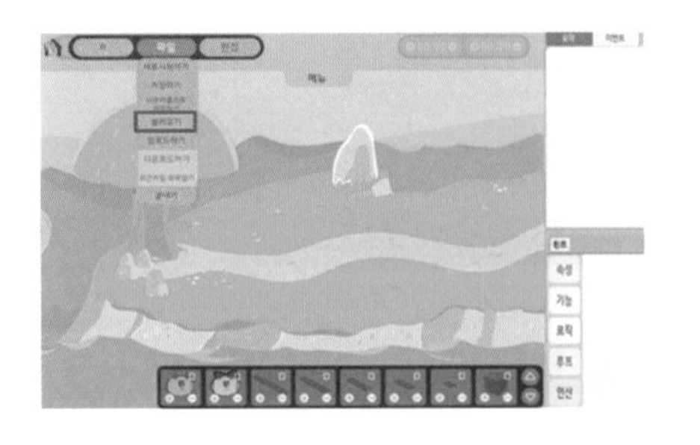

MEMO

PART 4

# 정보(SW, 로봇) 영재를 위한 심층 면접

이번 장에서는 영재교육원 심층 면접 대비방법에 대해 알아봅니다.

## 1. 면접 방법

교육청과 대학은 개별면접 혹은 3~5명 정도가 입실해서 여러 명의 감독관 앞에서 질문지 등을 활용한 방식으로 구두시험을 치르고, 자기소개서를 바탕으로 한 질문이나 지원 분야의 학문적성과 관련된 질문을 하는 형식입니다.

## 2. 면접 과정

① 면접 대기실: 수험생은 감독 위원의 지시가 있을 때까지 대기실에서 기다립니다.

② 면접 준비실: 감독 위원의 지시에 따라 면접 준비실로 이동한 후 주어진 시간 동안 문항지를 보고 답안을 생각합니다.

③ 면접: 정해진 시간 동안 미리 생각한 답안을 면접 위원에게 설명합니다. 기타 면접관의 여러 질문(지원동기, 자기소개서 내용에 대한 검증 질문, 창의성 질문)에 논리적으로 답해야 합니다.

※ 면접은 교육청, 대학, 교육연구정보원 등에 따라 조금씩 다른 형태일 수 있습니다.

※ 최근(2020~2021 기준)에는 코로나 상황 탓으로 온라인 1:1 화상 면접을 보는 곳이 늘었습니다.

## 3. 면접 자세

① 마음 가짐: 적극적이고 편안한 마음으로 임해야 합니다. 면접관은 나를 합격시키기 위해 내 앞에 있다는 생각을 해주세요.

② 얼굴 표정: 얼굴 표정은 살짝 미소를 지으면서 명랑한 표정으로 면접에 임합니다.

③ 시선 처리: 시선은 면접관의 눈을 응시해야 하며, 눈이 부담스러울 경우 코를 바라보세요.

④ 어깨 자세: 어깨를 편 자세로 하고 어깨를 흔들지 않도록 주의해야 합니다.

⑤ 손 처리: 손은 두 손을 모으거나 허벅지 위에 양손을 단정히 올려놓습니다. 어떤 설명을 할 때 제스쳐를 할 경우는 적절히 사용합니다.

⑥ 복장: 옷은 집안에서 평소 입는 일상적인 옷보다 깔끔한 캐주얼 정장 형태로 입고 면접에 임하면 좋습니다.

⑦ 인사: 문을 노크하고 들어간 후 자신이 앉을 의자에 앉기 전에 정면으로 머리 숙여 면접관에게 인사합니다. ("안녕하세요") 면접이 끝난 후 의자에서 일어난 직 후 면접관에게 머리숙여 인사합니다.("감사합니다")

⑧ 말투: "~했습니다. ~라고 생각합니다." 와 같이 끝나는 말이 명확해야 합니다.

"~같은데요, ~ 같습니다"라는 말은 피하고 말을 얼버무리지 마세요. 때로는 잘 모르는 내용의 경우 "그 내용은 잘 모르겠습니다."라고 솔직히 말해주세요.

SECTION 14 심층면접

# 인성 영역

## 인성 영역 길잡이

인성 심층 면접에서는 적극적인 학습 자세와 수업이나 과제를 진행할 때 친구들과 잘 어울리는 모습, 그리고 과제를 성실히 끝까지 수행하는 능력을 보여주어야 합니다. 또한, 올바른 가치 판단과 남을 배려하는 생각과 자세가 나타나야 합니다. IT 분야의 인성 면접은 IT 분야의 상식을 인성과 접목해서 알맞게 말할 수 있어야 합니다.

인성 영역

# 01 가치 판단 1

(기출)

가난한 사람들을 돕기 위해 해킹으로 다른 사람의 은행 예금을 인출하는 것은 옳은 일일까요?

- 옳다는 의견

- 옳지 않다는 의견

(기출)

1. 컴퓨터 기술을 이용해 노인이나 장애인 등 사회적 약자를 도울 방법을 얘기해 보시오.

2. 컴퓨터 기술을 이용해 다른 나라(인도, 아프리카 등)의 가난한 어린이들을 도울 방법을 얘기해 보시오.

# 협동심

(기출)

정보영재원에 합격해서 수업을 듣고 있습니다. 다른 친구가 수업을 듣지 않고 게임을 하고 있다면, 어떻게 할지 이야기해 보시오.

연습 문제 (기출)

정보영재원에서 다른 아이들과 어울리지 못하는 아이가 있습니다. 그 친구와 나는 한 조로 활동하고 있습니다. 이런 상황에서 여러분은 어떻게 할 것인지 말해 보시오.

인성 영역

# 03 과제 집착력

(기출)

코딩이나 기타 컴퓨터와 관련된 활동을 하면서 원하는 결과가 나오지 않았을 때, 끝까지 해결한 경험을 얘기해 보시오.

1. 로봇 조립이나 발명 활동 등에서 오랜 시간 몰두해서 끝까지 완성해 본 경험을 얘기해 보시오.

2. 내일까지 중요한 과제를 컴퓨터를 이용해 작업을 마쳐야 합니다. 그런데 내 PC가 바이러스에 걸려 정상적으로 문서 편집을 할 수 없습니다. 부모님은 여행 중이고 집에는 나밖에 없습니다. 어떻게 문제를 해결할 것인지 얘기해 보시오.

3. 학교 시험 기간과 영재원 과제 제출 기간이 겹칩니다. 어떻게 과제수행을 지혜롭게 처리할 것인지 얘기해 보시오.

# 가치 판단 2

(기출)

다음 기사를 읽고, 물음에 답하시오.

> 최근 식당이나 카페에서 '노 키즈 존(No Kids Zone)'을 시행하는 영업점들이 점점 늘어나고 있다. '노 키즈 존'이란 일정한 나이 제한을 두어 어린아이들의 출입을 금하는 구역을 말한다. 실제로, '5살 미만은 들어 올 수 없다.', '유모차는 가게에 들어오면 안 된다.' 등과 같은 안내문을 붙인 영업점들이 많아지고 있다. 특히 주말이나 공휴일에는 이러한 '노 키즈 존'을 시행하여 아이들의 출입을 막는 영업점들이 더욱 많아지고 있다.
>
> - ○○일보

'노 키즈 존' 시행에 대해 찬성 또는 반대 입장 중 하나를 선택하여 자신의 의견을 펼치시오. 단, 근거를 세 가지만 제시할 것.

연습 문제 (기출)

1. 다음 인터넷 신문 기사를 읽고 물음에 답하시오.

> 검찰과 경찰이 노동당 부대표를 수사하는 과정에서 3천여 명의 개인정보가 담긴 카카오톡 계정을 압수하여 내용을 통째로 들여다본 사실이 뒤늦게 밝혀져 파문이 일고 있다.
> 위 기사는 '경찰이 수사하는 과정에서 일정 기간 부대표의 카카오톡 메시지 내용, 대화 상대방 아이디 및 전화번호, 대화일시, 수신이나 발신 내역, 그림 및 사진 파일 등을 강제로 들여다봤다'라는 내용이다.
> 카카오톡 대화 내용 중에는 현금카드 비밀번호, 재판과 관련해 변호사와 나눈 이야기, 초등학교 동창들과 나눈 이야기 등 개인적이고 비밀스러운 이야기도 담겨 있었다.

카카오톡, 밴드, 페이스북과 같은 서비스에 대한 사이버 사찰(남의 행동을 몰래 엿보아 살핌)에 대해 찬성과 반대 입장에서 그 이유를 각각 2가지 쓰시오.

| 입장 | 이유 | |
|---|---|---|
| 찬성 | 1 | |
| | 2 | |
| 반대 | 1 | |
| | 2 | |

2. 다음 글을 읽고 질문에 답하시오.

착한 일을 하면 생활에서 각종 혜택을 받을 수 있는 점수를 주는 '도덕 은행'이 중국 현지에서 사람들의 호응을 받고 있습니다.

'도덕 은행'은 사람들이 지역 사회를 위해 스스로 좋은 일을 할 수 있도록 유도하기 위해 마련되었습니다. 이 은행은 가입자가 착한 행동을 할 경우, 어떤 일을 했는지에 따라 점수를 부여합니다. 예를 들어, 길에 떨어진 지갑을 주워 주인을 찾아주었을 때는 50점을 줍니다. 착한 일의 난도가 높을수록 더 높은 점수를 받습니다.

많은 점수를 모은 가입자는 실생활에서 각종 편의를 받습니다. 150점 이상 모은 사람은 동네 미용실에서 머리카락을 무료로 자를 수 있습니다. 점수가 더 많으면 집을 청소해 주는 서비스나 건강검진을 무료로 받을 수 있습니다.

이 은행은 생긴 지 2주 만에 가입자가 600명이 넘을 정도로 폭발적인 인기를 얻었습니다. 특히 어린이들이 줄을 서는 것으로 알려졌습니다.

친구와 집 마당을 청소해 점수를 받은 한 소년은 "착한 일을 하고 스스로 자랑스러워할 수 있어 기분이 좋다"고 말했습니다. 이 소년은 은행에 자료를 제출하기 위해 자신이 청소를 한 모든 과정을 촬영하였습니다.

'도덕 은행' 에 대한 찬성과 반대의 입장을 정해 토론하시오.

# 자기소개서 영역

## 자기소개서 영역 길잡이

자기소개서 기반으로 심층 면접을 준비할 때는 자기가 제출한 자기소개서 내용을 완전히 파악한 후 대답해야 합니다. 즉 자기소개서의 핵심 내용을 바탕으로 예상 질문을 뽑아 대답하는 훈련을 해야 합니다.

# 지원 동기

(기출)

본 영재교육원에 지원한 동기에 대해 말해 보세요. (지원동기를 요약적으로 말할 수 있어야 합니다.)

1. 지원동기를 자신의 꿈과 관련지어 설명해 보시오.

2. 본인의 꿈을 이루기 위해 정보(S/W) 영재원 공부는 어떤 도움이 될까요? (꿈과 S/W를 연계해서 말할 수 있어야 합니다.)

# 활동 경험

(기출)

소프트웨어 분야에서 본인이 경험했던 것의 실례를 하나 들어보고 활동에서 배운 점을 설명해 보시오.

1. 평소 흥미 있는 분야나 문제를 해결하기 위해 S/W를 어떻게 접목하면 좋을까요? (흥미 분야를 S/W와 연계해서 설명합니다.)

2. 로봇 분야에서 자신이 했던 경험을 하나 들어보고 그 활동에서 배운 점을 설명해 보시오.

참고

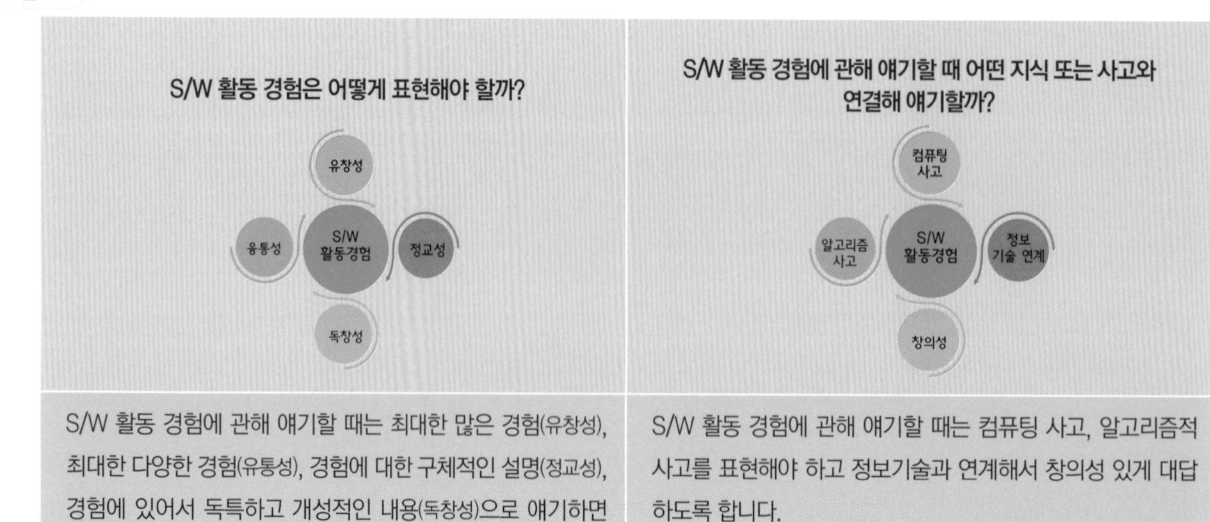


S/W 활동 경험에 관해 얘기할 때는 최대한 많은 경험(유창성), 최대한 다양한 경험(유통성), 경험에 대한 구체적인 설명(정교성), 경험에 있어서 독특하고 개성적인 내용(독창성)으로 얘기하면 좋습니다.

S/W 활동 경험에 관해 얘기할 때는 컴퓨팅 사고, 알고리즘적 사고를 표현해야 하고 정보기술과 연계해서 창의성 있게 대답하도록 합니다.

※ 로봇 분야도 비슷하게 표현할 수 있도록 해보세요.

# 03 강점과 약점

(기출)

학생 자신의 강점과 약점에 대해 말해 보시오.

1. 내가 잘하는 것(강점)이 영재원 공부에 어떤 도움이 될지 설명해 보시오.

2. 학생 자신의 단점을 말해 보고 이것을 극복하기 위해 어떤 노력을 기울였는지 설명해 보시오.

# 학업 계획

(기출)

소프트웨어와 관련해 영재원에 들어와서 탐구하고 싶은 계획이나 프로젝트에 관해 설명해 보시오.

로봇과 관련해서 영재원에 들어와서 탐구하고 싶은 계획이나 프로젝트에 관해 설명해 보시오.

SECTION 16 심층면접

# 로봇 영역

## 로봇 영역 길잡이

로봇 영역의 심층면접은 로봇 관련 상식이 주로 출제되고 있습니다.

로봇의 정의, 로봇 3원칙, 로봇 구성요소 등을 파악하고 있어야 합니다.

# 로봇이란?

(기출)

'로봇(Robot)'은 무엇인지 설명해 보세요.

로봇의 어원은 어디서 비롯되었을까요?

로봇 개념 Plus

**로봇인지 아닌지 판별하는 법**

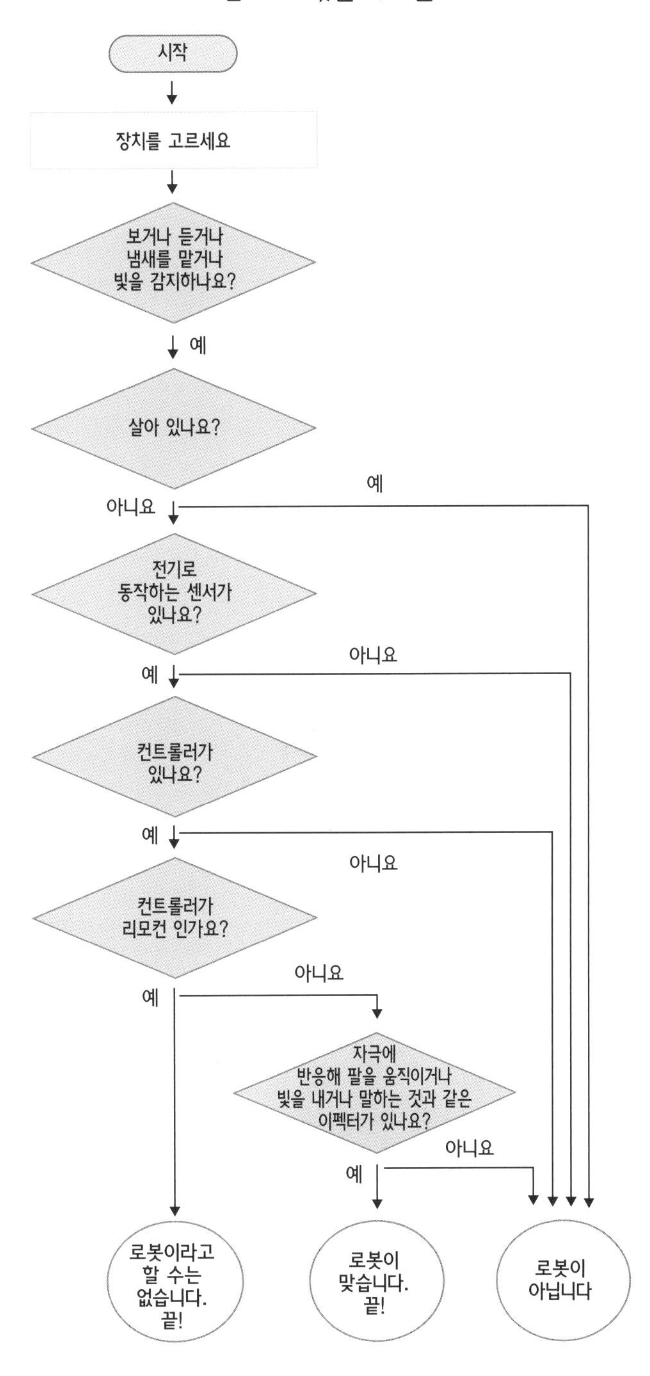


**'로봇일까, 아닐까?' 힌트**

텔레비전: 광 센서, 리모컨 센서·리모컨·화면

차고 자동문: 터치 센서, 움직임 센서, 리모컨 센서·리모컨·모터

계산기: 키보드, 터치 센서·마이크로 컨트롤러·화면

건조기: 과열 차단 스위치·컨트롤러 없음·모터

슈퍼마켓 자동문: 움직임 센서·컨트롤러 없음·모터

전동 칫솔: 전원 스위치·컨트롤러 없음·모터

연기 감지기: 연기 센서·컨트롤러 없음·경보기

자동 비누 분사기: 움직임 센서·컨트롤러 없음·모터

※ 참조: 꿈꾸는 10대들을 위한 로봇 첫걸음

# 로봇 구성요소

(기출)

로봇은 무엇으로 이루어져 있을까요? (로봇 구성요소에 대해 말해 보기)

아래 로봇은 사람을 닮은 휴머노이드 로봇입니다. 이 로봇을 로봇 구성요소 5가지로 나누어 보세요. 해당하는 부분에 화살표를 하고 각 요소의 이름을 적어 보세요.

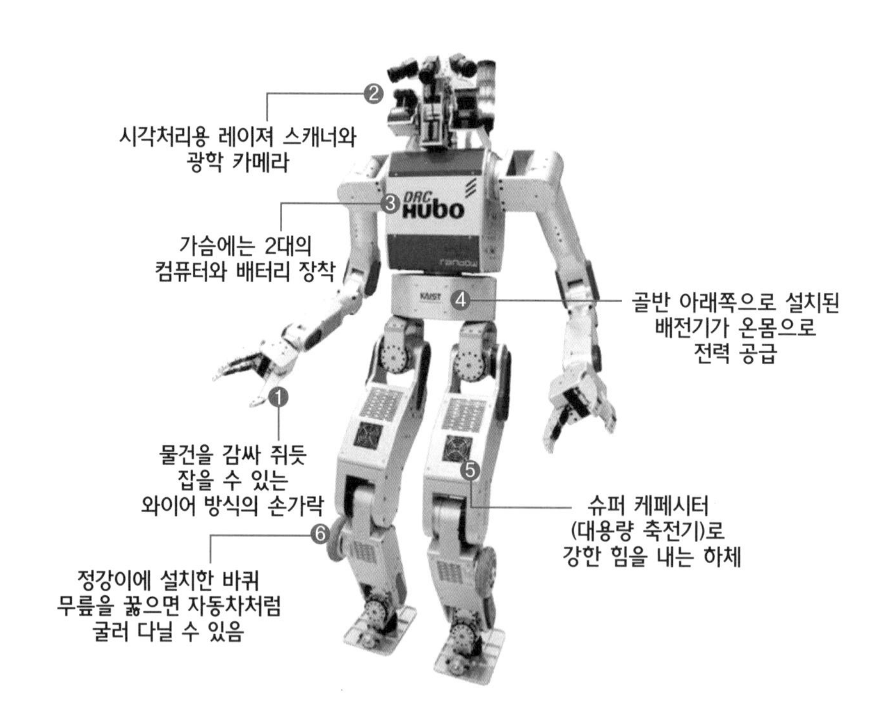


**로봇 개념 Plus**

* 로봇의 구성요소는 주장하는 학자들이나 관점 등의 상황에 따라 여러 가지로 나눌 수 있습니다.

- 3요소: 감지, 제어, 행동
- 4요소: 몸체, 센서부, 제어부, 구동부
- 5요소: 몸체, 센서부, 제어부, 구동부, 전원부

# 03 로봇 3원칙

표준 문제 (기출)

로봇 3원칙이 무엇인지 말해 보시오.

1. 로봇 3원칙은 왜 필요한 걸까요?

2. 로봇 못지않게 인공지능도 우리 생활 깊숙이 파고들고 있어요. 인공지능 3원칙을 로봇 3원칙과 유사하게 만들어 보세요.



로봇 개념 Plus

**로봇 3원칙**

첫째, 로봇은 인간에게 해를 가하거나, 해를 가할 수 있는 행동을 하지 않아 인간에게 해를 끼치지 않는다.
둘째, 로봇은 첫 번째 원칙을 위배하지 않는 한 인간이 내리는 명령에 복종해야 한다.
셋째, 로봇은 첫 번째와 두 번째 원칙을 위배하지 않는 선에서 로봇 자신의 존재를 보호해야 한다.

로봇 영역

# 04 로봇 문제해결

## 표준 문제 (기출)

선을 따라 움직이는 라인트레이서 로봇이 있습니다. 주행 테스트를 하는 중 라인을 벗어나 움직이는 상황이 반복적으로 발생했습니다.

그 원인은 무엇일까요? 그리고 이 문제를 어떻게 하면 해결할 수 있을까요?

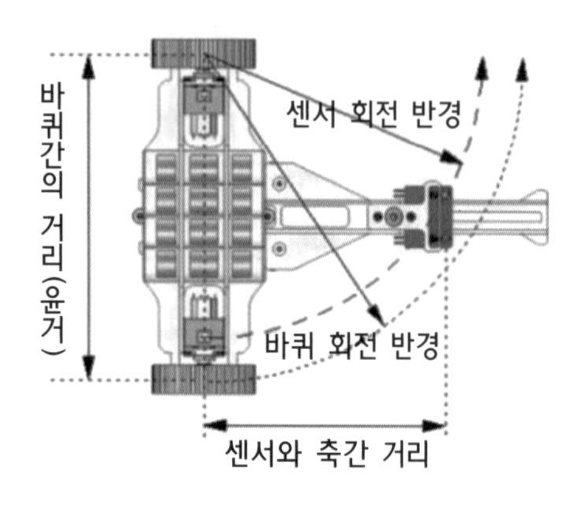


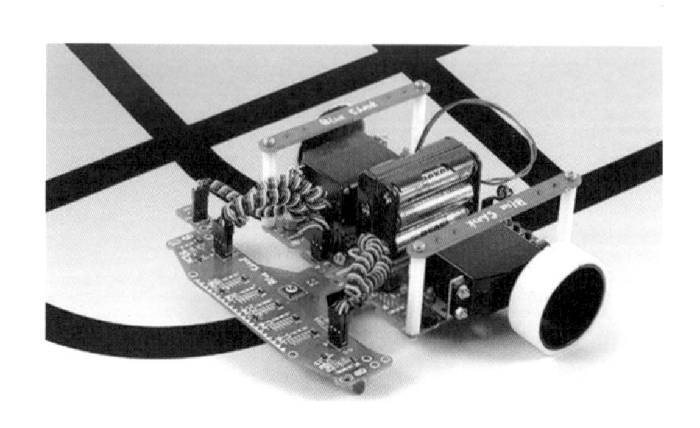

## 연습 문제

1. 휴머노이드 로봇을 제작한 후 보행 테스트를 하고 있습니다. 그런데, 로봇이 자주 넘어지는 상황이 발생합니다. 그 원인은 무엇이고 어떻게 하면 해결할 수 있을까요?

2. 장애물을 피해 가며 자율적으로 움직이는 로봇을 만들어서 작동시키려고 해요. 한데 로봇이 전혀 움직이지 않습니다. 그 원인이 무엇인지 가능한 모든 상황을 들어 설명해 보세요.

SECTION 17 심층면접

# 정보기술 영역

## 정보기술 영역 길잡이

최신의 정보기술과 관련된 상식이 문제로 출제됩니다. 특히 4차 산업혁명과 관련된 로봇, 인공지능, 드론, 자율주행차 등에 대한 상식을 잘 알고 있어야 합니다.

정보기술 영역

# 01 인공지능

(기출)

알파고는 바둑 대결에서 인간을 이겼습니다. 알파고는 어떤 인공지능 알고리즘을 사용하길래 경우의 수가 무수히 많은 바둑 경기에서 인간을 이기게 된 걸까요?

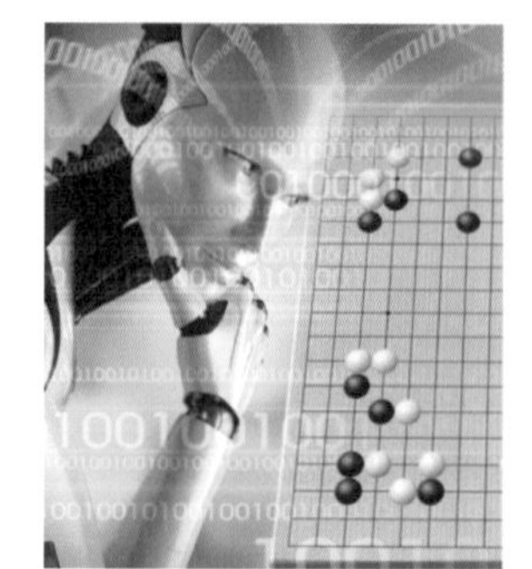

알파고와 이세돌 대결장면

1. 인공지능 기술이 인간의 지능과 창의력을 넘어서게 되면 어떤 일이 벌어질지 설명해 보시오.

2. 감정을 가진 인공지능을 만들려면 어떻게 설계하고 구현하면 될까요?

# 증강 현실, 가상 현실

증강 현실과 가상 현실의 차이점은 무엇일까요?

1. 가상 현실 기법을 이용해 우리 생활에 도움이 되게 하는 것에는 어떤 것이 있을까요?

2. 증강 현실 기법을 학교에서 공부시간에 적용한다면 그 활용 방안을 제시해 보시오.

PART 4 심층면접

용어해설

**증강 현실**(AR, Augmented Reality): 사용자가 눈으로 보는 현실 세계에 가상물체를 겹쳐 보여주는 기술.

**가상 현실**(VR, Virtual Reality): 현실에 존재하지 않는 환경에 대한 정보를 사용자가 볼 수 있게 하는 기술.

정보기술 영역

# 03 사물인터넷과 홈오토메이션

(기출)

**1.** 사물인터넷(IoT)이란 무엇인가요?

**2.** 사물인터넷(IoT)의 장점은 무엇인가요?

**1.** 사물인터넷이 실생활에 적용된 예를 설명하시오.

**2.** 우리 집을 사물인터넷이 적용된 홈오토메이션 주택(APT)으로 개조하려 합니다. 홈오토메이션 환경으로 변한 우리 집에 대해 구체적으로 설명해 보시오.

용어해설

**IoT:** Internet of Things의 약자로 사물들이 센서로 주변 환경을 인식하고 인터넷으로 서로 연결된 환경을 말합니다

**홈오토메이션**(Home Automation)**:** 사물인터넷 기능을 이용하여 가전, 냉 · 난방의 일부를 자동화하는 것을 의미합니다.

정보기술 영역

# 04 자율주행차

1. 자율주행차란 무엇인가요?

2. 사람이 운전하는 차처럼 자율주행차가 도시를 스스로 운전하게 하려면 어떤 기술이 필요할까요? (기출)

원하는 좌표(주소지)를 입력하면 드론이 스스로 날아가 택배 물품을 전달하는 일이 현실화하고 있습니다. 이러한 자율비행 드론을 구현하려면 어떤 기술이 필요할까요?

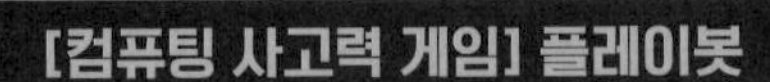


출처: playbot.spaceii.com

플레이봇 사이트에 접속해서 재미있는 코딩 학습을 경험해보세요!

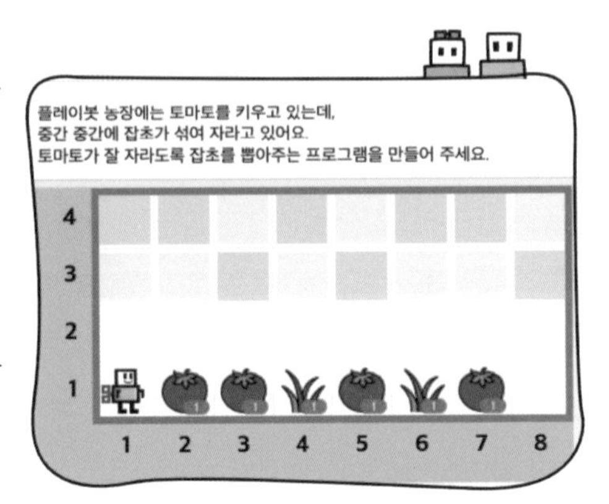


귀여운 로봇을 직접 움직이면서 다양한 미션을 수행하세요.

플레이봇은 재미있는 스토리를 통해 학생들에게 문제 해결 경험을 제공합니다. 해결해야 할 문제를 찾고, 해결방법에 대해 스스로 고민한 후, 찾은 방법을 프로그래밍 언어로 구현해내는 방식입니다. 이를 통해 논리적 사고력과 분석적 시각을 키울 수 있습니다.

플레이봇은 시각화를 제공하는 텍스트코딩 프로그램으로, 블록 기반 언어와 텍스트 기반 언어의 사이를 연결해주는 학습 도구의 역할을 합니다.

학생들은 플레이봇으로 제작한 게임을 즐길 수 있습니다. 흥미로운 게임을 선택해 플레이해도 좋고 자신만의 아이디어를 활용해 게임을 만들어서 게시할 수도 있습니다. 간단한 오목, 지뢰찾기부터 다양한 퍼즐까지 플레이해보세요!

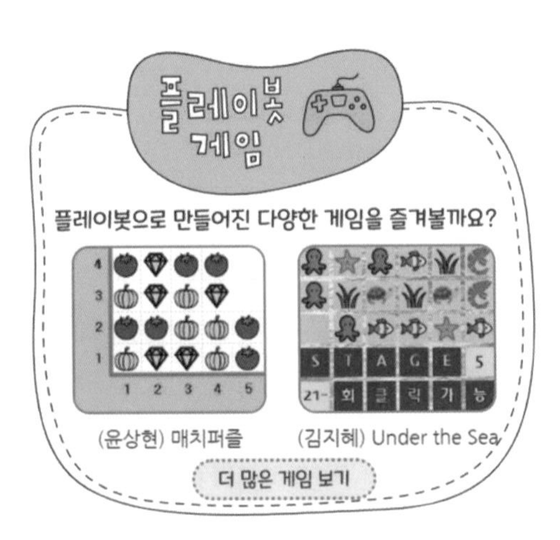


문제해결 놀이터는 스스로 다양한 알고리즘 문제를 풀어보면서 온라인 채점 시스템으로 실력을 측정할 수 있는 공간입니다. 난이도에 따라 배점이 달라지며 개인 순위표를 통해 자신의 위치를 알 수 있습니다.

## 시작해 보기

### 1. 메인 화면

코드 만들기에서 게임을 시작할 수 있고, 명령어 사전과 학습자료에서 추가로 필요한 자료를 찾아볼 수 있습니다. 프로그램을 만들어서 봇을 마음대로 움직일 수 있습니다!

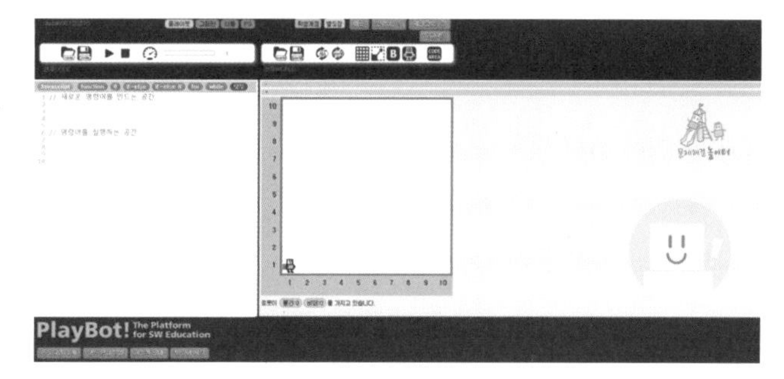

### 2. 게임 방법

① 메인 화면 상단의 '코드 만들기'를 클릭하고, 회원가입 후 로그인을 합니다.

② 왼쪽의 노란색 버튼을 누르면, javascript/python을 선택할 수 있습니다. 이는 컴퓨터에 전달하고자 하는 언어의 종류를 선택하는 일입니다. 추후 설명은 python 언어로 진행하겠습니다.

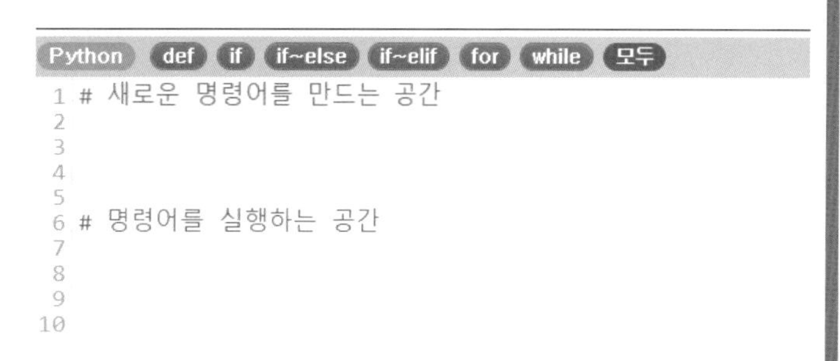


③ python 오른쪽의 def, if, if~else, if-elif, for, while, 모두는 프로그램을 만들 때 쓸 수 있는 여러 가지 기능(함수)입니다.

④ 간단한 예시로 숫자 a,b가 주어질 때 두 수의 합이 10보다 작다면 두 칸 전진하고, 그렇지 않다면 한 칸 전진 후 좌측으로 회전하는 프로그램을 만들어보겠습니다.

1~2줄: 먼저 a,b가 무엇인지 설정해야 합니다. 위의 예시에는 a=4, b=5로 설정했습니다.

4~9줄: if~else 기능이 사용되었습니다. 만약 (if) 조건이 맞다면, 5~6줄을 실행하고, 아니라면 (else) 8~9줄을 실행하는 방식입니다. 여기서, a+b=9이므로 5~6줄이 실행되어야 합니다.

5~6줄은 move() 함수를 두 번 실행합니다. (기타 함수는 '모두' 버튼을 누르면 찾을 수 있습니다.)

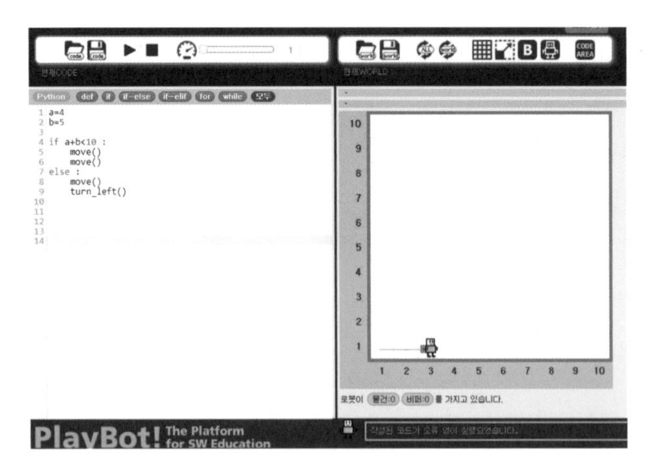


8~ 9줄은 move() 함수를 한 번 실행하고, turn_left() 함수를 그다음에 한 번 실행합니다.

프로그램을 작성하고, 상단의 ▶ 버튼을 누르면, 봇이 예상대로 2칸 전진했음을 알 수 있습니다.

a=4, b=11로 조건을 바꾼 상황입니다. 이때는 두 수의 합이 10 이상이므로 else 문이 작동됩니다. 상단의 ▶ 버튼을 누르면 예상대로 봇이 한 칸 전진 후, 좌측으로 방향을 틀었습니다.

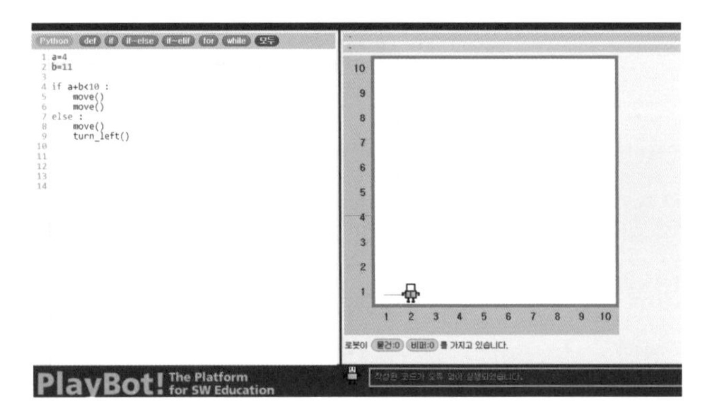


⑤ 프로그래밍 방식은 여러 기능(함수)의 사용에 따라 다양할 수 있습니다. 모든 함수와 사용 방법을 외울 순 없으니, 필요할 때마다 명령어 사전과 학습자료를 둘러보세요!

⑥ 메인 화면 하단의 '더 많은 게임 찾기'를 클릭하면, 친구들이 만든 게임을 체험해볼 수 있습니다.

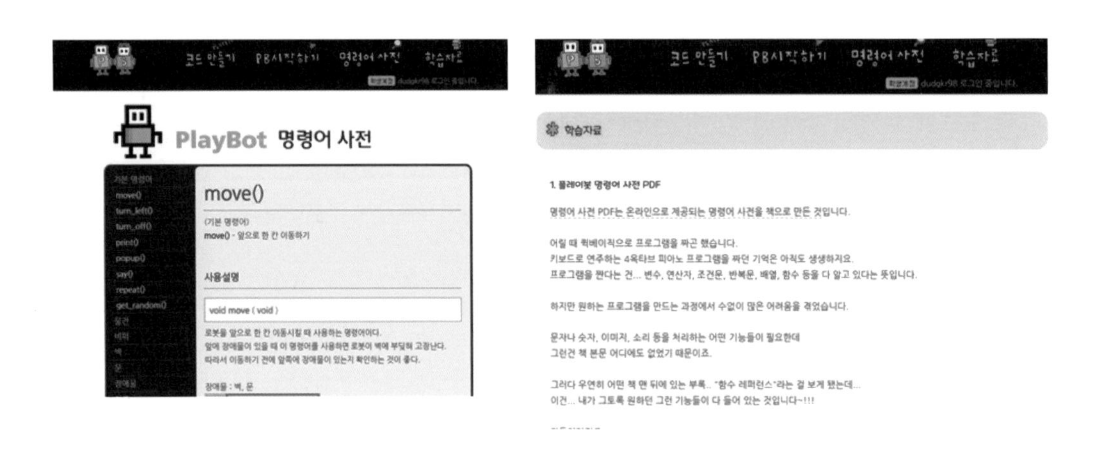

부록

# 정보영재교육원 현황

2020년 기준으로 영재교육 선발 대상자는 82012명에 달합니다. 이 중 정보과학은 4514명을 선발했습니다. 융합분야는 수학, 과학, 정보과학, SW, 로봇 등의 영역을 합쳐서 복합적으로 문제를 해결하기위한 영재교육과정으로 2020년 기준으로 9237명을 선발했습니다.

평균 입학 경쟁률을 5:1이라고 했을 때 매년 2만명 이상의 학생들이 정보과학(SW,로봇)분야의 시험을 준비하며, 융합분야의 수험준비생은 5만명이상입니다.

영재교육 분야별 현황(2020년)

| 구분 | 수학 | 과학 | 수. 과학 | 정보과학 | 인문사회 | 외국어 | 발명 | 음악 | 미술 | 체육 | 융합 | 기타 | 계 |
|---|---|---|---|---|---|---|---|---|---|---|---|---|---|
| 학생 수 | 9,839 | 12,189 | 31,588 | 4,514 | 3,531 | 1,462 | 4,076 | 1,699 | 1,691 | 444 | 9,237 | 1,742 | 82,012 |
| 비율 | 12% | 14.9% | 38.5% | 5.5% | 4.3% | 1.8% | 5% | 2.1% | 2.1% | 0.5% | 11.3% | 2.1% | 100.0% |
| | 65.4% | | | 34.6% | | | | | | | | | |

https://ged.kedi.re.kr/stss/main.do

## 1. 대학 부설 영재교육원(SW, 정보과학, 로봇 영재 선발 현황)

| 지역 | 교육기관 | 분야 | 지원 학년 | 선발인원 |
|---|---|---|---|---|
| 서울 | 서울대학교 과학영재교육원 | 수리정보 | 초 6, 중 1 | 20명 |
| 서울 | 서울교육대학교 과학영재교육원 | 정보 심화 | 초 3~5 | 20명 |
| 서울 | 서울교육대학교 과학영재교육원 | 수학 정보 심화 | 초 6 | 20명 |
| 서울 | 서울교육대학교 소프트웨어영재교육원 | 기본과정 | 초3~중1 | 100명 |
| 서울 | 한양대학교 소프트웨어 영재교육원 | 기초, 심화 | 초 3~중 2 | 100명 |
| 서울, 경기 | 가천대학교 과학영재교육원 | 로봇과 인간 생활 | 초 6 | 15명 |
| 경기 | 동국대학교 과학영재교육원 | 다빈치 | 초 6, 중 1 | 12명 |
| 경기 | 아주대학교 과학영재교육원 | 정보융합 | 초 5, 6 | 30명 |
| 부산 | 부산대학교 과학영재교육원 | IT · 수학 융합 | 초 6, 중 1 | 20명 |
| 인천 | 인천대학교 과학영재교육원 | 오일러반 | 초 6 | 32명 |
| 강원 | 강릉원주대학교 과학영재교육원 | 소프트웨어 | 초 5 | 16명 |

| | | | | |
|---|---|---|---|---|
| 대구 | 경북대학교 과학영재교육원 | 기초, 심화 | 초 6, 중 1 | 40명 |
| 대구 | 대구교육대학교 과학영재교육원 | 기초, 심화 | 초 4, 5 | 40명 |
| 경북 | 대구교육대학교 과학영재교육원 | 기초, 심화 | 초 4, 5 | 40명 |
| 울산 | 울산대학교 과학영재교육원 | 융합 정보과학 | 초 6, 중 1 | 15명 |
| 대전 | 충남대학교 과학영재교육원 | 중등 정보 | 초 6, 중 1 | 15명 |
| 대전, 충남 | 공주대학교 과학영재교육원 | 소프트웨어반 | 초5 | 16명 |
| 세종 | 한국교원대학교 과학영재교육원 | 정보과학 | 중 1~3 | 15명 |
| 전북 | 전북대학교 과학영재교육원 | 정보 | 초6, 중1 | 20명 |
| 전북 | 전주대학교 과학영재교육원 | 소프트웨어 기초 | 초 4 | 20명 |
| 전남 | 목포대학교 과학영재교육원 | 융합과학 · ICT | 초 5 | 50명 |
| 경남 | 경상대학교 과학영재교육원 | 정보 | 초 6, 중 1 | 20명 |
| 경남 | 창원대학교 과학영재교육원 | 정보 | 초 4~중 1 | 34명 |
| 제주 | 제주대학교 과학영재교육원 | 컴퓨팅 정보 융합 | 초 5~중 2 | 27명 |

*선발인원은 해마다 차이가 날 수 있으므로 매년 공지되는 선발요강을 참조해 주세요.

## 2. 융합과학교육원, 교육연구정보원, 과학고 부설(SW, 정보 영재, 로봇 영재 선발 현황)

| 지역 | 교육기관 | 분야 | 지원 학년 | 선발인원 |
|---|---|---|---|---|
| 경기 | 경기융합과학교육원 | 초등 SW, 초등 로봇 | 초4,초5 | 40명 |
| | | 중등 SW, 중등 로봇 | 초6,중1 | 40명 |
| 인천 | 인천 진산과고 | 중등 정보영재 | 초6 | 20명 |
| | | 특별전형 | 정올 수상자 | |
| 충북 | 충청북도 교육정보연구원 | 블록코딩반 | 초4 | 20명 |
| | | SW 메이커반 | 초5 | 20명 |
| | | SW 융합반 | 초6~중2 | 20명 |
| | | 인공지능반 | 초6~중2 | 20명 |
| | | 인공지능 전문가반 | 중3~고2 | 20명 |
| 대전 | 대전교육정보원 | 정보 초급 | 초3~초5 | 20명 |
| | | 정보 중급 | 초3~중2 | 20명 |
| | | 정보 고급 | 초6~중2 | 20명 |
| | | 로봇 초급 | 초3~초5 | 20명 |
| | | 로봇 고급 | 초6~중2 | 20명 |

<table>
<tr><td rowspan="4">충남</td><td rowspan="4">충남교육연구정보원(스마트리더영재교육원)</td><td colspan="2">알파고</td><td>초4~초5</td><td>30명</td></tr>
<tr><td colspan="2">테슬라</td><td>초4~초5</td><td></td></tr>
<tr><td colspan="2">파스칼</td><td>초6~중2</td><td>30명</td></tr>
<tr><td colspan="2">에이다</td><td>초6~중2</td><td></td></tr>
<tr><td rowspan="3">전북</td><td rowspan="3">전북교육연구정보원</td><td colspan="2">초등 정보 영재</td><td>초2~초5</td><td>48명</td></tr>
<tr><td colspan="2">중등 정보 영재</td><td>초6~중2</td><td>32명</td></tr>
<tr><td colspan="2">특별전형</td><td>정올 동상이상 우선선발</td><td>10% 이내</td></tr>
<tr><td rowspan="2">부산</td><td rowspan="2">부산시 미래교육원(정보영재교육원)</td><td colspan="2">프로그램 응용반</td><td rowspan="2">초6</td><td>40명</td></tr>
<tr><td colspan="2">로봇창작반</td><td>40명</td></tr>
<tr><td rowspan="2">제주</td><td rowspan="2">제주시 미래교육원(정보영재교육원)</td><td colspan="2">초등 정보영재 학급</td><td>초4~초5</td><td>20명</td></tr>
<tr><td colspan="2">중등 정보영재 학급</td><td>초6~중2</td><td>20명</td></tr>
<tr><td rowspan="2">강원</td><td rowspan="2">강원교육과학정보원(정보영재교육원)</td><td colspan="2">초등학생반</td><td>초3~초5</td><td>15명</td></tr>
<tr><td colspan="2">중학생반</td><td>초6~중2</td><td>13명</td></tr>
<tr><td rowspan="6">광주</td><td rowspan="6">광주시 교육연구정보원(정보영재교육원)</td><td rowspan="2">초등</td><td>입문</td><td rowspan="2">초4~초5</td><td>32명</td></tr>
<tr><td>발전</td><td>10명</td></tr>
<tr><td rowspan="3">중등</td><td>입문</td><td rowspan="3">초6~중2</td><td>12명</td></tr>
<tr><td>발전</td><td>10명</td></tr>
<tr><td>전문</td><td>9명</td></tr>
<tr><td>고등</td><td></td><td>중3~고1</td><td>20명</td></tr>
</table>

*선발인원은 해마다 차이가 날 수 있으므로 매년 공지되는 선발요강을 참조해 주세요.

## 3. 교육청 부설 영재교육원, 영재학급 내 정보과학영재

교육청 부설 영재교육원의 정보과학영재는 전국 18개 시도 교육청에서 수학, 과학 영재와 더불어 초등, 중등 평균적으로 20명씩 선발하고 있습니다.

교육청별 선발인원은 아래 사이트를 참조해주세요.

https://ged.kedi.re.kr/slct/noti/slctNotiStat.do

# IT 대회 및 자격증

## 1. 정보올림피아드

| | |
|---|---|
| 대회 개요 | 정보올림피아드는 알고리즘을 중심으로 정보 분야 문제해결을 겨루는 국내 최고의 수재들이 응시하는 대회입니다. |
| 주관기관 | 한국정보학회 |
| 대회 사이트 | https://koi.or.kr |
| 대회 일정 | 1차 대회: 매년 5월경 실시<br>2차 대회: 매년 7월경 실시 |
| 대회 참여 | 초등부, 중등부, 고등부 학년별로 지원 |
| 시험 과목 | 1차 대회: 이산수학, 비버챌린지 유형 정보과학문제, 알고리즘 문제해결<br>2차 대회: 알고리즘 문제해결 |

## 2. SW 사고력 올림피아드 대회

| | |
|---|---|
| 대회 개요 | 소프트웨어 사고력이란 문제해결이 요구되는 실제적인 내용에 대해 소프트웨어적 접근을 통해 정보요소를 발견하고, 이를 비판적이고 분석적으로 이해하여 적절한 절차를 통해 새롭게 조합하여 창의적인 결과물로 표현하는 능력을 말합니다. 이런 능력을 표현하는 실력을 측정해 우수한 초 · 중등생을 발굴하는 대회입니다. |
| 주관기관 | 서울교대 등 전국 교대 중심으로 대회 진행 |
| 대회 사이트 | https://etedu.co.kr |
| 대회 일정 | 매년 9월(10월)경 실시 |
| 대회 참여 | 초등부, 중등부 |
| 측정 요소 | 정보 이해 사고력, 창의적 문제해결력, 지식기반 사고력, 통합 맥락적 사고, 협동적 사고력, 윤리적 사고력, 표현력 |

## 3. 코드 페어

| | |
|---|---|
| 대회 개요 | 지능정보사회에서 SW 기술은 현대사회의 가장 핵심적인 기술 중 하나가 되었습니다. 한국코드페어는 청소년들의 SW 역량 강화와 SW 저변 확대를 목적으로 하는 대회입니다. |
| 주관기관 | 과학기술정보통신부, NIA 한국지능정보사회진흥원 |
| 대회 사이트 | https://kcf.or.kr |

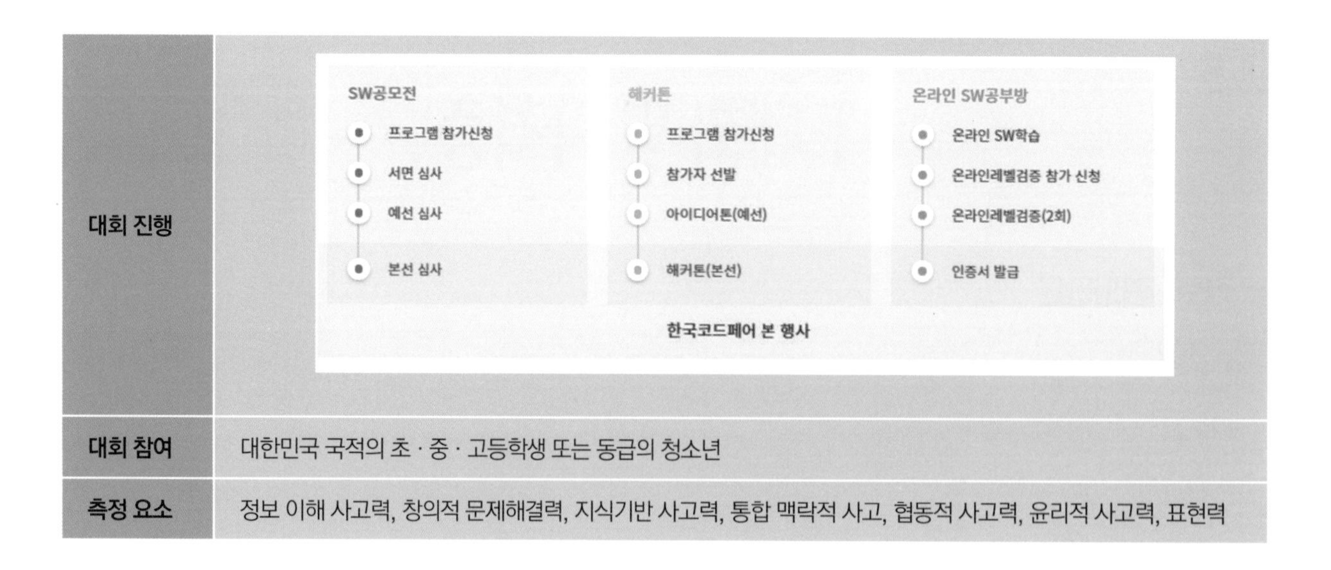


| | |
|---|---|
| 대회 진행 | |
| 대회 참여 | 대한민국 국적의 초 · 중 · 고등학생 또는 동급의 청소년 |
| 측정 요소 | 정보 이해 사고력, 창의적 문제해결력, 지식기반 사고력, 통합 맥락적 사고, 협동적 사고력, 윤리적 사고력, 표현력 |

## ▪ 세부 프로그램 안내

### [1] SW 공모전

우리 주변의 사회 현안, 생활과 환경 분야 등의 다양한 문제들을 SW 활용 아이디어와 기술융합 등을 통해 해결하는 SW 작품 공모 프로그램입니다.

〈일정안내〉

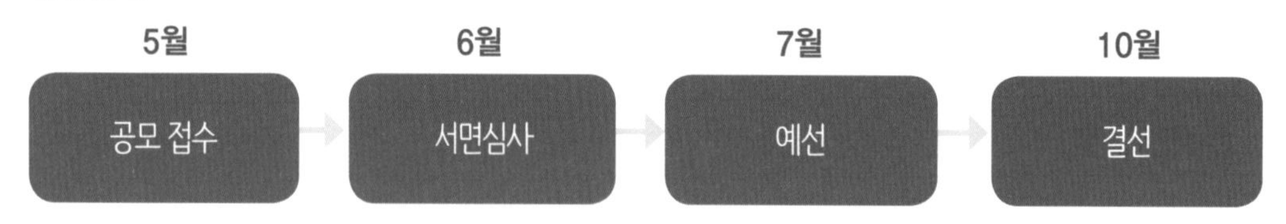


### [2] 해커톤

주어진 주제에 맞추어 팀원과 협력하여 문제를 해결하는 해커톤 프로그램입니다.

〈일정안내〉

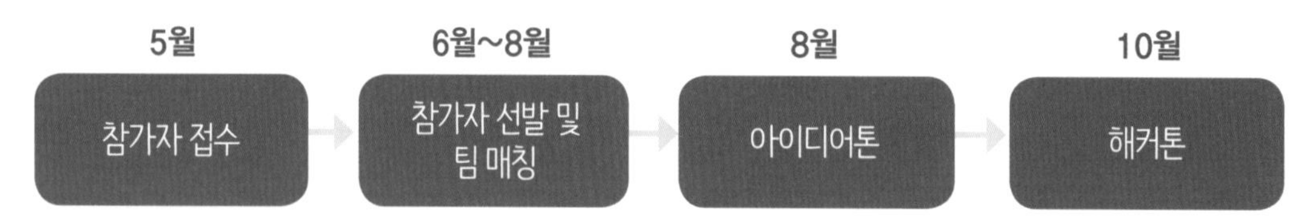

### [3] 온라인 SW 공부방

온라인을 통한 자기 학습과 온라인레벨검증을 통해 자신의 실력을 확인할 수 있는 교육 프로그램입니다.

〈일정안내〉

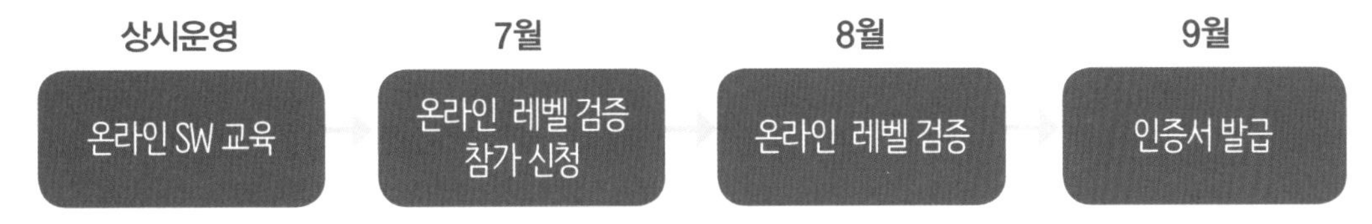


## 4. 로봇마스터 자격증

| | |
|---|---|
| 자격증 개요 | 로봇마스터 자격증은 어려서부터 로봇과 과학을 접해 봄으로써 실 생활에 도움이 되고, 나아가 여러 로봇에 대한 활용 능력을 기르기 위해 시행하게 되었습니다.<br>로봇마스터 자격증을 대비하면서 문제해결능력, 창의력 및 정보화 능력을 함양할 수 있습니다. |
| 주관기관 | (주)마로로봇, 로봇자격사업단 |
| 자격검정 일정 | http://krt.or.kr |
| 자격검정 체계 | 매년 1,2회(자세한 일정은 홈페이지 공지 참조) |
| 응시자격 | 3급(응시 자격 및 연령제한 없음), 2급: 3급 취득자, 1급: 2급 취득자 |
| 검저형태 | 필기 및 식기 |
| 검정 기준 | 로봇을 구성하고 있는 부분에 대한 포괄적인 이해를 목적으로 로봇의 기초지식, 운동, 요소 그리고 응용(제어)에 대한 능력을 검증합니다. |

부록 C

# IT 추천 도서

| 분야 | 책 제목 | 저자 | 출판사 |
|---|---|---|---|
| AI | 인공지능, 게임을 만나다 | 홍지연 | 영진출판사 |
| 보안 | 그림으로 배우는 어린이 사이버보안 | 여동균 외 3인 | 해드림출판사 |
| 코딩 | 손쉬운 로블록스 게임코딩 | 잰더 브룸보 | 에이콘 출판 |
| 프로그래밍 | 생각대로 파이썬, 파이썬 첫걸음 | 전현희 외 3인 | 잇플 |
| 피지컬 컴퓨팅 | 아두이노 내친구 by 스크래치 | 양세훈, 박재일 | 토마토 |
| 전기 | Who? 인물 사이언스: 스티브 잡스 | 김원식 | 다산어린이 |
| 컴퓨팅 사고력 | 코딩을 위한 컴퓨팅 사고력 | 채성수, 오동환 | 현북스 |
| 전기 | Who? 인물 사이언스: 빌 게이츠 | 김원식 | 다산어린이 |
| 어플 | 모두의 앱 인벤터 | 김경민 | 길벗 |
| 로봇 | 로봇 스쿨(호기심 많은 우리 아이, 로봇 영재로 만드는) | 캐시 세서리 | 프리렉 |

부록 D

# 출처 및 참고문헌

본 교재에 사용된 논문 및 기출문제는 인터넷에 오픈된 자료를 바탕으로 교육적 목적을 위해 사용했음을 알려드립니다.


① C언어로 쉽게 풀어쓴 자료구조, [천인국 외], 2019

② 인공지능 시대의 컴퓨터 개론, [김대수], 2020

③ 컴퓨팅 사고력을 키우는 이산수학, [박주미], 2017

④ 코딩을 위한 컴퓨팅 사고력,[채성수], 2017

⑤ 로봇 스쿨, [캐시 세서리], 2020

⑥ 이산적 사고력을 기반으로 한 정보영재판별프로그램 개발 연구, [신승용], 2004

⑦ 창의성 및 정보과학적 특성을 기반으로 한 정보영재판별 도구, [신승용 외], 2004

⑧ 정보과학 영재교육을 위한 교육과정, 선발도구 및 교수학습 자료 개발,[한국교육개발원], 2005

⑨ EPL을 활용한 정보영재 판별 도구의 개발: 알고리즘을 중심으로, [김현수], 2011

⑩ 우수 영재교육프로그램 및 영재교육판별도구 자료집, (과학,정보영역), [한국교육개발원], 2004

⑪ 창의적 지식 생산자 양성을 위한 영재교육, (정보과학편), [한국교육개발원], 2004

⑫ 초등 정보영재의 특성 이해 및 추천서 작성의 실제, [예홍진], 2014

⑬ 문제기반 학습에 터한 로봇 제어 프로그래밍 수업이 중학생의 논리적 사고력에 미치는 효과, [이좌택], 2004

⑭ 초등정보과학영재 선발을 위한 평가문항의 개발에 관한 연구, [이재호], 2005

⑮ 비버챌린지 기출문제, 2013 ~ 2014

⑯ 영재교육원 기출문제, 2017~ 2020

⑰ 정보영재교육개론, [전우천],2010

⑱ 한국정보올림피아드 기출문제,(컴퓨팅 사고력 영역), 2011~ 2017

⑲ 정보 영재교육 교수 · 학습 자료, [부산시 교육청], 2007


부록

부록 E

# 이미지 출처

40쪽:나선형 에스컬레이터
출처 http://kr.people.com.cn/n/2015/0317/c203281-8864158-2.html
40쪽: 무선 이어폰
출처 https://www.boat-lifestyle.com/products/airdopes-201?variant=31760471916642
47쪽: 화성 탐사로봇
출처 http://www.colonizemars.com/mars-projects/mars-exploration-rover/
53쪽: 스마트폰
출처 https://www.samsung.com/sec/smartphones/galaxy-s21-plus-5g-g996/SM-G996NZVEKOO/
54쪽: 로봇
출처 https://zdnet.co.kr/view/?no=20120205185119
55쪽: 드론택시
출처 https://secretchicago.com/flying-taxis/
56쪽: 스마트 시티 모델개념도
출처 https://www.dtnews24.com/news/articleView.html?idxno=534513
57쪽: 화성식민지 개념도
출처 https://upost.info/ko/sal-anam-eun-hwaseong-eun-wanbyeoghan-hwaseong-sigminjileul-geonseolhadolog-yuhoghabnida-3138323338333332353139
84쪽 주차타워
출처 https://steemit.com/kr/@kiwifi/pop-up-book
84쪽 팝업북
출처 http://www.shinsegae-lnb.com/about/contributionView?id=30
84쪽: 홀로그램 스마트폰
출처 http://www.techholic.co.kr/news/articleView.html?idxno=5755
86쪽: 비대칭 베개
출처 https://health.chosun.com/site/data/html_dir/2019/05/06/2019050600989.html
86쪽: 냉장고
출처 http://www.lucomsmall.com/m/product.html?REFPP=board&branduid=3490405
87쪽: 굴절 버스
출처 http://www.greenpostkorea.co.kr/news/articleView.html?idxno=113473
87쪽: 병원침대
출처 https://www.linak.kr/%EC%82%AC%EC%97%85-%EB%B6%84%EC%95%BC/medline-careline/
91쪽: 공익광고협의회 광고
출처 https://blog.naver.com/eunhau89/50186154789
91쪽: 서울특별시 공익광고
출처 https://blog.naver.com/cho_yongwon/222152488279

162쪽: 동물의 생김새와 로봇
출처 https://www.ontarioparks.com/parksblog/gulls/
https://www.neuralsoftsolutions.com/smartbird-takes-flight-in-beijing/
https://terms.naver.com/entry.naver?docId=3575228&cid=58943&categoryId=58966
https://makand.tistory.com/m/entry/Crabster
https://www.ksakosmos.com/post/
https://www.digitaltoday.co.kr/news/articleView.html?idxno=220539
163쪽: 개미
출처 https://blog.daum.net/polaris-agnes/16523895
165쪽: 로봇
출처 http://www.irobotnews.com/news/articleView.html?idxno=5454
https://newatlas.com/sakura-2-gas-robot/44310/
168쪽: 기가지니
출처 https://zdnet.co.kr/view/?no=20180204030041
169쪽: 로봇에바
출처 https://biz.chosun.com/site/data/html_dir/2017/09/29/2017092902883.html
174쪽: 드래곤볼
출처 https://www.bobaedream.co.kr/view?code=national&No=748843
https://www.etri.re.kr/webzine/20170512/sub04.html
174쪽: 포켓몬스터
출처 https://gractor.tistory.com/entry/MR
178쪽: 자율주행차
출처 https://techgenez.com/blog/2020/06/29/cybersecurity-for-cars-market-current-impact-to-make-big-changes-infineon-technologies-argus-cyber-security-intel-corporation
179쪽: 인공지능 스피커
출처 https://news.v.daum.net/v/20180410100307226
202쪽: 휴보
출처 카이스트 휴머노이드 연구센터
204쪽: 라인트레이서
출처 https://namu.wiki/w/
206쪽: 알파고와 이세돌
출처 http://news.heraldcorp.com/view.php?ud=20160309000538

정보영재원
대비문제집
SW, 로봇
초등6~중등2

# 정답과 해설

잇플 ITPLE
Info Tech Pioneers Leaders in Education

정보영재원
대비문제집
SW, 로봇
초6 ~ 중2

# 정답과 해설

정보영재원
대비문제집
SW, 로봇
초6 ~ 중2

# 정답과 해설

# 목차

## PART 2 정보(SW, 로봇) 영재를 위한 영재성 검사



## PART 3 정보(SW, 로봇) 영재를 위한 창의적 문제해결 검사

PART 4

## 정보(SW, 로봇) 영재를 위한 심층 면접

# PART 2 정보(SW, 로봇) 영재를 위한 영재성 검사

## Section 01 창의성 영역

### 1 장점과 단점

**표준 문제**

**모범답안**

1. 장점
- 돌아가지 않고 위층을 오를 수 있습니다.
- 건물 내부를 골고루 보면서 오를 수 있습니다.
- 한 번에 많은 사람이 이용할 수 있습니다.

2. 단점
- 타고 갈 때 어지러울 수 있습니다.
- 타고 내릴 때 안전 문제가 있을 수 있습니다.

해설 주어진 지문과 그림을 보고 장단점을 다양하게 생각해 볼 수 있을 것입니다. 평소 생활에서 기존 에스컬레이터를 탈 때 느꼈던 단점들을 생각해 보고 그 단점을 극복한 나선형 에스컬레이터의 장점을 생각하면 좋을 것입니다.

3. 단점의 개선 방법
- 에스컬레이터의 속도, 비틀린 정도를 고려해 모의실험으로 어지럽지 않도록 설계합니다.
- 계단 지지대를 넓게 해 안전하게 서 있을 수 있게 합니다.
- 각 층에 도착해 타고 내리는 순간에는 속도가 일시적으로 줄게끔 설계합니다.

**연습 문제**

**모범답안**

1. 장점
- 선이 없어서 어딘가에 걸리거나 꼬일 일이 없습니다.
- 선이 없으므로 단선의 위험이 없습니다.

2. 단점
- 주기적으로 충전을 해야 합니다.
- 분실의 위험이 큽니다.

해설 주어진 지문과 그림을 보고 선이 없는 무선 이어폰의 특징에 주목하여 여러 가지 장단점을 생각해 보면 좋을 것입니다.

3. 단점을 개선할 방법
- 이어버드를 잡을 수 있는 액세서리를 추가로 판매합니다.
- 이어폰 케이스의 배터리 용량을 늘립니다.
- 분실을 방지할 수 있게 위치 추적 기능을 추가합니다.

### 2 서로 다른 용도 찾기

**표준 문제**

**모범답안**

- 고무줄 총으로 만들 수 있습니다.
- 불쏘시개로 사용할 수 있습니다.
- 여러 개를 겹쳐서 나무집 모형을 만들 수 있습니다.
- 시리얼 입구를 막는 집게로 사용할 수 있습니다.
- 음료수 종이팩에 꽂아 얼려서 아이스크림 바처럼 사용할 수 있습니다.

해설 우리가 일상적으로 자주 사용하는 물건의 본래 용도가 아닌 다른 용도를 창의적으로 생각하는 것을 연습하는 문제입니다. 나무 젓가락의 형태(곧게 뻗은 막대기)를 염두에 두고 다양한 용도를 생각해 봅시다.

**연습 문제**

1. **모범답안**
- 중심을 잡아 쌓아 고정해 예술작품으로 꾸밀 수 있습니다.
- 의자를 이용해 운동할 수 있습니다.
- 의자 여러 개를 이어 붙여 침대처럼 사용할 수 있습니다.
- 의자를 분해해서 새로운 가구를 만들 수 있습니다.
- 의자를 옆으로 돌려 붙여 칸막이가 있는 소파처럼 사용할 수 있습니다.

해설 의자의 본래 기능을 벗어나, 의자의 형태(바퀴가 달린 것, 팔걸이가 있는 것 등)나 재질(단단한 나무, 철제 혹은 플라스틱)을 고려하여 다양한 방안을 생각해 볼 수 있을 것입니다.

2. **모범답안**
- 위쪽 부분을 잘라서 해바라기 모형을 만들 수 있습니다.
- 용수철같이 잘라 실에 매달아 인테리어 모형을 만들 수 있습니다.
- 전화기 놀이를 할 수 있습니다.
- 쌀알이나 곡식을 넣어 마라카스로 쓸 수 있습니다.
- 동그랗게 잘라 쿠키 커터로 사용할 수 있습니다.

해설 종이컵은 위가 뚫린 원통 형태로 무엇인가를 담을 수 있는 기능을 지녔습니다. 종이컵의 형태와 기능을 다른 방식으로 활용할

방안을 생각해보면 좋을 것입니다.

## 3 어림짐작하기

**표준 문제**

예시답안 462억 대

풀이과정 정해진 답은 없지만, 페르미 추정법을 사용해 가정을 세우고 답을 찾아봅시다.

에베레스트산의 높이는 8848m입니다.

산의 형태를 원뿔 형태라고 하고 원뿔의 밑면, 즉 원의 지름을 5㎞라고 하면 원뿔의 부피는

$1/3 \times 3.14 \times 5 \times 5 \times 8848 \fallingdotseq 231㎦$

한 삽의 부피를 계산해봅시다.

삽의 가로길이 33㎝, 세로길이 33㎝, 높이를 5㎝라고 하면,

$33 \times 33 \times 5 \fallingdotseq 5000㎤ = 0.005㎥$

트럭 한 대에 들어가는 흙의 부피를 대략 1,000삽이라고 가정하면, 트럭 한 대에 들어가는 흙의 부피는

$0.005 \times 1000 = 5㎥$

231㎦=231,000,000,000㎥이므로 231000000000㎥÷5㎥=462억이 되므로 대략 462억 대의 트럭이 필요합니다.(*학생에 따라 측정값은 차이가 날 수 있습니다.)

**연습 문제**

1. 예시답안 415개

풀이과정 페르미 추정을 하기 위해서는 우선 몇 가지 가정이 필요합니다.

1. 강남구의 인구는 약 540,000명이다.
2. 사람들은 평균적으로 한 달에 한 번씩 미용실에 간다.
3. 미용실은 한 달 평균 26일 영업하고, 미용실 한 곳당 미용사는 평균 5명이다.
4. 미용사 한 명은 한 시간에 한 명의 머리를 다듬고 10시간씩 일한다.

위의 가정에 따라 한 달에 미용실에서 받는 손님은 540,000명이고, 미용실 한 곳에서 받을 수 있는 손님은 5×10=50명입니다. 미용실 한 곳에서 받을 수 있는 한 달 동안의 손님은 50×26=1300명입니다. 따라서 서울에 있는 미용실의 수는 540,000÷1300≒415입니다. 즉, 강남구에는 미용실이 약 415곳이 있다고 추측할 수 있습니다.

(※. 학생에 따라 측정값이 차이가 날 수 있습니다. )

2.

❶ 모범답안

1. 쌀알의 모양과 크기는 같다.
2. 쌀가마니 안에는 이물질이 없다.
3. 같은 홉, 되, 말의 쌀알 개수는 같다.

❷ 모범답안 일상에서 예로 들 수 있는 것은 너무 많지만, 비슷한 형태를 가지며 일정한 규칙을 찾을 수 있는 것들을 생각해봅시다.

- 머리카락의 개수
- 해수욕장의 모래알 개수
- 과수원 사과의 개수
- 산의 나무 개수
- 광장에 모인 사람의 수

## 4 도구의 활용

**표준 문제**

모범답안

스마트폰: 현대 최신 첨단 기술의 집약체이므로 지구의 문명 발달 정도를 잘 알릴 수 있을 것입니다.

자동차: 지구에서 가장 보편적인 이동 수단이기 때문입니다.

향수: 외계 생명체가 시각이 퇴화했거나 덜 발달했을 때는 다른 감각을 이용해야만 할 것입니다.

스피커: 지구에 사는 인간들의 노래와 자연의 소리를 담아 들려주는 것도 지구를 잘 알릴 수 있을 것입니다.

DNA 이중나선구조: 인간의 유전자 구조를 통해 지구 생명체의 특징을 알 수 있습니다.

해설 정해진 답이 아닌 자유롭고 다양하게 생각하는 훈련을 하는 문제입니다. 자유롭게 생각하되 이유도 함께 써야 하기에 추상적이지 않고 구체적인 물건을 선택하고, 그 이유를 논리적으로 생각해 보는 것이 좋습니다.

**연습 문제**

모범답안

세계 각국의 생활 모습을 담은 사진 · 동영상을 전달합니다. 이를 통해서 지구인들의 문화와 생활양식을 화성인에게 시청각적으로 전달할 수 있을 것입니다. 예를 들면, 지구인들이 사는 주택의 일반적인 모습과 가족의 구성을 보여줄 수 있습니다. 또한, 지구의 문화권 별로 전통 복식과 음식 문화를 보여줌으로써 지구인들의 생활에 대해 이해시킬 수 있습니다.

추가로, 지구인에게 인기 있는 스포츠, 놀이 문화, 춤 등을 담은 영상을 보여줌으로써 언어가 통하지 않는 상황에서도 지구인과 화성인이 함께 할 수 있는 활동을 즐길 수 있습니다.

자신이 생각하는 관점에 따라 다양한 답안이 나올 수 있습니다.

다만, 지구에 대해 잘 모르는 외계인에게 쉽게 지구 문명에 대해 어필할 수있는 내용으로 설명하면 좋습니다.

## 5 그림 기호

**표준 문제**

**모범답안**

1.

2.

**연습 문제**

**모범답안**

| 로봇전진 | 로봇후진 |
| --- | --- |
| | |
| **로봇좌회전** | **로봇우회전** |
| | |
| **장애를 만나면 좌회전** | **장애를 만나면 우회전** |
| | |
| **로봇속도 증가** | **로봇속도 감소** |
| | |

## 6 그림 그리기

**표준 문제**

**모범답안**

사물: 테이블

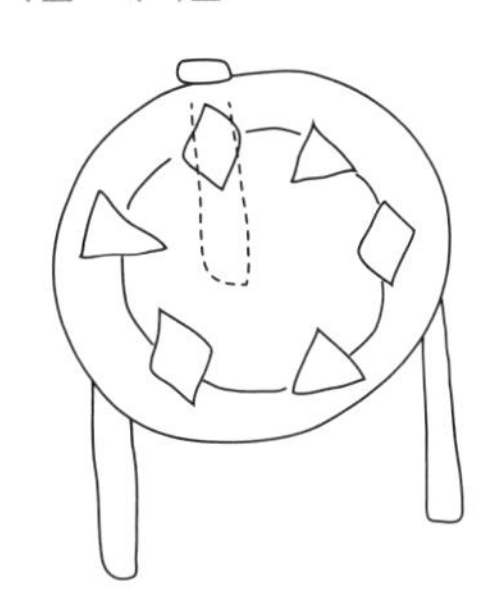

동물: 고양이

해설 답안은 학생에 따라 다양하게 나올 수있습니다 . 정교성과 독창성을 고려해 세밀하게 표현할 수있어야 합니다.

**연습 문제**

**모범답안**

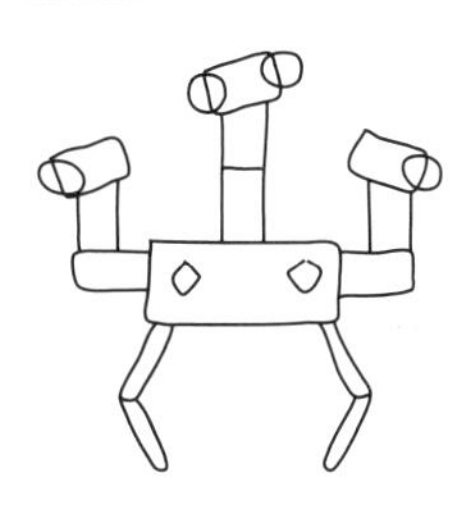

해설 답안은 학생에 따라 다양하게 나올 수있습니다 . 정교성과 독창성을 고려해 세밀하게 표현할 수있어야 합니다.

## 7 만화 그리기

**표준 문제**

**모범답안**

제목: 엘리베이터

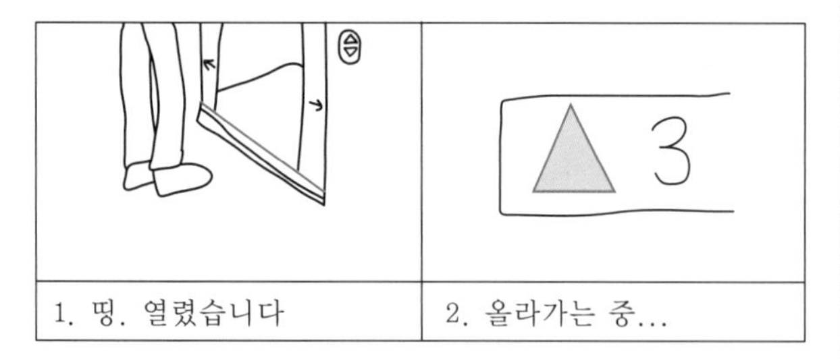


**연습 문제**

1. **모범답안**

제목: 서커스

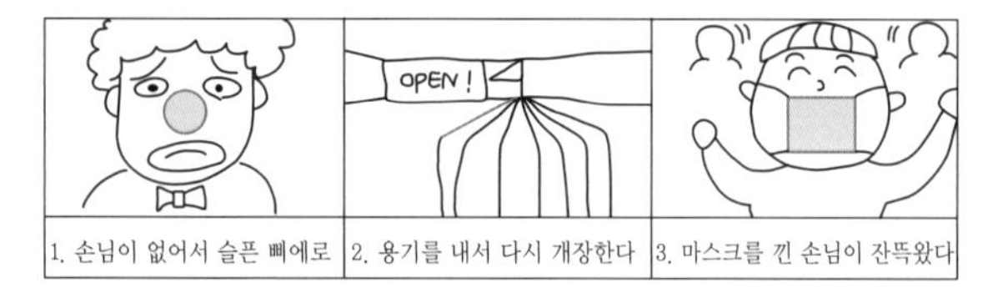


2. **모범답안**

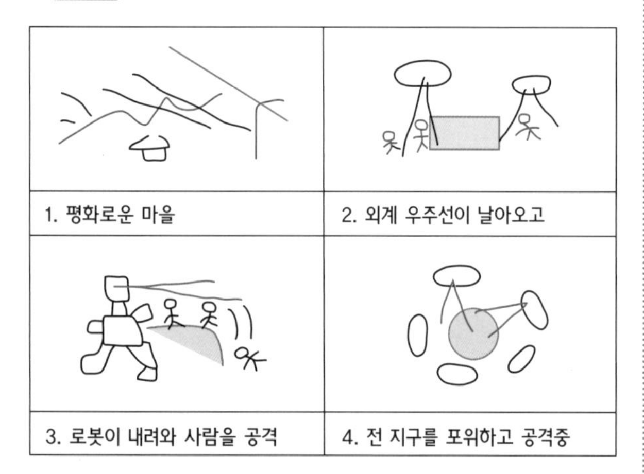


해설 그 외 다양하고 창의적인 아이디어로 그림을 그려 재미있는 만화를 만들어봅시다.

## 8 아이디어 제시

**표준 문제**

**모범답안**

- 부채를 이용하여 땀을 식힙니다.
- 시원한 물로 자주 샤워를 합니다.
- 그늘진 곳에서 가만히 누워 휴식을 취합니다.
- 차가운 계곡물에 발을 담급니다.

해설 우리가 실생활에서 겪는 문제를 해결하는 방안을 생각해 보는 문제입니다. 최대한 다양한 방법을 생각해 봅시다. 에어컨이 없던 시절의 사람들이 어떤 방식을 사용하였을까 상상하며 해결방안을 찾아보면 좋을 것입니다.

**연습 문제**

**모범답안**

- 마스크 내부에 플라스틱 지지대를 끼워서 입술과 마스크 사이에 약간의 틈이 생기게 합니다. 이렇게 하면 마스크 내부는 덜 습할 것입니다.
- 마스크 줄에 고무나 휴지 등을 덧대어 사용하면 마스크를 오래 쓰고 있어도 귀가 아프지 않을 것입니다.

해설 우리가 현시대를 살아가면서 매일 사용하는 물건인 마스크 사용의 불편한 점을 생각해보고 그 개선방안을 생각해 봄으로써, 문제해결을 위한 창의적인 아이디어를 발견하는 능력을 키우기 위한 문제입니다. 평소 마스크를 착용하며 느낀 불편함을 개선하는 방식으로 접근하면 좋을 것입니다.

## 1 스마트폰

표준 문제

모범답안 지금까지 스마트폰은 놀라울 정도로 발전했고, 그 기술은 10년 후에는 지금과는 차원이 다르게 발달할 것입니다.

첫째 안면 인식 기술입니다. 지금도 Apple사 등에서 안면 인식 기능을 제공하고 있지만, 이는 사용자의 얼굴 윤곽을 인식할 뿐이어서 얼굴의 주인이 누구인지는 식별할 수 없습니다. 미래의 스마트폰은 더 정교한 안면 인식 기술을 바탕으로 스마트폰이 직접 사용자를 인식하고 식별할 것입니다.

둘째 물리적인 제약을 받지 않는 스마트폰입니다. 스마트폰은 점점 더 가볍고, 얇게 발전해 왔습니다. 최근에는 접었다 펼 수 있는 폴더블 스마트폰도 개발되고 있습니다. 이는 모두 스마트폰의 전형적인 형태를 극복하기 위함입니다. 하지만 10년 후에는 홀로그램 스마트폰 또는 신체를 화면으로 사용하는 스마트폰이 등장할 것입니다.

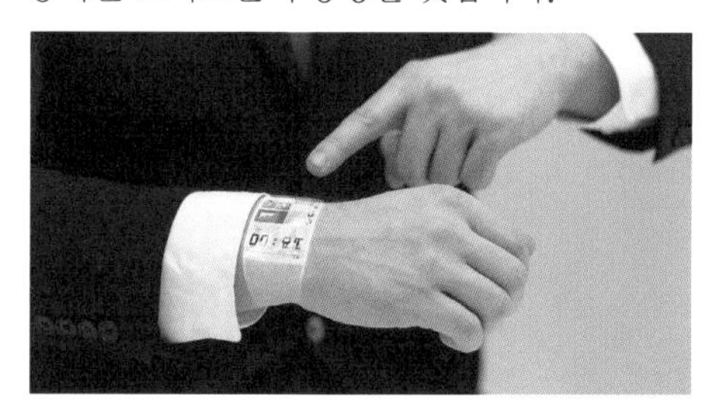

해설 홀로그램 스마트폰 등 자신이 생각하는 미래 스마트폰의 모습을 그려봅시다. 이 때 정교하게 표현하는 것이 중요합니다.

연습 문제

모범답안 스마트폰 게임중독은 강제로 게임을 금지한다고 해서 해결되는 문제가 아닙니다. 오히려 공부를 게임 속에 집어넣어 게임을 통해 공부의 즐거움을 느끼게 하는 것이 좋은 방안일 것입니다. 현재 간단한 게임 형식을 빌려 외국어 단어를 학습하게끔 하는 애플리케이션이 많습니다. 이런 애플리케이션은 재미있게 공부할 수 있다는 장점은 있으나, 기본적으로 디자인 면에서나 시스템 면에서 너무 단순하고 지루해서 금방 질린다는 단점이 있습니다. 따라서 MMORPG 또는 FPS같이 학생들에게 인기 있는 게임의 형식으로, 게임 스토리의 진행 속에 국어, 영어, 수학 등의 교과 내용을 담아낼 수 있을 것입니다. 이를 통해서 게임을 하며 수학 공식이나 영문법을 학습하면, 점점 공부의 즐거움을 느끼게 되고 오히려 학습에 매진하여 스마트폰 게임중독에서 벗어날 수 있을 것입니다.

## 2 인공 지능

표준 문제

모범답안

인공지능은 실생활에 활용한 사례에는 다음과 같은 것들이 있습니다.

- KT의 기가지니, Apple사의 시리(Siri) 같은 AI 비서
- 테슬라(Tesla)를 비롯한 많은 회사의 자율주행 자동차
- 인공지능 채팅봇(이루다 등등)
- 재판 진행과 법률 해석, 그리고 판결문 작성에 이용되는 AI 법관
- 주인이 없을 때도 반려견의 행동을 교정하는 인공지능 반려견 훈련 기기
- 인간 상담원 대신 고객의 문의를 받는 AI 상담 챗봇
- 딥러닝을 통해 범죄를 예측하고 보이스피싱을 막아주는 AI 금융 보안 시스템
- 대규모 공장의 고장을 예측해 정확한 진단 스케줄을 짜주는 스마트팩토리 기술
- 사용자가 직접 시키지 않아도, 사용자의 생활패턴을 학습해 스스로 집안의 불을 켜고 보일러를 가동하는 스마트홈

연습 문제

1. 모범답안

스마트폰이 인공지능에 의해 제어되면, 사용자 능력의 부족한 부분을 보완할 수 있습니다. 예를 들어 스마트폰으로 사진을 찍을 때, 더 좋은 구도의 사진을 위해 인공지능이 조언을 해주거나 인공지능 스스로 사진을 보정할 수 있습니다.
또한, 인공지능이 사용자의 수면 패턴, 식습관 등을 분석해 사용자에게 건강 조언을 해줄 수도 있고, 사용자에게 위급한 일이 생겼을 때 인공지능이 스스로 119나 112에 연락을 할 수 있습니다.

2.

❶ 모범답안

| 팔다리가 있는 스마트폰 | 바퀴가 달린 스마트폰 |
|---|---|

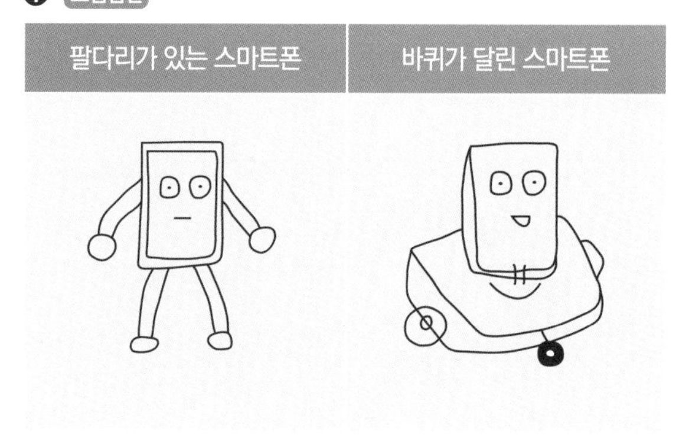

해설 다양하고 창의적인 방법으로 로봇 스마트폰을 디자인해봅시다.

❷ 모범답안 로봇 스마트폰은 일반적인 스마트폰과 차별되는 장점이 있습니다. 첫째, 시각센서를 통해 물체를 스캔해 스마트폰만으로도 물체(혹은 사람)의 길이, 무게, 부피 등을 정확하게 측정할 수 있습니다. 이러한 기술을 시각장애인용 스마트폰에 접목하면, 도로의 위험요소를 경고해줌으로써 시각장애인들의 안전에 도움이 될 것입니다. 둘째, 팔다리 혹은 바퀴를 가지고 스스로 이동할 수 있기에, 사용자를 따라다니는 인공지능 비서의 역할을 할 수 있을 것입니다.

## 3 드론

표준 문제

모범답안

드론은 다음과 같은 방식으로 일상생활에 활용되고 있습니다.

- 택배 물류 기술: 독일의 DHL에서는 드론을 이용해 의약품을 배달합니다. 드론으로 사람이 직접 가기 어려운 산간 지역이나 섬 지역의 조난자들에게 안전하고 정확하게 의약품과 보급품을 배달해 줄 수 있습니다.
- 농업 기술: 농업용 드론이 하늘에서 논과 밭의 사진을 찍어 분석해 대규모 농업에 도움을 주며, 농약을 대신 살포해주는 드론도 사용되고 있습니다.
- 무대 기술: 드론을 사용해 군집 비행 공연을 할 수 있습니다. 이는 2018년 평창올림픽 개막식에도 사용된 기술이기도 합니다.
- 자연재해 조기 경보 시스템: 드론이 바다와 산을 계속 감시하여 산사태, 화산, 지진해일과 같은 자연재해의 징후를 발견하고 미리 알려주어 피해를 최소화할 수 있습니다.
- 신진대사 추적 시스템: 이것은 프로 운동선수들의 훈련에 자주 사용되는 시스템으로 드론이 운동선수를 따라다니며 촬영하면서 체온, 맥박, 근육의 움직임 등을 분석해 선수의 실력 향상에 도움을 줍니다. 프로 운동선수뿐만 아니라 일반인들에게도 충분히 사용될 수 있는 기술입니다.

연습 문제

모범답안

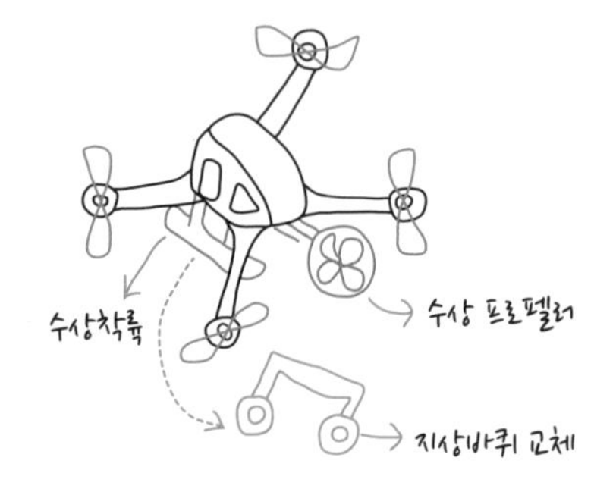


육해공 전천후 드론은 지상을 움직일 수 있는 바퀴, 수상에서 이동가능한 수상프로펠러와 수상지지대가 필요할 것입니다.

## 4 자율주행차와 스마트 시티

표준 문제

모범답안 기록해야 하는 데이터: 평균 속도, 급제동 횟수, 경적을 누른 횟수, 주행 시간 등

자율주행 기능이 탑재된 자동차가 과거 운전습관을 기록한 데이터를 분석하여 운행 모드를 결정한다면 운전자의 운전습관과 안전 상황이 충돌하는 경우가 발생할 수도 있습니다. 예를 들어, 학교 근처 어린이 보호 구역에서는 제한 속도가 시속 30㎞인데, 운전자가 개의치 않고 평소 시속 50㎞로 어린이 보호 구역을 통과했다고 해 봅시다. 이때 안전 상황과 운전자의 운전습관이 충돌하게 됩니다. 만약 자율주행 기능을 가진 자동차가 과거 운전습관을 기록한 데이터를 토대로 그대로 운행한다면 학교 주변 어린이 보호 구역에서 등하교하는 어린이들에게 심각한 위험을 초래할 수도 있습니다. 이를 비롯하여 아무리 운전자의 과거 운전습관 데이터가 존재한다고 해도 어떤 상황에서든 안전이 최우선이므로 운전자의 운전습관과 안전 상황이 충돌할 때는 운전습관보다는 안전을 최우선으로 여겨야 한다고 생각합니다.

연습 문제

모범답안 스마트 시티에서 자율주행차가 사고로 도로 위에서 정지하게 되면, 교통 관리 시스템이 관할 지자체에 알림을 보내고, 시스템은 다시 주변 도로의 모든 운전자에게 사고 지점과 사고 상황을 알릴 것입니다. 관할 지자체에서는 다시 자율주행 견인차를 보내 사고 차량을 정비소까지 안전하게 이송할 것이고, 이 모든 과정이 물 흐르듯 자연스럽게 진행될 것입니다.

## 5 우주

**표준 문제**

1. 모범답안

행성이 지구에 충돌하기 전에 지구상의 모든 미사일 기술을 동원하여 핵미사일 등으로 소행성 요격을 시도해야 합니다. 또한, 충돌 지점을 정확히 예측해서 위험지역의 거주자들을 안전한 곳으로 대피시키고, 많은 인원을 수용할 수 있는 벙커를 건설해야 합니다. 마지막으로 기술이 허락한다면 인류의 화성 이주 계획도 신속히 진행해야 할 것입니다. .

2. 모범답안

내가 사는 지역이 소행성 충돌 위험지역이라면 가족과 함께 안전지역으로 대피해야 할 것입니다. 대피 후엔 부정적인 생각 대신 최대한 긍정적으로 생각합니다. 이를테면 6개월 후가 아닌 1년 또는 10년의 장기적인 계획을 나에게 소중한 사람들과 함께 공유하며 미래를 생각하는 동시에, 하루하루를 소중하고 감사한 마음으로 살아갈 것입니다.

**연습 문제**

모범답안 화성의 우주 식민지는 거대한 온실 같은 형태로 지어야 합니다. 이는 화성의 춥고 척박한 기후에서 살아남기 위함입니다. 거대한 온실의 외부는 태양열 집열기로 덮어 태양열을 이용해 인류에게 필요한 전기 에너지를 얻을 수 있습니다. 또한, 화성의 대기에서 산소를 추출해 인류가 숨을 쉴 수 있는 온실 안의 공기를 만들며, 온실 내부에는 수많은 공기청정기와 산소 공급기가 설치되어야 합니다. 지구의 토양을 가져와 온실 안에서 식물을 재배하며, 단백질 보충을 위해서 어디서든 생존하는 식용 바퀴벌레를 사육하면 좋을 것입니다.

## Section 03 수리 영역

### 1 숫자 만들기

**표준 문제**

모범답안

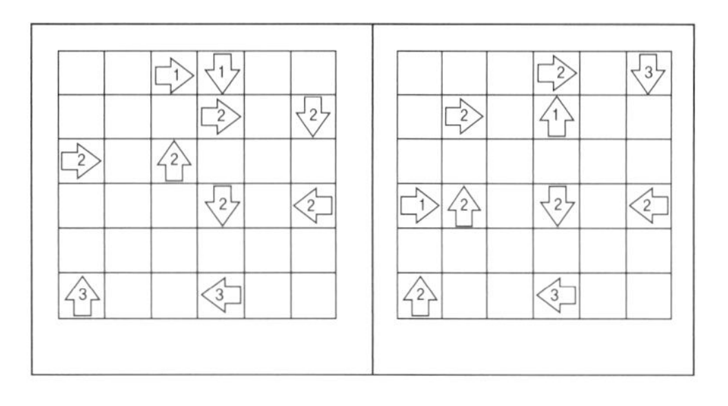

**연습 문제**

1. 모범답안 다음은 가능한 경우의 순서를 나열한 것입니다.

| | | | | | |
|---|---|---|---|---|---|
| ⬡ | □ | ○ | ✚ | △ | D A E B C |
| ✚ | ○ | □ | ⬡ | △ | B E A D C |
| ○ | ✚ | △ | ⬡ | □ | E B C D A |
| ⬡ | □ | ○ | △ | ✚ | D A E C B |
| ✚ | ○ | △ | ⬡ | □ | B E C D A |
| ○ | □ | ⬡ | △ | ✚ | E A D C B |
| □ | ○ | ✚ | △ | ⬡ | A E B C D |

해설 B와 E는 D 옆에 올 수 없습니다. C은 E보다 오른쪽에 있습니다. B는 A 옆에 올 수 없습니다. A는 C 옆에 올 수 없습니다.

2. 모범답안 9090

해설 회문수가 45로 나누어떨어져야 하므로, 9의 배수이자 5의 배수여야 합니다.

- 5의 배수일 조건: 일의 자리 수가 5 또는 0

그런데 일의 자릿수가 0이면, 회문이 불가능하므로 무조건 일의 자릿수는 5입니다. 즉, 회문수는 5abc5 꼴이 됩니다.

- 9의 배수일 조건: 모든 자릿수의 합이 9의 배수

즉 10+a+b+c가 9의 배수여야 하고, 가능한 경우는 18, 27, 36입니다. 가장 큰 경우와 작은 경우를 찾아야 하므로 18과 36인 경우를 선택합니다.

(1) 가장 작은 회문수 10+a+b+c=18, 즉 a+b+c=8일 때 a가 최소여야 하므로, a=0이고 c 또한 0입니다. b=8입니다. 즉, 50805입니다.

(2) 가장 큰 회문수 10+a+b+c=36, 즉 a+b+c=26일 때 a가 최대여야 하므로, a=9이고 c 또한 9입니다. b=8입니다. 즉, 59895입니다.

최대 회문수와 최소 회문수의 차는 59895−50805=9090입니다.

## 2 도형 분할

**표준 문제**

모범답안

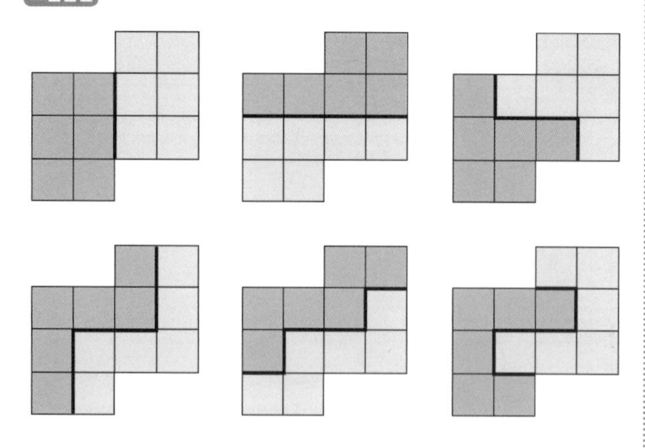

**연습 문제**

1. 모범답안

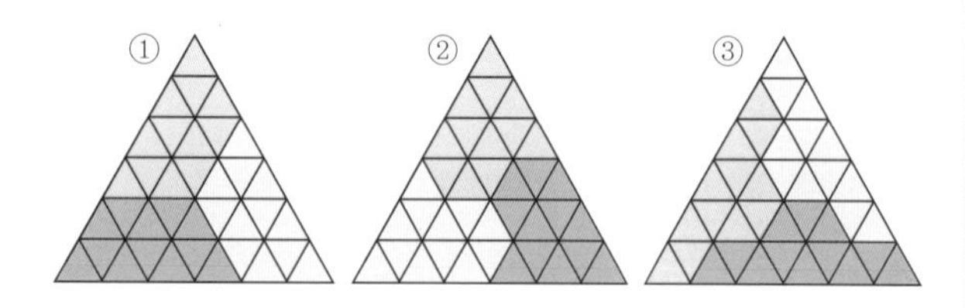


해설 크기가 같아야 하므로 한 조각당 36÷3=12조각이 되어야 합니다. 가운데에 점을 찍고 12조각씩 같은 모양의 도형이 되도록 나누어 봅니다.

2. 모범답안

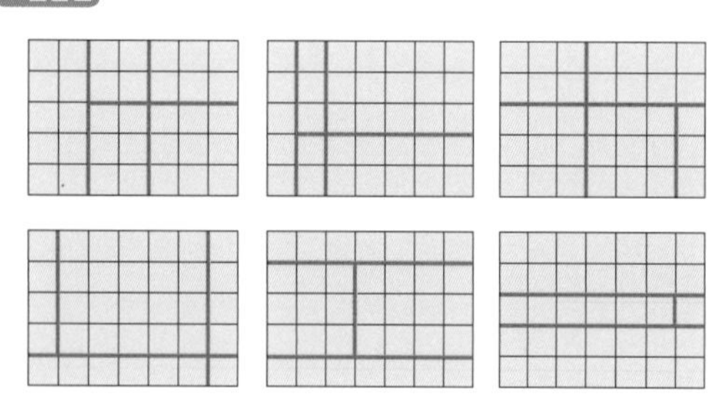

3. 모범답안

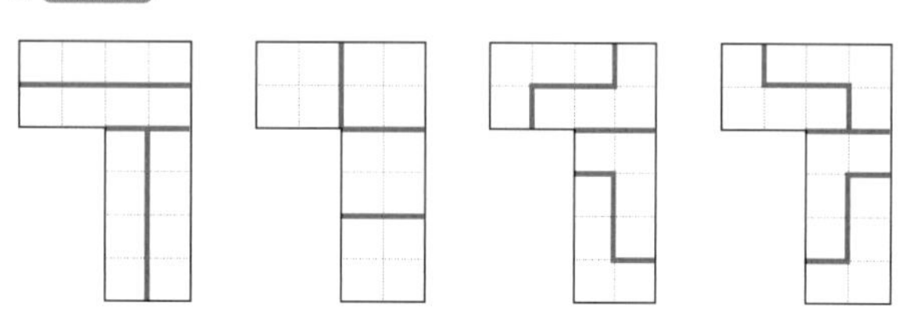

## 3 암호

**표준 문제**

모범답안 5999, 9599, 9959, 9995, 5599, 5959, 5995, 9595, 9559, 9955, 5559, 5595, 5955, 9555

해설 지문 자국이 숫자 5와 9에만 있으므로 비밀번호는 5와 9로만 이루어진 4자리 숫자이다.

- 5가 1개, 9가 3개로 이루어진 숫자: 5999, 9599, 9959, 9995
- 5가 2개, 9가 2개로 이루어진 숫자: 5599, 5959, 5995, 9595, 9559, 9955
- 5가 3개, 9가 1개로 이루어진 숫자: 5559, 5595, 5955, 9555

**연습 문제**

1. 모범답안 Yon#g531@

해설 안전한 패스워드를 만들려면, 대소문자, 숫자, 특수기호를 모두 사용하고 그 배열이 복잡하고 규칙이 없을수록 좋습니다.

*패스워드는 자신이 생각하는 바에 따라 따라 다양한 답안이 나올 수 있습니다.

2. 모범답안 information

해설 암호 메시지에 있는, 띄어쓰기로 구분된 각 두 자릿수 AB에 대하여, 왼쪽 세로줄을 A, 위 가로줄을 B로 하여 대응하는 두 줄에 대한 교차점을 차례로 찾습니다. 그 결과 가능한 경우는 다음과 같이 4가지입니다.

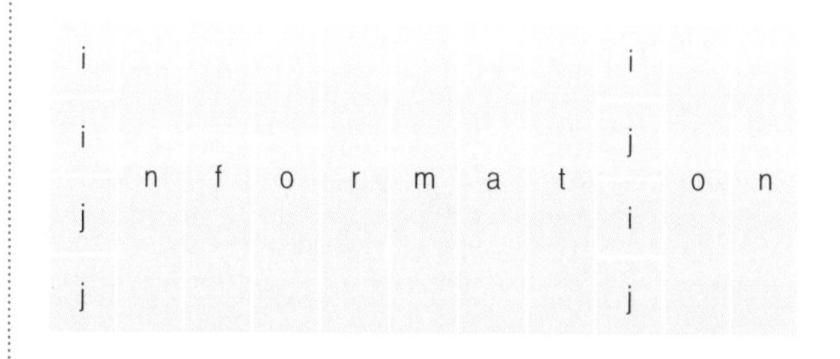


답을 존재하는 영어 단어이자 유일한 경우라고 했을 때, information으로 보는 것이 정황상 타당합니다.

## 4 숫자 규칙

**표준 문제**

모범답안 다음과 같은 경우를 생각할 수 있습니다.

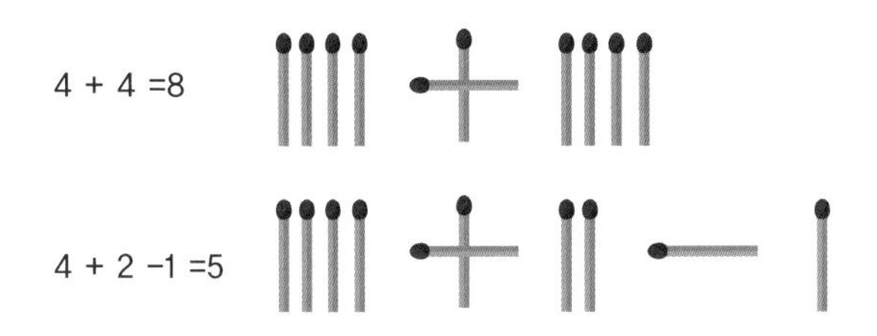


**연습 문제**

모범답안 6977 자리 수

해설 1~9: 1자리 수 → 9개

10~99: 2자리 수 → 90개

100~999: 3자리 수 → 900개

1000~2021: 4자리 수 → 1022개

총 자릿수는 $9\times1+90\times2+900\times3+1022\times4 = 6977$자리입니다.

## 5 도형의 넓이

**표준 문제**

모범답안 약 14㎝

해설 원의 반지름을 r, 원주율의 값을 대략 3이라고 할 때

원의 넓이는 $3 \times 3 \times r$

색칠한 부분의 넓이 a는,

$a = 3 \times (20 \times 20 - 3 \times 3) = 1173$

ㄱ에서 ㄹ까지의 길이를 $x$라고 할 때 $x$를 반지름으로 하는 원의 넓이에서 반지름 3인 작은 원의 넓이를 뺀 값 b는

$b = 3 \times (x \times x - 3 \times 3)$

a값의 절반은 b값과 같다.

$$\frac{1173}{2} = 3 \times (x \times x - 3 \times 3)$$

$$x \times x = 204.5$$

두 수의 곱이 204.5가 되도록 하는 가장 가까운 수는 14임을 알 수 있습니다.

심화풀이

원의 반지름을 r, 원주율을 $\pi$ 라고할 때

원의 넓이는 $\pi r^2$

색칠한 부분의 넓이 $a = \pi \times (20^2 - 3^2)$

ㄱ에서 ㄹ까지의 길이를 $x$라고 할 때

$b = \pi \times (x^2 - 3^2)$

a값의 절반은 b값과 같다.

$$\frac{\pi \times (20^2 - 3^2)}{2} = \pi \times (x^2 - 3^2)$$

$$391 = 2x^2 - 18$$

$$2x^2 = 204.5$$

$$x = \sqrt{153.5} \fallingdotseq 14.3$$

따라서 가까운 수는 14임을 알 수 있다.

**연습 문제**

모범답안 2배

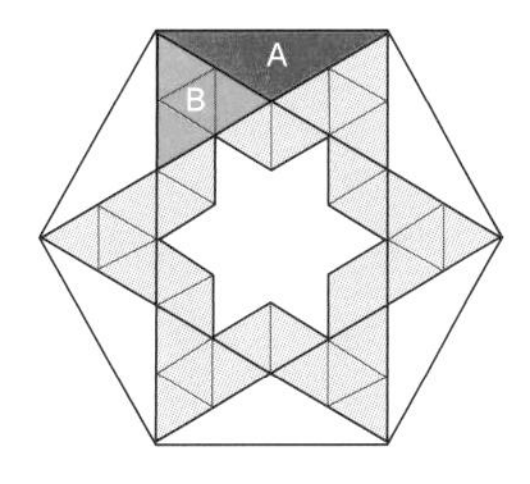


해설 빨간색 영역 A와 파란색 영역 B는 밑변과 높이가 같으므로 넓이가 같습니다. 직접 세어보았을 때, 정육각형은 B 18개로 이루어져 있음을 알 수 있습니다. 또한, B는 작은 삼각형 4개로 이루어져 있으므로, 정육각형은 작은 삼각형 72개로 이루어져 있습니다. 색칠한 부분은 작은 삼각형 36개입니다. 이는 정육각형의 경우의 반입니다. 그러므로 정육각형의 전체 넓이는 색칠한 부분의 넓이의 2배가 됩니다.

## 6 마방진

표준 문제

모범답안

| 4 | 9 | 2 |
|---|---|---|
| 3 | 5 | 7 |
| 8 | 1 | 6 |

해설 1에서 9까지의 수로 3행 3열의 마방진을 만드는 것을 3차 마방진 만들기 문제라고 하고 이것을 홀수 마방진이라고 합니다.
<그림1>처럼 빈 칸이 9개 있는 정사각형을 만듭니다.
<그림2>처럼 왼쪽 위에서 오른쪽 아래로 비스듬히 1부터 9까지의 수를 차례로 써 넣어줍니다.
그런 후 <그림3>처럼 처음 정사각형의 바깥쪽에 있는 수들을 그 줄에서 가장 먼 빈 칸에 옮겨 써 넣습니다.
즉 1은 5 밑에, 3은 4 밑에, 7은 2 밑에, 9는 5 위에 놓이도록 써 넣으면 <그림 4>과 같은 3차 마방진이 완성됩니다.

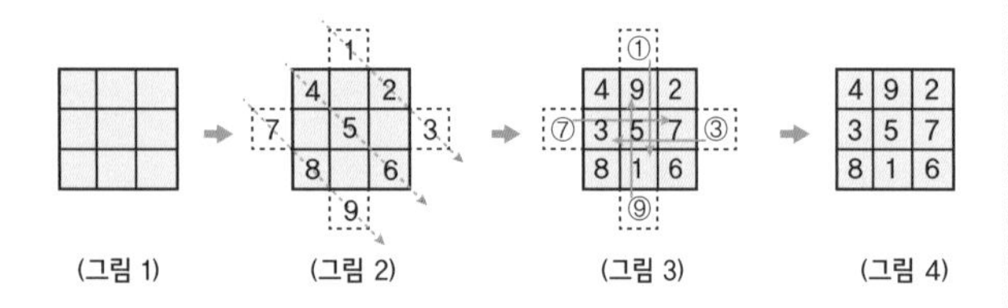

(그림 1) (그림 2) (그림 3) (그림 4)

연습 문제

1. 모범답안

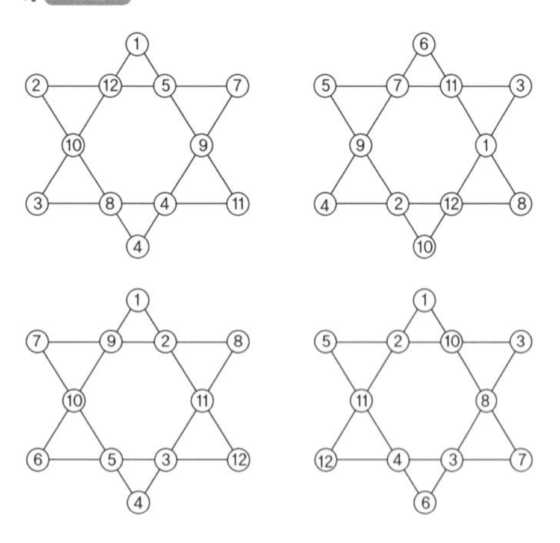

해설 각 변위에 대한 네 개의 숫자의 합이 26이 되는 경우의 순서쌍은 무수히 많습니다. 알려진 해법으로는 약 80개가 있는데, 찾는 공식이 아직 알려지지 않았습니다. 무수히 많은 시도를 통해 몇 가지 경우를 찾아낼 수 있습니다.

2.

모범답안

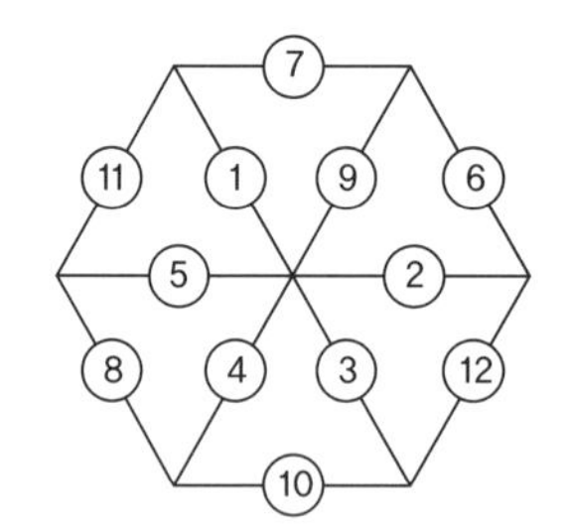


해설 ◯ 안에 1부터 12까지의 수를 하나씩 넣어 작은 삼각형 안의 세 수의 합이 같게 만들면 됩니다. 작은 삼각형 안의 세 수의 합을 ●라 하면 6개의 작은 삼각형의 세 수의 합은 6×●이고 칠해진 ○안의 수는 6개의 작은 삼각형에 두 번씩 들어가므로 다음 등식이 성립한다.

$$6\times\bullet=(1+2+3+4+5+6+7+8+9+10+11+12)$$
$$+(a+b+c+d+e+f)=78+(a+b+c+d+e+f)$$

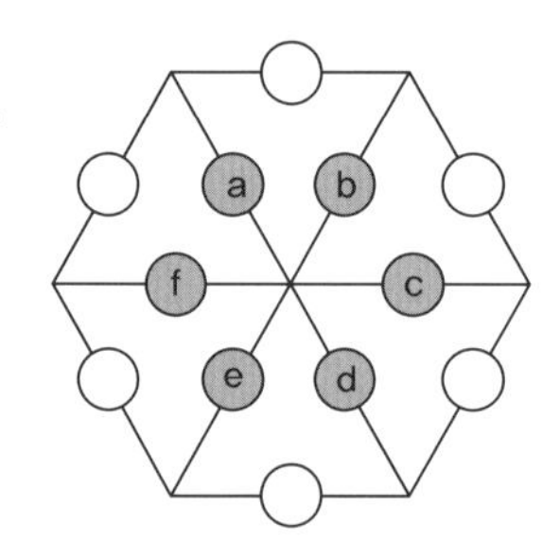


등식의 왼쪽(6×●)은 6의 배수이므로 등식의 오른쪽(78+(a+b+c+d+e+f))도 6의 배수가 되어야 합니다. 78이 6의 배수이므로 (a+b+c+d+e+f)도 6의 배수가 되게 6개의 수를 선택해야 합니다. 간단하게 6의 배수를 만들면 1+2+3+4+5+6=21이므로 6 대신 9를 넣으면 1+2+3+4+5+9=24입니다. 따라서 작은 삼각형 안의 세 수의 합을 구하면, 6×●=78+(a+b+c+d+e+f)=78+24=102이므로 세 수의 합은 102÷6=17이 됩니다. 1, 2, 3, 4, 5, 9 여섯 개의 수를 칠해진 부분의 동그라미에 적당히 넣고, 세 수의 합이 17이 되게 나머지 수를 넣으면 만들 수 있습니다. 물론 다른 여러 가지 방법이 있습니다.

## 7 대칭 문자

표준 문제

모범답안

| 대칭축의 개수 | 해당하는 알파벳 |
|---|---|
| 0 | G, J, L, N, P, R, S |
| 1 | A, C, D, M, T |
| 2개 이상 | H, I, O |

해설 C, D는 대칭축이 가로로 그려지고 A, M, T는 세로로 그려집니다. H,I는 대칭축이 가로, 세로로 그려집니다. O는 대칭축이 가로, 세로, 대각선으로 그려집니다.(알파벳 O는 완벽한 원 형태일 경우 가운데 원점을 지나는 선을 그으면, 어떤 선이든지 대칭축이 됩니다.)

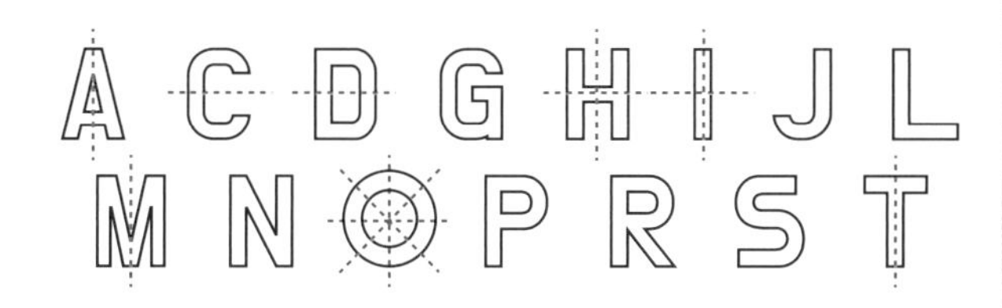


연습 문제

모범답안 표, 응, 근, 를, 늑, 믐

해설 위아래로 뒤집어도 같은 글자는 대칭축이 가로로 그려지는 글자입니다. 이에 주의해서 글자를 찾아봅니다.

## 8 소수

표준 문제

모범답안 4개

해설 위의 식들을 모두 계산해보면, 5, 13, 25, 41, 61입니다. 1과 자기 자신 외의 수로는 나누어떨어지지 않는 수는 소수입니다. 5개의 수 중 소수는 5, 13, 41, 61의 4개입니다.

연습 문제

모범답안 35일 후

해설 중기는 5일마다, 혜교는 7일마다 빵을 만들고, 둘이 만들기 시작한 날은 같습니다. 5와 7의 최소공배수인 35, 즉 35일째가 되었을 때 같이 만드는 날이 다시 돌아옵니다.

# Section 04 공간지각 영역

## 1 도형 회전

표준 문제

모범답안 ②

해설 바깥쪽의 도형은 시계방향으로 90도 회전하며, 그 색은 검은색과 흰색이 번갈아 나옵니다. 안쪽의 도형은 시계방향으로 180도 회전하고, 그 색은 흰색과 검은색이 번갈아 나옵니다.
안쪽과 바깥쪽의 도형의 색깔은 무조건 다릅니다. 다음 차례에는 바깥쪽이 흰색, 안쪽이 검은색입니다.
규칙에 따라 도형을 회전시킨 결과는 ② 도형이 와야 합니다.

연습 문제

1. 모범답안 ①

해설 오른쪽 끝으로 갈수록 꼬리 부분의 선이 한 개씩 줄어들고 화살표의 머리가 시계방향으로 90도씩 회전합니다.

2. 모범답안 ②

해설 첫행의 3번째에 있는 직사각형을 기준으로 오른쪽으로 뒤집고, 90도 회전한 다음, 위로 뒤집은 도형은 아래 모양과 같습니다. 이를 기준으로 하면 정답은 ②번입니다.

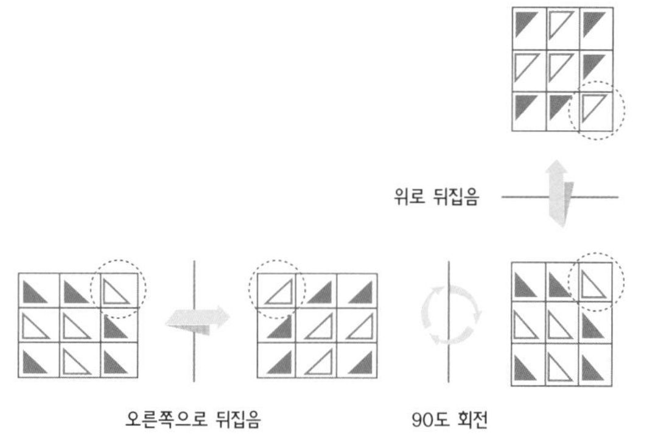


## 2 도형 뒤집기

표준 문제

모범답안

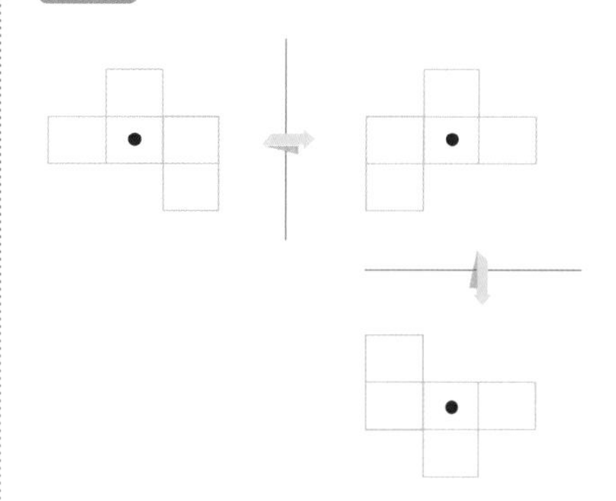

### 연습 문제

모범답안

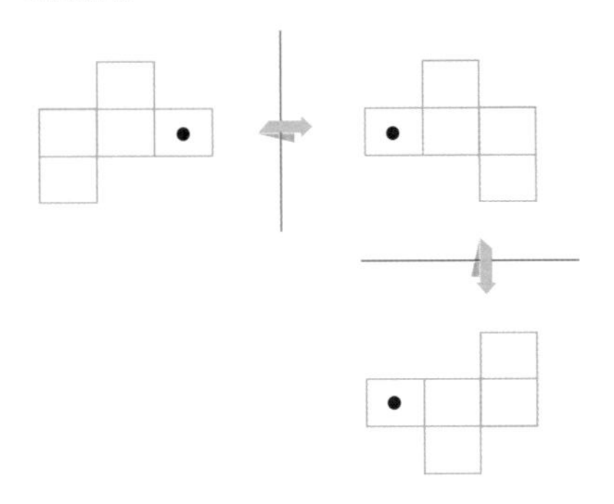

## 3 새로운 도형 만들기

### 표준 문제

모범답안

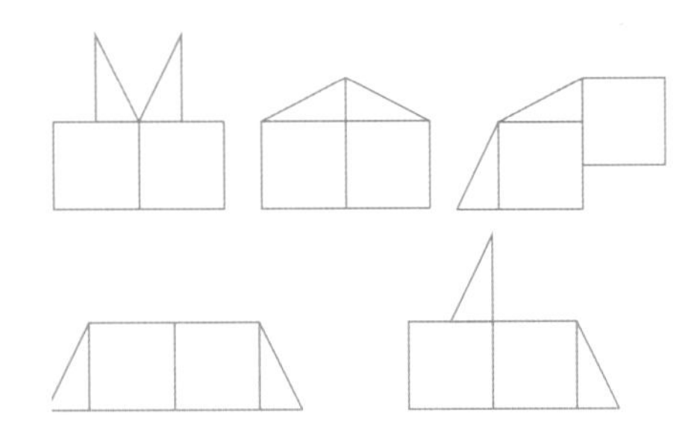

해설 삼각형의 빗변을 제외한 모든 변은 한 칸 또는 두 칸의 크기입니다. 그 변들이 인접하도록 도형을 붙이면 다양한 경우를 만들어 낼 수 있습니다.

### 연습 문제

1. 모범답안

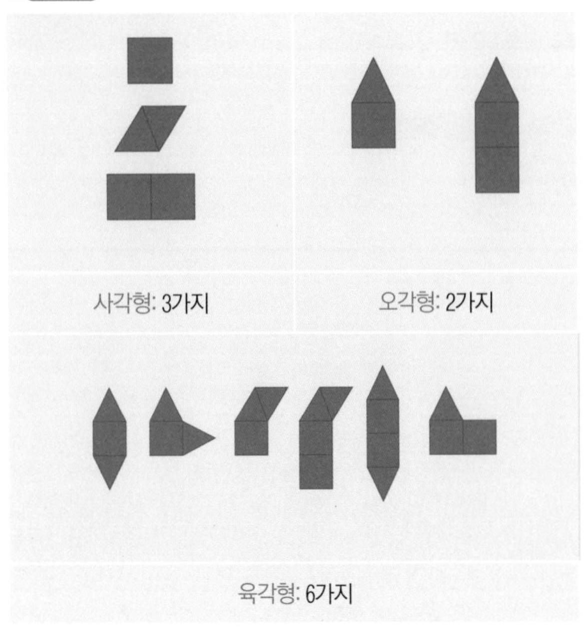


해설 사각형을 만들려면, 사각형을 1개 또는 2개를 쓰는 방법과 삼각형을 2개 붙이는 방법이 있습니다.
오각형을 만들려면, 삼각형 단독으로는 불가능합니다. 사각형의 개수에 따라 2가지 경우가 됩니다.
육각형을 만들려면, 삼각형 또는 사각형 단독으로는 불가능합니다. 사각형을 하나 쓰면 3가지 경우가 있고, 두 개 쓰면 위와 같이 3가지 경우가 있습니다.

2. 모범답안 48개

| 유형 | 삼각형 개수 | 종류 | 합계 |
|---|---|---|---|
| 1 | 2 | 7 7 7 | 21 |
| 2 | 4 | 3 3 3 3 3 3 | 18 |
| 3 | 6 | 1 1 1 1 1 1 | 6 |
| 4 | 8 | 1 1 1 | 3 |
| 총 | | | 48 |

## 4 종이접기

### 표준 문제

1. 모범답안 8개

해설 단계마다 삼각형의 개수가 2개씩 늘어나므로 3단계 진행 시 8개가 됩니다.

2. 모범답안 4㎠

해설 한 변의 길이가 8㎝인 직각이등변삼각형의 넓이는 (8 X 3 X 1) ÷2 =32
3단계를 진행했을 경우 가장 작은 삼각형 하나의 넓이는 처음 직각이등변삼각형 넓이의 1/8이므로 구하는 넓이는 ( 32 X 1 ) ÷ 8 = 4가 됩니다.

### 연습 문제

모범답안 모, 옹, 표, 유

해설 선대칭 도형을 나타내는 글자를 찾는 문제입니다. 직접 가운데에 선을 그어 상하 대칭이 되는지 확인하면 됩니다.

## 5 쌓기나무

**표준 문제**

**모범답안**

| 최소 개수 | 최대 개수 |
|---|---|
| 17개 | 21개 |

해설

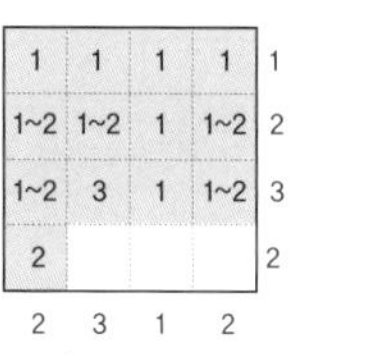

[도형의 윗 모양]

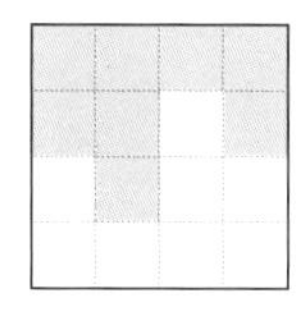
[거울에 비친 앞 모양]

[거울에 비친 오른쪽 옆 모양]

[최소]

| | | | |
|---|---|---|---|
| 1 | 1 | 1 | 1 |
| 1 | 1 | 1 | 2 |
| 1 | 3 | 1 | 1 |
| 2 | 0 | 0 | 0 |

[최대]

| | | | |
|---|---|---|---|
| 1 | 1 | 1 | 1 |
| 2 | 2 | 1 | 2 |
| 2 | 3 | 1 | 2 |
| 2 | 0 | 0 | 0 |

**연습 문제**

**모범답안** 23개

해설 1층: 2개 2층: 2개 3층: 2개 4층: 15개 5층: 2개
그러므로, 2+2+2+15+2= 23개입니다.

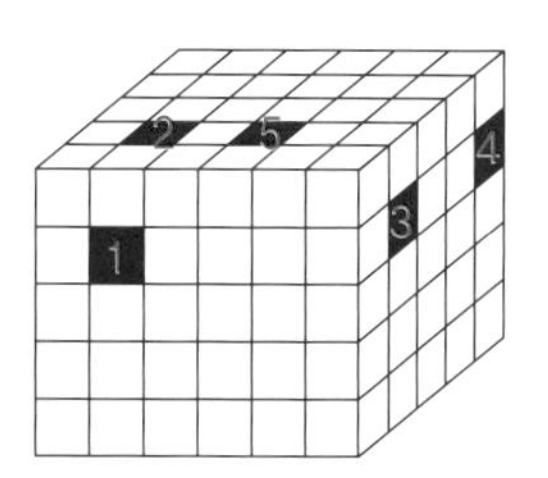


〈4층의 블록 배치〉

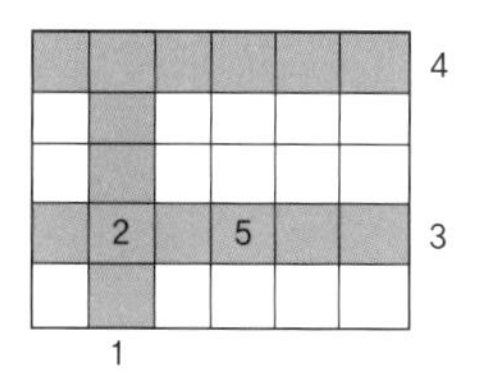


## 6 기하 패턴

**표준 문제**

**모범답안**

| 경우 | 배열 상태 | 타일 중앙에 있는 원의 개수 | 모퉁이에서 만들어지는 원의 개수 | 원의 개수 |
|---|---|---|---|---|
| 1 | 2X15 | 30 | 14 | 44 |

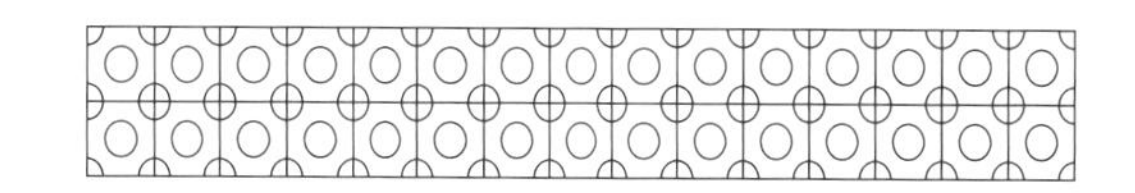

해설 위의 그림에서 원의 개수를 직접 세어볼 수 있습니다.

**연습 문제**

**모범답안**

| 경우 | 배열 상태 | 타일 중앙에 있는 원의 개수 | 모퉁이에서 만들어지는 원의 개수 | 원의 개수 |
|---|---|---|---|---|
| 1 | 3×10 | 30 | 18 | 48 |
| 2 | 5×6 | 30 | 20 | 50 |

해설

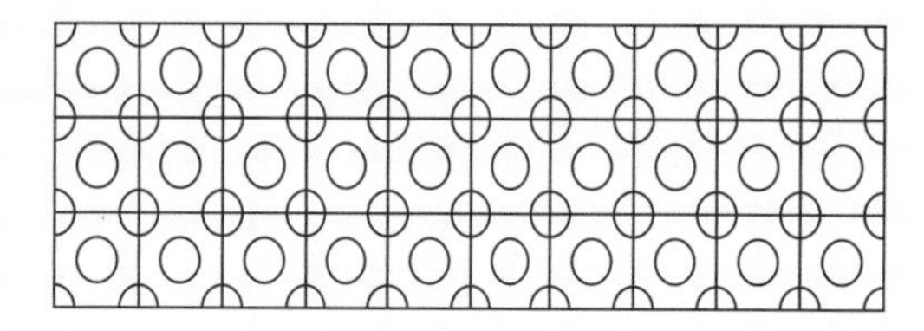

▲ 3×10인 경우

▲ 5×6 인 경우

각각의 경우에 대하여 그림을 그려, 원의 개수를 확인할 수 있습니다. 타일 중앙에 있는 원의 개수는 어떤 방법으로 배열하더라도 무조건 30개입니다. 그리고 모퉁이에서 만들어지는 원의 개수는 (가로 길이에서 1을 뺀 것) X (세로 길이에서 1을 뺀 것)이 된다는 것을 위의 그림을 통해 알 수 있습니다. 이러한 방법으로 모든 원의 개수를 구할 수 있습니다.

## Section 05 발명 영역

### 1 입체로 만들기

표준 문제

모범답안

3D 영화: 2D 영화에서 3D 영화로 그래픽의 차원을 확장해 더 실감 나는 영상을 사람들에게 제공합니다. 3D 안경으로 관객들이 단순히 영상만 시청하는 것이 아니라 실제로 영화 안에 들어간 듯한 느낌을 줍니다.

아파트: 과거의 주거지 형태는 일정 넓이의 땅에 한 가구밖에 살 수 없었습니다. 하지만 아파트의 등장으로 한정된 땅에 높게 여러 층을 쌓아 올려 더 많은 가구가 좁은 땅에 살 수 있게 되었습니다.

연습 문제

1. 모범답안 평면인 휴대폰 화면에 있는 이미지를 각뿔 모양의 홀로그램 생성 장치로 여러 이미지를 한 곳에 비춰 입체적인 이미지로 보이게 합니다.

2. 모범답안 기존의 간판은 정면에서만 잘 보이고 보여주고 싶은 방향마다 간판을 따로 제작해야 하는 불편함이 있습니다. 3D 간판을 제작하면 어느 방향에서나 동일하게 가게의 정보를 광고할 수 있습니다.
아래의 그림은 문어 식당의 간판을 예로 들어 그린 것입니다.

### 2 둥글게 바꾸기

표준 문제

모범답안

활주로: 공항에 있는 활주로를 직선이 아니라 순회하는 구조로 만들어서 날씨나 비행기의 상태에 맞춰 한계 없이 활주로를 이용할 수 있습니다.

볼펜: 만년필은 뾰족해서 종이가 찢어지기 쉽고 잉크가 계속해서 나와서 잉크양을 조절하기 어렵습니다. 볼펜은 펜 심 끝에 볼이 들어있어서 심지가 뭉툭하므로 종이가 찢어지지 않고, 볼을 굴려야 잉크가 나오므로 편리합니다.

연습 문제

1. 모범답안 사거리에서 좌회전, 우회전, 직진하려는 차량이 아주 많아 신호를 기다리는 데 시간이 많이 소요됩니다. 직각 모양의 사거리를 둥글게 원형 도로로 만들면 신호를 기다릴 필요 없이 언제든지 원하는 방향으로 언제든지 갈 수 있습니다. 신호등 자체가 없어서 도로 흐름을 살피며 가야 하므로 사고의 확률도 낮아집니다.

2. 모범답안 기존의 안경은 귀 위에 걸쳐 올리는 형태로 고개를 앞으로 숙이게 되면 안경도 앞으로 쏠리게 됩니다. 안경다리 끝을 자신의 귀 모양에 맞춰 변형할 수 있는 강도로 만들면 고개를 앞으로 숙여도 안경이 귀에서 떨어질 일은 없을 것입니다.

### ③ 비대칭 만들기

표준 문제

모범답안

빨대: 끝을 뾰족하게 만들어서 빨대의 끝이 음료 바닥에 닿아도 빨대가 막히지 않고 용액이 빨려 올라올 수 있습니다. 비닐 포장된 음료를 뚫기도 쉽습니다.

샴푸: 샴푸 용액을 거의 다 썼을 때도 용액이 잘 나오도록 용기 바닥을 한쪽으로 쏠리도록 디자인합니다.

연습 문제

1. 모범답안 위에 냉장고 칸은 음료, 채소, 가공식품 등 대부분의 음식을 넣을 수 있으므로 넓게 만들었습니다. 아래 칸은 조금 더 낮은 온도가 필요한 육류나 김치 등 한정된 음식만 넣으므로 작게 디자인했습니다. 온도에 맞는 재료들의 다양성을 고려해 냉장고의 넓이를 다양화했습니다.

2. 모범답안 동그랗지 않고 한쪽은 각지게 만들어서 따기 쉽게 만든 페트병 뚜껑입니다. 원래 병뚜껑은 동그래서 완벽한 대칭입니다. 이를 비대칭으로 만듦으로써 누구든 더 쉽게 병을 딸 수 있습니다. 특히 잼 병에 적용하면 큰 인기를 끌 것입니다.

### ④ 움직이게 하기

표준 문제

모범답안

사이드미러: 자동차를 주행할 때만 펴서 이용하고 좁은 곳에 주차할 때 접어서 사이드미러의 손상 확률을 줄입니다.

접이식 자전거: 자전거를 접을 수 있으므로 자전거의 길이가 줄어 자동차 트렁크나 더 좁은 자리에 수납하기 좋습니다. 일반 자전거보다 부품 분리가 더 많이 되므로 원하는 부품만 수리할 수 있습니다.

연습 문제

1. 모범답안 원래 빨대는 직선 형태로 구부러지면 원통이 찌그러지면서 제대로 용액이 올라오지 않습니다. 하지만 가운데에 주름을 잘게 넣어서 원통형이 찌그러지지 않으면서 구부러지도록 해서 원하는 각도를 조절할 수 있게 만들었습니다.

2. 모범답안

설계도 스케치:

기능을 구체적으로 설명: 차량의 가운데 부분이 여러 부품으로 나뉘어 있어서 차의 본체가 유연하게 움직입니다. 울퉁불퉁한 지면을 달려도 차체가 손상될 확률이 매우 적습니다.

## 1 새로운 문장 만들기

표준 문제

모범답안

- 높이가 성인 키 높이 정도 됩니다.
- 사람의 사용이 있어야 존재의 의미가 있습니다.
- 시작과 끝의 정확한 과정이 필요합니다.
- 유아기, 노년기는 이용이 쉽지 않지만, 청소년기, 청년기의 사람들은 이용에 능숙합니다.

그렇게 생각한 이유: 미끄럼틀과 키오스크는 그 높이가 각각 성인 키 높이 정도 되는 구조물입니다. 또한, 미끄럼틀은 아이들이 위에서 아래로 내려오는 과정에서 재미를 느끼기 위해 만들어졌고, 키오스크는 주문할 때 사람들의 편리함을 위해 만들어졌습니다. 또한, 미끄럼틀은 맨 위에서 타기 시작해서 아래까지 내려오는 과정이 필요하고, 키오스크는 처음 터치부터 마지막 결제하기까지 일정한 과정을 따라가는 과정이 필요합니다. 마지막으로 미끄럼틀과 키오스크 둘 다 유아기, 노년기는 신체적 혹은 정신적 조건이 부족해 사용이 적절하지 않고 청소년기나 청년기는 건강하고 사용법이 숙달된 계층이므로 사용이 적절합니다.

연습 문제

1. 모범답안

볼펜은 자주 잉크가 뭉쳐 나와서 깔끔하지 않은 필기감을 줍니다. 또한, 일정 사용량을 초과하면 잉크를 다 쓰게 되고, 대부분의 경우 잉크를 다 썼다는 이유로 볼펜 자체를 버리게 됩니다. 이는 불필요한 플라스틱 사용을 증가시킬 수 있습니다. 따라서 이러한 단점을 보완하기 위해 반영구적으로 쓸 수 있는 볼펜이 개발되면 좋겠다고 생각합니다. 예를 들어, 빨리 소진되고 그 양이 정해져 있는 잉크 대신에 볼펜 끝에 소형 레이저를 달아줍니다. 이 소형 레이저는 종이에 적절하고 순간적인 열량을 감지해 그만큼의 종이를 태워 글자를 새깁니다. 이렇게 새겨진 글자는 기존과 같이 수정테이프와 같은 수정용 도구로 지울 수 있으며, 평생 지워지지 않아 신뢰성을 보장해줍니다. 또한, 태양열 충전식으로 되어있기 때문에 초기 비용만 지급한다면 반영구적으로 쓸 수 있을 것입니다.

2. 모범답안

❶ 생선 – 가시 – 방석 – 커버 – 곡 – 성 – 별
❷ 물 – 미역 – 국 – 밥 – 맛 – 탕 – 수육
❸ 보험 – 영업 – 비밀 – 번호 – 판 – 소리 – 꾼

## 2 광고문구 만들기

표준 문제

모범답안 주어진 광고는 인터넷 세상에서만 사람들을 만나지 말고, 대면해서 사람들의 온기를 느끼자는 내용을 담고 있습니다. 효과적인 광고 전달을 위해서, 접속과 접촉이라는 발음이 비슷한 단어로 운율을 맞추었고, '많아지면~ 줄어듭니다'라고 하여 기억하기도 쉽습니다.

연습 문제

1. 모범답안

- 떨어져 있는 우리, 함께 하는 미래
  방역에서 가장 중요한 사회적 거리두기를 위해 현재는 떨어져 있지만, 미래에 코로나19 상황이 완화되면 다 같이 함께할 수 있다는 뜻을 담았습니다.
- 마스크를 써요, 미래를 써요!
  코로나19 확산 방지에 가장 중요한 마스크 착용을 격려하기 위해 만든 광고카피입니다. '써요'를 '마스크를 쓰다'와 '글을 쓰다' 할 때의 '쓰다'로 두 번, 동음이의어를 활용했습니다. 마스크를 써서 코로나19 확산을 막고 코로나 없는 미래로 나아가자는 뜻을 담았습니다.

2. 모범답안

❶ ③번

해설 보기1의 동사와 보기2의 3번에 사용한 동사 둘 다 다의어를 사용해서 한 동사를 다양한 뜻으로 썼습니다.

❷ 누명 쓰느라 인상 쓰지 마세요. 저희 법조인들이 대신 써 드립니다!

## 3 역설적인 표현

표준 문제

1. 모범답안

비행기: 가까이서 보면 크지만, 하늘에 뜨면 작아 보입니다.
지도: 크기는 작지만 온 지구의 모습이 그려져 있습니다.

2. 모범답안

시간: 하루하루가 느리게 지나가는 것 같지만, 나중에 생각해보면 금세 지나간 것 같습니다.
자동차: 고속도로에서는 빨리 달리는데 길이 막히면 느리게 달립니다.

**연습 문제**

1. 모범답안

약: 써서 먹기에는 나쁜데 몸에는 좋습니다.

잔소리: 듣기는 나쁘지만 나에게 도움이 됩니다.

2. 모범답안

고향: 가는 길은 멀지만, 항상 가깝게 느낍니다.

지도: 지도 위에서 보면 굉장히 가까워 보이는 길도 실제로 걸으면 멉니다.

3. 모범답안

공부: 처음에는 어렵지만, 나중에 공부한 내용을 보면 쉬워 보입니다.

돈 관리: 필요한 물건만 사면 돈 관리가 쉽지만, 충동 구매를 하게 되면 어렵습니다.

## 4 언어 논리 1

**표준 문제**

모범답안

토끼
호랑이
코알라
낙타
병아리

토끼
코알라
호랑이
낙타
병아리

코끼리
토끼
호랑이
낙타
병아리

해설 c의 규칙에 따라 낙타 인형은 두 번째 단(2단)에 고정합니다.

e의 규칙에 따라 코알라 인형은 낙타 인형 위 세 번째(3단), 네 번째(4단), 다섯 번째(5단) 단에 올 수 있습니다.

b, d의 규칙에 따라 항상 토끼 인형과 호랑이 인형은 병아리 인형 위에 옵니다.

만약, 병아리 인형이 세 번째 단(3단)에 오면, 토끼, 호랑이 인형은 병아리 인형보다 위에 있어야 하므로 각각 다섯 번째 단(5단), 네 번째 단(4단)에 오게 되고 코알라 인형은 첫 번째 단(1단)에 오게 되므로 e 규칙에 어긋납니다.

그러므로 첫 번째 단(1단)은 병아리 인형으로 고정해야 합니다.

이후 코알라 인형이 다섯 번째 단(5단)에 온 경우와 네 번째 단(4단)에 온 경우에 코알라 인형이 호랑이 인형보다 위에 가 있는 경우를 구하면 총 세 가지가 나옵니다.

**연습 문제**

모범답안

[가] ㉡ • ㉠ • ㉢ • ㉣ • ㉤
[나] ㉡ • ㉠ • ㉣ • ㉢ • ㉤
[다] ㉡ • ㉣ • ㉠ • ㉢ • ㉤
[라] ㉡ • ㉣ • ㉤ • ㉠ • ㉢
[마] ㉤ • ㉡ • ㉣ • ㉠ • ㉢

해설 [가]: ㉡이 ㉠을 추월했다.

[나]: 파란 차가 빨간 차 1대를 추월하는 경우는, ㉣이 ㉢을 추월하는 경우뿐입니다.

[다]: 파란 차가 빨간 차 1대를 추월하는 경우는, ㉣이 ㉠을 추월하는 경우뿐입니다.

[라]: 빨간 차가 다른 빨간 차 2대를 추월하는 경우는, ㉤이 ㉢과 ㉠을 순차적으로 추월하는 경우뿐입니다.

[마]: 빨간 차가 파란 차 2개를 추월하는 경우는, ㉤이 ㉡과 ㉣을 순차적으로 추월하는 경우뿐입니다.

## 5 언어 논리 2

표준 문제

모범답안 여덟 살

해설 수컷 고양이들은 M1, M2이라고 가정하고 암컷 고양이들은 W1, W2, W3, W4라고 가정합시다.
숫자가 클수록 나이가 많은 고양이라고 했을 때 〈보기〉에서 W1+4=M2, M1+4 =W4라고 알려주었습니다.
만약 W1이 최소 나이인 4살일 경우 M2=8살이 되고, W4가 최대 나이여야 하므로 W4는 10살이 되고 M1은 6살이 됩니다. 이러할 경우 W1인 4살부터 W4인 10살까지 나이가 겹치지 않게 증가할 수 있으므로 정답입니다.
반면, M1이 최소 나이인 4살일 경우 W4는 8살이 되고, M2가 최대 나이인 10살이 되어야 하므로 W1은 10－4= 6살이 됩니다. 이 경우, W2, W3의 나이는 6 초과 8 미만이어야 하므로 나이가 겹치게 됩니다. 따라서 이 경우는 정답이 될 수 없습니다.

연습 문제

모범답안 ③

해설 디기를 제외한 아이들은 자기 앞에 최소한 한 명이 있습니다. 그러므로 디기는 무조건 맨 앞에 있어야 합니다. 그리고 디기의 뒤에는 더 키가 큰 아이들이 없으므로 디기가 가장 키가 큽니다.
비비는 최소 3명의 더 키가 큰 아이가 앞에 있고, 최소한 1명의 더 키가 큰 아이가 뒤에 있습니다. 그러므로 비비는 무조건 4번째 자리에 있어야 하고, 가장 키가 작습니다.

| 디기(5) | | | 비비(1) | |
|---|---|---|---|---|

에이미는 뒤에 더 키가 큰 사람이 2명(커트리 또는 에리)이 있습니다. 그리고 비비는 에이미보다 작습니다. 그래서 에이미는 두 번째 자리에 있어야 합니다.

| 디기(5) | 에이미(2) | | 비비(1) | |
|---|---|---|---|---|

에리는 뒤에 자기보다 키가 큰 사람이 없습니다. 그래서 그녀는 무조건 커트리 뒤에 있어야 하고, 제일 끝자리에 와야 합니다.

| 디기(5) | 에이미(2) | 커트리(4) | 비비(1) | 에리(3) |
|---|---|---|---|---|

# Section 07 논리사고력 영역

## 1 계열화 논리

표준 문제

모범답안 ②

해설 이전 숫자에서 6 증가하고, 3 감소하는 규칙이 반복되어 수가 나열되고 있습니다. 11 다음에는 8이 나왔으므로, 마지막에는 8에서 6이 증가한 14가 와야 합니다.

연습 문제

1. 모범답안 ④

해설 알파벳 A~Z를 숫자 1~26에 순차적으로 대응하여, 수열을 다시 나타내면 1→4→3→6→5→? 입니다. 이 수열은 이전 숫자에서 3 증가하고, 1 감소하는 규칙이 반복되어 수가 나열됩니다. 그러므로 마지막에는 5에서 3 증가한 값이 와야 하고 그 값인 8은, H에 대응합니다.

2. 모범답안 ③

해설 주어진 규칙대로 수를 나열하면, 아래와 같이 숫자가 채워집니다.

| 번호 | 1 | 2 | 3 | 4 | 5 | 6 | 7 | 8 | 9 | 10 | 11 | 12 |
|---|---|---|---|---|---|---|---|---|---|---|---|---|
| 자료 | 2 | 7 | 3 | 5 | 4 | 3 | 5 | 1 | 6 | −1 | 7 | -3 |

그러므로, 11번째에는 7, 12번째에는 －3이 옵니다.

## 2 비례 논리

표준 문제

모범답안 ③

해설 기어의 톱니 수와 회전수는 반비례합니다. 톱니 수가 많을수록 한 바퀴 도는데 많은 시간이 필요하기 때문입니다. 큰 기어가 1분당 40번 회전하므로, 톱니수가 기어의 1/4인 작은 기어는 1분당 160번 회전합니다.
그러므로 작은 기어는 10분에 160×10=1600번 회전합니다.

연습 문제

1. 모범답안 ①

해설 회전수가 같아지려면, 기어의 지름이 같아야 합니다. 보기 중에 처음 기어와 마지막 기어의 지름이 같은 것은 ①번 보기뿐입니다.

## 3 확률 논리

**표준 문제**

모범답안 ②

해설 총 나사 개수 8개 중, 녹색 나사의 개수는 2개입니다. 즉, 녹색 나사를 꺼낼 확률은 $\frac{2}{8} = \frac{1}{4}$ 입니다.

**연습 문제**

1. 모범답안 ①

해설 온전한 제품일 확률이 90%이므로, 불량품일 확률은 10%입니다. 그러므로, 1000개의 물건을 만들면 $1000 \times \frac{10}{100} = 100$개의 불량 제품이 나옵니다.

2. 모범답안 $\frac{3}{32}$

해설 A 부품이 불합격할 확률은 $\frac{1}{2}$ 이고, B, C 부품이 합격할 확률은 표에 나와 있습니다. 동시에 일어나는 사건에 대한 확률을 구해야 하므로, 3개의 확률을 곱해야 합니다. $\frac{1}{2} \times \frac{1}{4} \times \frac{3}{4} = \frac{3}{32}$ 가 됩니다.

## 4 변인 통제 논리

**표준 문제**

모범답안 ①

해설 바퀴의 어느 곳에서나 시간당 각이 변하는 정도, 즉 각속도는 일정합니다. 그러나 바퀴의 중심축에서 멀어지면 지름이 길어지므로 같은 시간에 더 많은 거리를 이동하게 됩니다. 따라서, 회전속도가 더 빨라졌다고 할 수 있습니다.

**연습 문제**

1. 모범답안 ④

해설 고정도르래는 힘의 방향을 바꾸는 역할을 하고, 움직도르래는 힘의 크기를 분배해줍니다. 따라서, 같은 무게의 물건을 가장 많은 움직도르래로 들어 올린 4번의 경우가 힘이 가장 적게 듭니다. ①은 고정도르래, ②는 움직도르래, ③은 물체의 무게보다 1/2만큼 ④는 물체의 무게보다 1/8만큼 힘을 적게 해서 들어 올릴 수 있습니다.

2. 모범답안 ②

해설 회전 반경은 축의 길이에 비례하기 때문에 축의 길이가 가장 긴 자동차가 가장 큰 회전 반경을 그리며 회전합니다.

## 5 조합 논리

**표준 문제**

모범답안 ②

해설 하나의 큰 공구함 안에는 3×2+2=8개의 공구가 있습니다. 그러므로 3개의 큰 공구함 안에는 24개의 공구가 있습니다.

**연습 문제**

1. 모범답안 ③

해설 볼트가 3종류, 너트가 4종류이므로, 총 경우의 수는 3×4=12가지입니다.

2. 모범답안 ③

해설 우체통이 3종류, 편지가 2종류이므로, 총 경우의 수는 3×2=6가지입니다.

## 6 명제 논리

**표준 문제**

1. 모범답안 ③

해설 시작점에서 기억장소 1번으로 오는 경로를 살펴봅시다. X〉Y 아니오, X〉Z 아니오, Y〉Z 아니오의 조건이 있습니다. 그러므로, X〈Y, X〈Z, Y〈Z입니다. 이를 종합해보면 X〈Y〈Z입니다.

2. 모범답안 ①

해설 시작점에서 기억장소 3번으로 오는 경로를 살펴봅시다. X〉Y 아니오, X〉Z 예의 조건입니다. 그러므로, X〈Y. X〉Z입니다. 이를 종합해보면 Z〈X〈Y입니다.

3. 모범답안 ④

해설 시작점에서 기억장소 4번으로 오는 경로를 살펴봅시다. X 〉Y 예, X 〉Z 아니오, Y 〉Z 아니오의 조건입니다.
즉, X 〉Y, X〈Z, Y 〈Z입니다. 이를 종합해 보면 Y 〈 X 〈 Z입니다.

## Section 08 자료구조 영역

### 1 스택(Stack)

**표준 문제**

1. 모범답안 3번째

해설 동전통은 한쪽이 막혀있는 구조로 스택과 유사합니다. 스택은 가장 나중에 넣은 것부터 나오는 LIFO(Last In First Out) 구조입니다. 따라서 동전은 맨 위에부터 나오게 되고 2번째에 있는 50원짜리는 3번째에 나오게 됩니다.

2. 모범답안 5번째, 5번째

해설 호떡을 구운 순서대로 쌓는 것은 스택 구조와 유사합니다. 가장 먼저 먹게 되는 호떡은 마지막으로 구워진 5번째 호떡입니다. 그리고 할아버지가 맨 먼저 만든 호떡은 가장 마지막인 5번째에 먹게 됩니다.

**연습 문제**

1. 모범답안 A – B – B – B – B – A – A – A

해설 맨 처음에 푸시되는 탁구공은 A이고, 그다음 푸시되는 탁구공은 B입니다. 팝 되는 것은 마지막에 들어간 B이고, 그 이후 푸시와 팝은 둘 다 B 탁구공만 움직입니다. B는 팝으로 나온 상태이고 통에는 A만 남았는데 팝, 푸시, 팝을 하면 A 탁구공만 나오고 들어갔다가 나옵니다.

2. 모범답안 B – B – A – A

해설 맨 처음에 푸시되는 탁구공은 A이고, 그다음 푸시되는 탁구공은 B입니다. 팝되는 것은 마지막에 들어간 B이고, 그 이후 푸시와 팝은 둘 다 B 탁구공만 움직입니다. B는 팝으로 나온 상태이고 통에는 A만 남았는데 팝, 푸시, 팝을 하면 A 탁구공만 나오고 들어갔다가 나옵니다. 여기서 팝되는 탁구공의 순서를 보면 B, B, A, A입니다.

### 2 큐(Queue)

**표준 문제**

1. 모범답안 A – B – C – D

해설 반대쪽으로 구멍이 뚫린 구조로 큐와 유사합니다. 큐는 먼저 들어간 것이 먼저 빠져나오는 특성이 있어서 들어간 순서대로 나옵니다.

2. 모범답안 먼저 넣은 것이 먼저 빠져나오는 구조(First In First Out)입니다.

**연습 문제**

모범답안 예를 들면 정류장에서 온 순서대로 줄을 서서 버스에 타는 형태, 음료 자판기에서 먼저 구매한 캔이 먼저 나오는 상황, 차량이 터널을 들어간 순서대로 터널을 통과하는 차량의 행렬 등이 큐(Queue) 자료구조 형태입니다.

### 3 트리(Tree)

**표준 문제**

1. 모범답안 5번째 레벨

해설 레벨 수가 증가하면서 각 성분의 갈래는 2개씩 생깁니다. 그러므로 n 레벨의 갈래 수는 n-1 레벨의 갈래 수의 2배입니다. 즉 1레벨의 갈래 1개, 2레벨의 갈래 2개, 3레벨의 갈래 4개와 같은 규칙으로 진행합니다.
해당 문제에서는 알파벳이 순서대로 왼쪽에서 오른쪽으로 채워지고 있습니다. Z는 알파벳에서 26번째 문자에 해당하는데, 먼저 4레벨의 가장 오른쪽 문자는 1+2+4+8=15번째에 해당하고, 5레벨에서는 16개의 문자가 오므로 Z는 5레벨에 위치합니다.

2. 모범답안 4레벨

해설 레벨 수가 증가하면서 각 성분의 갈래는 4개씩 생깁니다. 그러므로 n 레벨의 갈래 수는 n-1 레벨의 갈래 수의 4배입니다. 즉 1레벨의 갈래 1개, 2레벨의 갈래 4개, 3레벨의 갈래 16개와 같은 규칙으로 진행합니다.
해당 문제에서는 알파벳이 순서대로 왼쪽에서 오른쪽으로 채워지고 있습니다. Z는 알파벳에서 26번째 문자에 해당하는데, 먼저 3레벨의 가장 오른쪽 문자는 1+4+16=21번째에 해당하고, 4레벨에서는 64개의 문자가 오므로 Z는 4레벨에 위치합니다.

연습 문제

1. 모범답안 12단계

해설 각 노드에 알파벳을 붙여 풀이하기 쉽게 합니다.

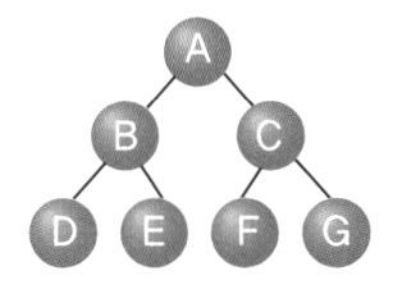


| 단계 | 경로 | 단계 | 경로 |
|---|---|---|---|
| 1 | A→B | 7 | A→E |
| 2 | B→C | 8 | E→F |
| 3 | C→B | 9 | F→E |
| 4 | B→D | 10 | E→G |
| 5 | D→B | 11 | G→E |
| 6 | B→A | 12 | E→A |

2. 모범답안 28단계

해설 각 노드에 알파벳을 붙여 풀이하기 쉽게 합니다.

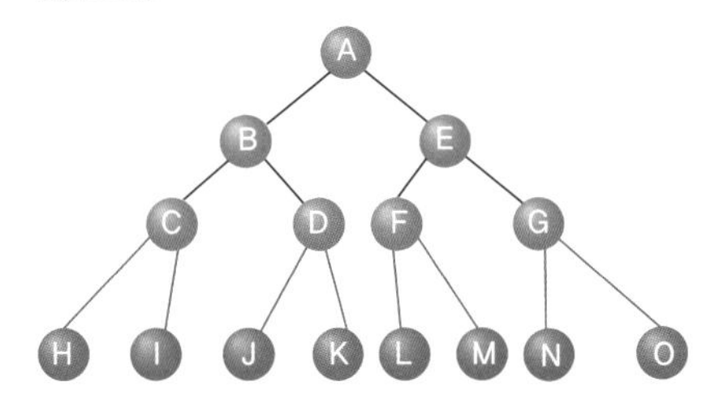


| 단계 | 경로 | 단계 | 경로 |
|---|---|---|---|
| 1 | A→B | 15 | A→E |
| 2 | B→C | 16 | E→F |
| 3 | C→H | 17 | F→L |
| 4 | H→C | 18 | L→F |
| 5 | C→I | 19 | F→M |
| 6 | I→C | 20 | M→F |
| 7 | C→B | 21 | F→E |
| 8 | B→D | 22 | E→G |
| 9 | D→J | 23 | G→N |
| 10 | J→D | 24 | N→G |
| 11 | D→K | 25 | G→O |
| 12 | K→D | 26 | O→G |
| 13 | D→B | 27 | G→E |
| 14 | B→A | 28 | E→A |

3. 모범답안 2044

해설 레벨 2의 포화이진트리는 4단계, 레벨 3은 12단계, 레벨 4는 28단계입니다. 규칙을 찾아보면 레벨 2는 $2^2$, 레벨 3은 $2^2+2^3$, 레벨 4는 $2^2+2^3+2^4$입니다. 따라서 레벨 10의 포화이진트리의 탐색 단계는 $2^2+2^3+...2^{10}=2044$입니다.

4. 모범답안 일반화하면 레벨 n의 포화이진트리의 탐색 단계는 $2^2+2^3+...2^n$입니다.

## 4 그래프

표준 문제

1. 모범답안 5

해설 차수가 가장 높은 꼭지점인 A의 차수는 9, 차수가 가장 낮은 꼭지점인 B의 차수는 4이므로 9-4=5이다.

2. 모범답안 6가지

해설 A→C: 3가지 경로, C→B: 2가지 경로, 3×2=6가지

연습 문제

모범답안 ④

해설 bENNOZzz는 허용되지 않는 비밀번호입니다. 간선에서 비밀번호는 하나의 문자를 요구한다는 규칙에 어긋납니다.

## 5 정렬

표준 문제

1. 모범답안 2가지

해설 막대를 줄 세우는 기준은 2가지가 있습니다. 작은 막대부터 점차 큰 순서로 세우는 방법과, 큰 막대를 먼저 세운 다음 점차 작은 막대 순서로 세우는 방법입니다.

2. 모범답안 ⑤ ② ③ ① ⑥ ④

3. 모범답안 서로 이웃한 막대의 크기를 비교해서 크기가 작은 막대는 앞으로, 크기가 큰 것은 뒤로 보내는 것을 반복하면 됩니다.

연습 문제

정답 9번

해설 〈처음 상태〉에서 〈목표 상태〉로 가기 위해 최소의 이동을 하려면 불필요한 이동을 최대한 줄여야 합니다. 우선 〈처음 상태〉를 기준으로 〈목표 상태〉에 가기 위해선 모든 숫자를 최소 1번씩은 이동해야 합니다. 왜냐하면, 같은 위치에 있는 숫자가 한 개도 없기 때문입니다. 하지만 각 숫자가 각자 가야 할 자리로 한 번에 가지 않고 다른 곳을 거쳐서 간다면 그것은 불필요한 이동입니다. 따라서 각 숫자가 목표 자리로 한 번에 이동하면 가능한 최소의 이동이 될 것입니다.

| | | | | | | | | |
|---|---|---|---|---|---|---|---|---|
| 5 | 7 | 1 | 2 | 6 | 3 | 8 | | 4 |
| 5 | 7 | 1 | 2 | 6 | 3 | | 8 | 4 |
| 5 | | 1 | 2 | 6 | 3 | 7 | 8 | 4 |
| 5 | 2 | 1 | | 6 | 3 | 7 | 8 | 4 |
| 5 | 2 | 1 | 4 | 6 | 3 | 7 | 8 | |

여기까지 이동하고 나면 8번째 칸까지 빈 곳이 없으므로 어쩔 수 없이 불필요한 이동이 발생할 수밖에 없습니다. 이때 아직 본 자리를 찾지 못한 수 중 임의로 1을 마지막 자리로 이동합니다.

| | | | | | | | | |
|---|---|---|---|---|---|---|---|---|
| 5 | 2 | | 4 | 6 | 3 | 7 | 8 | 1 |
| 5 | 2 | 3 | 4 | 6 | | 7 | 8 | 1 |
| 5 | 2 | 3 | 4 | | 6 | 7 | 8 | 1 |
| | 2 | 3 | 4 | 5 | 6 | 7 | 8 | 1 |
| 1 | 2 | 3 | 4 | 5 | 6 | 7 | 8 | |

그다음부터는 원래 방식대로 빈자리에 목표 숫자가 가도록 이동하면 불필요한 이동을 최소화하며 <목표 상태>를 만들 수 있습니다. 즉 모두 9번의 이동이 필요합니다.

## 6 해밀턴 경로

**표준 문제**

**모범답안**

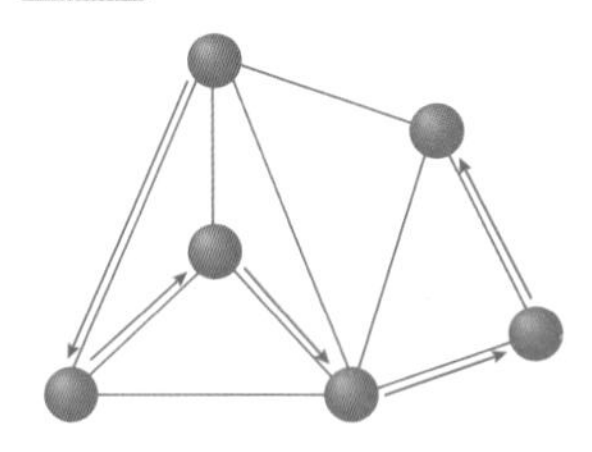

해설 다른 경로로 이루어진 답안이 있을 수 있습니다.
(모든 꼭지점을 한 번씩 지나는 경로를 그린 것은 정답처리합니다)

**연습 문제**

1. **정답** 2450

해설 회사와 각 지점을 기호로 아래와 같이 표시합니다.

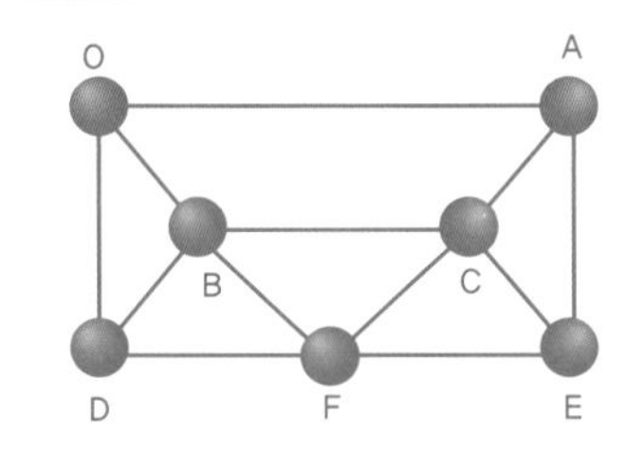


원래 그림의 경로를 정점과 간선으로 이루어진 간단한 그래프 형태로 만들어 봅시다.
O-D-B-F-E-C-A-O를 지나는 경로는 400+250+200+300+200+300+800 =2450으로 가장 짧습니다.

2. **모범답안**

| 정육면체 | 정팔면체 |
|---|---|
| 시작 | 시작 |
| **정십이면체** | **정이십면체** |
| 시작 | 시작 |

※ 경로를 잘 알아보기 위해 화살표를 떨어뜨려 표시했지만 실제 답안은 꼭지점을 지나는 경로를 모두 이어주도록 해주세요.

## Section 09 이산수학 영역

### 1 한붓그리기

표준 문제

모범답안 두 그림 모두 한붓그리기가 가능합니다.

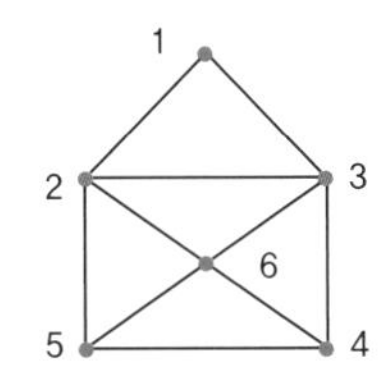


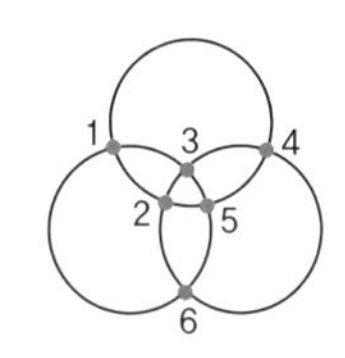


해설 왼쪽 도형은 홀수점이 2개입니다.
출발점을 5, 도착점을 4로 하여 5 → 6 → 3 → 2 → 1 → 3 → 4 → 6 → 2 → 5 → 4의 경로로 한붓그리기를 할 수 있습니다.
오른쪽 도형은 홀수점이 없고 짝수점만 있습니다.
출발점을 1로 해서 그려나가면, 1 → 6 → 3 → 1 → 4 → 6 → 5 → 3 → 2 → 5 → 4 → 2 → 1 의 경로로 한붓그리기를 할 수 있습니다.
한붓그리기가 가능한 도형은 홀수점이 2개일 때와 모두 짝수점일 경우입니다. 홀수점이 2개일 경우는 하나의 홀수점을 출발점으로 해서 한붓그리기를 하면 다른 홀수점이 도착점이 되어 한붓그리기가 끝나게 됩니다.

연습 문제

1. 모범답안 16

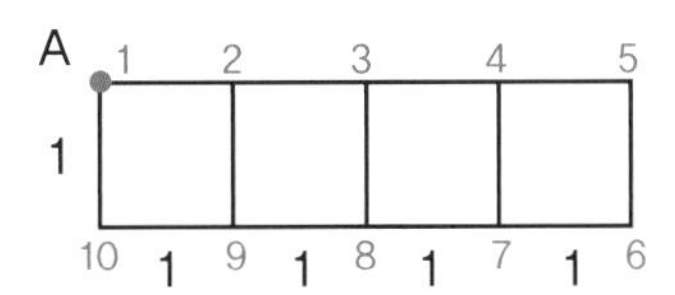


해설 시작점을 1로 하여, 1 → 2 → 9 → 8 → 3 → 4 → 7 → 6 → 5 → 4 → 7 → 8 → 3 → 2 → 9 → 10 → 1의 경로로 그리기를 하면 최소 경로는 16이 되고 중복되는 선분은 4 - 7, 3 - 8, 2 - 9가 있습니다.

2. 모범답안 2개

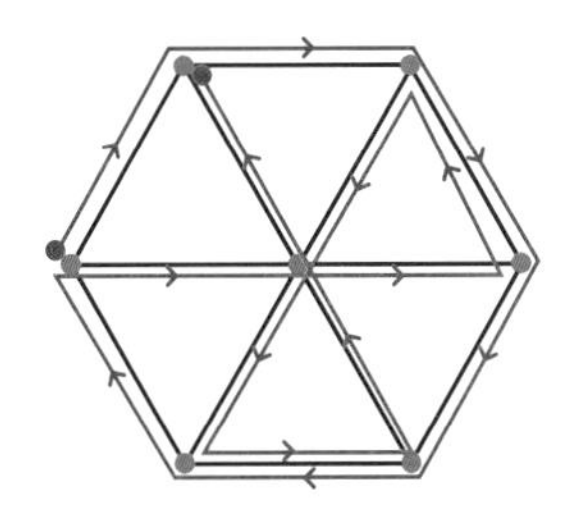

해설 이 그림대로 경로를 그리면 선분의 중복을 최소로 하면서 지날 수 있습니다. 따라서 중복하여 지나간 선분의 개수는 총 2개입니다.

3. 모범답안

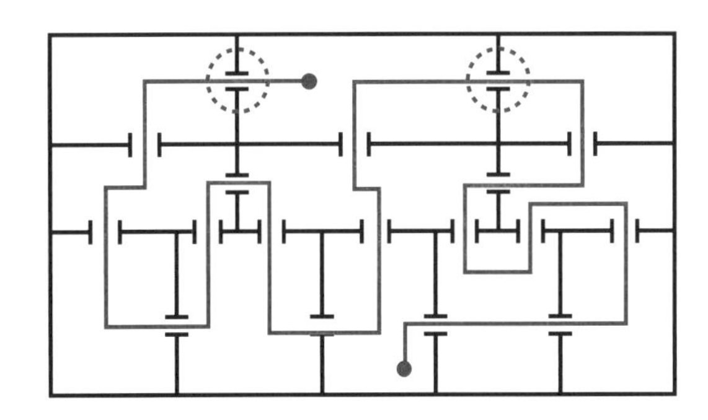

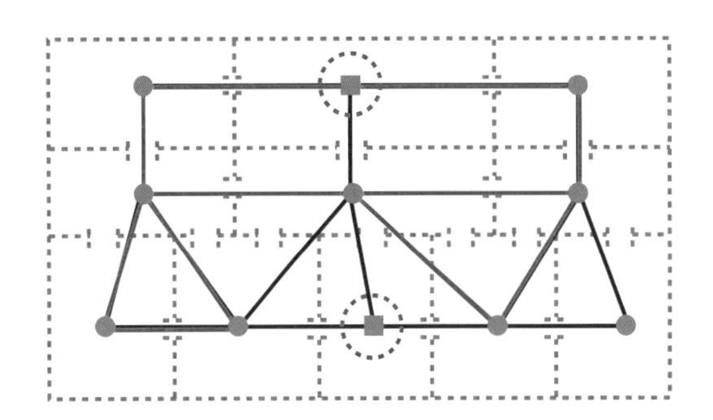

해설 [참고] 내용을 바탕으로 문제를 해결합니다. 각 방을 정점으로 하고, 방과 방 사이를 선을 연결하여 오일러 그래프를 그립니다.
홀수점이 동그라미로 표시한 2개이므로 한붓그리기가 가능합니다. 하나의 홀수점에서 출발해 모든 경로를 지난 다음 다른 홀수점에서 마쳐지기 때문입니다.
한붓그리기가 가능하다는 것은 모든 문을 한 번씩 통과하여 박물관을 빠져나올 수 있다는 의미입니다.

## 2 비둘기집의 원리

**표준 문제**

모범답안 5번

해설 종류별로 하나씩 꺼내면 4가지, 5번째 구슬을 임의로 하나 선택하면 같은 종류의 구슬이 반드시 2번이 나옵니다.

**연습 문제**

1. 모범답안 4개

해설 3개의 양말을 꺼낼 경우를 생각해봅시다. 같은 사람의 양말 3개 또는 같은 사람의 양말 2개와 다른 사람의 양말 1개가 나올 수 있습니다. 하지만 최악의 경우 아빠, 엄마, 동생의 양말이 1개씩 나올 수도 있습니다. 이 경우, 1개의 양말을 더 꺼내면 아빠, 엄마, 동생 중의 누군가의 양말이므로 이때 같은 사람의 양말이 무조건 2개가 됩니다. 그러므로 같은 사람의 양말이 2개가 나오려면 적어도 4개의 양말을 꺼내면 됩니다.

2. 모범답안 22개

해설 21개의 구슬을 꺼냈다고 생각해봅시다. 최악의 경우에는 7가지 색깔의 구슬이 모두 3개씩 나왔을 때입니다. 이때, 한 개의 구슬을 더 꺼내면 무조건 한 가지 색깔의 구슬은 4개가 됩니다. 그러므로 같은 색의 구슬이 4개가 되기 위해서는 최소한 22개의 구슬을 꺼내면 됩니다.

## 3 규칙적 배열

**표준 문제**

모범답안 A: 7, B: 6:

해설 삼각형 내부 도형이 원인 경우, 밑변 양쪽의 숫자를 더한 후 1을 더하면 위쪽의 수가 됩니다. 그리고 삼각형 내부 도형이 사각형인 경우, 밑변 양쪽의 숫자를 더한 후 1를 빼면 위쪽의 수가 됩니다.

**연습 문제**

모범답안

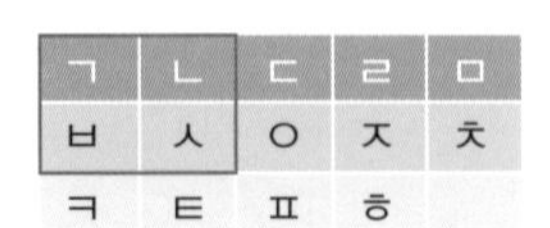

| ㄱ | ㄴ | ㄷ | ㄹ | ㅁ |
|---|---|---|---|---|
| ㅂ | ㅅ | ㅇ | ㅈ | ㅊ |
| ㅋ | ㅌ | ㅍ | ㅎ | |

표의 숫자칸 일부를 위의 기호로 나타냅니다.

규칙1: 대각선의 합 ㄴ + ㅂ = ㅅ, ㄷ+ㅅ = ㅇ

4개의 칸을 하나의 사각형으로 만들었을 때 대각선으로 이루어진 칸(2,3)의 합은 대각선 오른쪽칸(4)의 수와 크기가 같습니다.

규칙2: 가로 합 ㄱ + ㄴ = ㅅ, ㄱ +ㄴ + ㄷ = ㅇ

가로로 연결된 칸의 숫자합은 가로가 끝나는 부분의 바로 아래 칸의 숫자와 같습니다.

규칙3: 세로 합 ㄱ + ㅂ = ㅅ, ㄱ + ㅂ + ㅋ = ㅌ

세로로 연결된 칸의 숫자합은 세로가 끝나는 부분의 바로 우측 칸의 숫자와 같습니다.

## 4 색칠하기

**표준 문제**

모범답안 3가지

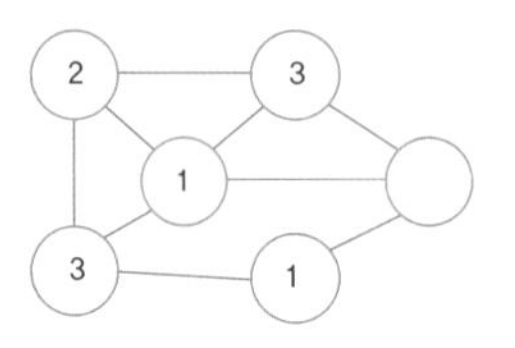


해설 1은 첫 번째 색깔입니다. 2는 두 번째 색깔입니다. 3은 1, 2에 칠한 색이 아닌 제 3의 색을 칠합니다. 그러므로 최소한 3가지 색이 필요합니다.

**연습 문제**

❶ 모범답안 420가지

해설 색칠하는 방법은 2가지 방법이 있습니다.

1) b와 e가 같을 때

먼저, 가운데에 5가지 색을 칠한 다음 나머지 영역에 대해 차례대로 4가지, 3가지, 1가지, 3가지씩 칠하면 5x4x3x1x3 = 180가지

2) b와 e가 다를 때

가운데에 5가지 색을 칠한 다음 나머지 영역에 대해 차례대로 4가지, 3가지, 2가지, 2가지씩 칠하면

5x4x3x2x2 = 240가지

총 180+240 = 420가지색을 칠할 수 있다.

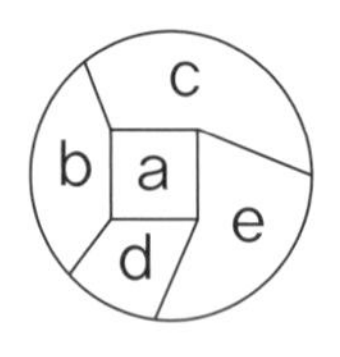


❷ 모범답안 3가지

해설 가운데에 A 색을 칠한다. 그리고 바깥의 4개 부분 중 인접하지 않은 2개 부분에 B 색을 칠한 뒤, 남은 2개 부분에 C 색을 칠하면 최소의 색으로 그림을 채울 수 있습니다. 그러므로, 3가지 색이 필요합니다.

## 5 함수 규칙

표준 문제

1. 모범답안

| 넣은 동전의 수 | 1 | 2 | 3 | 4 | 5 | 6 |
|---|---|---|---|---|---|---|
| 나온 사탕의 수 | 1 | 3 | 7 | 15 | 31 | 63 |

해설 나온 사탕의 수=전 단계 사탕의 수에서 순서대로 2개, 4개, 8개, 16개, 32개씩 증가합니다.

2. 모범답안

| 넣은 동전의 수 | 1 | 2 | 3 | 4 | 5 | 6 |
|---|---|---|---|---|---|---|
| 나온 사탕의 수 | 1 | 3 | 7 | 13 | 21 | 31 |

해설 나온 사탕의 수=동전의 수×2+전 단계의 사탕의 수

연습 문제

모범답안 400

해설 x ⊕ y = (x+y)+(x+y)=2(x+y)

따라서 (x ⊕ y) ⊗ x=2(x+y) ⊗ x

2(x+y) ⊗ x=(2(x+y)×x)×(2(x+y)×x)

=2×2×(x+y)×(x+y)×x×x

x에 2, y에 3을 대입하면

=4×5×5×2×2

= 400

## 6 ON, OFF

표준 문제

모범답안 1→2→3→7

해설 1, 2, 3, 7번 전구 옆의 스위치들을 차례대로 한 번씩만 누르면, 모든 전구의 불을 켤 수 있습니다.

| 전구 | | 1 | 2 | 3 | 4 | 5 | 6 | 7 |
|---|---|---|---|---|---|---|---|---|
| (초기상태) | | X | X | O | X | O | X | O |
| 1 | ON | O | O | O | X | O | X | X |
| 2 | ON | X | X | X | X | O | X | X |
| 3 | ON | X | O | O | O | O | X | X |
| 7 | ON | O | O | O | O | O | O | O |

연습 문제

모범답안

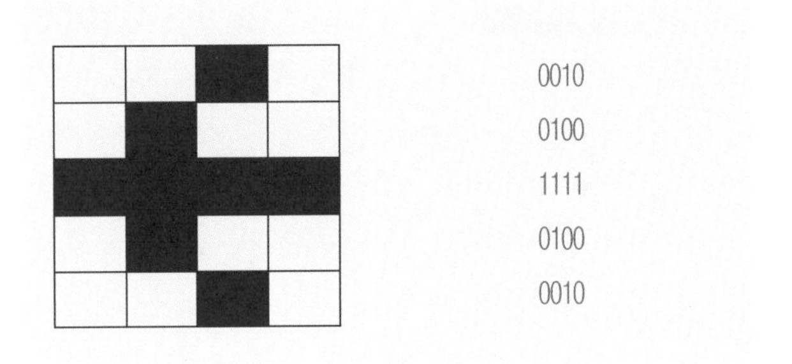


## 7 이진법 체계

표준 문제

모범답안 12월 17일

해설 12월 1일에 1명 확진자 발생, 12월 2일에 2명 감염, 12월 3일에 4명 감염, 12월 4일에 8명 감염이 되는 형태로 감염숫자는 전날보다 2배씩 늘어납니다. 누적되는 감염자수를 구해야 하므로, 1+2+4+8+16+32+64+128+256+512+1024+2048+4096+ 8192 +16384 +32768 +65536 = 131071명 이 되어서 12월 17일에 100,000명의 시민이 모두 감염됩니다.

심화풀이 이문제는 등비수열의 합의 공식으로 해결이 가능 초항이 1이고, 등비가 2인 수열의 n번째 항까지의 합은 다음 공식으로 나타냅니다.

$$S_n = \frac{a(r^n - 1)}{r - 1}$$

$$S_{17} = \frac{1(2^{17} - 1)}{2 - 1} = 131,072$$

따라서, 17일까지의 누적 감염자수가 10만명 을 넘어섭니다

연습 문제

모범답안

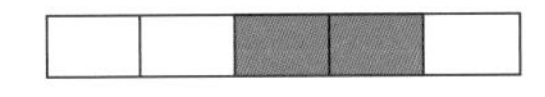

해설 이진법으로 생각해서 차례대로 (00001 - 00010 - 00011 - 00100 - 00101 - 00110(1-2-3-4-5-6)에 해당하며, 마지막에는 이진수 00110에서 이진수 1에 해당하는 칸을 색칠하면 됩니다.

## 8 타일 채우기

표준 문제

모범답안 ④

해설 모두 16칸이므로, 3개 단위 타일을 5개 사용하여 최대한 15칸을 채울 수 있습니다. 5개의 타일을 채우는 방법은 아래 그림과 같습니다.

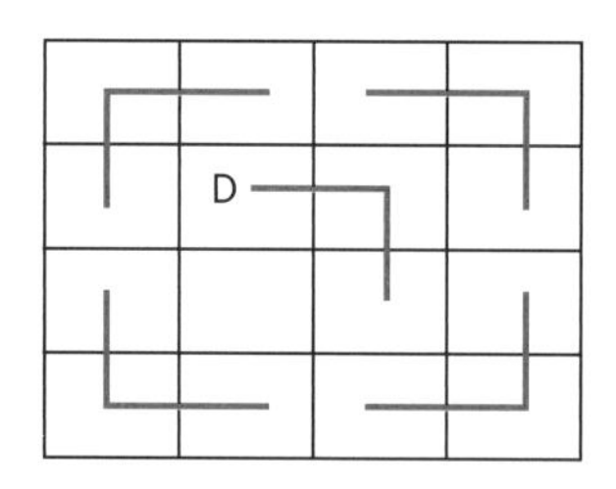


위와 같이 일단 4개의 타일로 채운 뒤, 나머지 하나의 타일 방향을 결정할 수 있는데, 어떤 방향으로 돌리더라도 무조건 D는 덮게 되어 있습니다. 그러므로, D에는 타일을 설치할 수 없습니다.

연습 문제

모범답안 5개

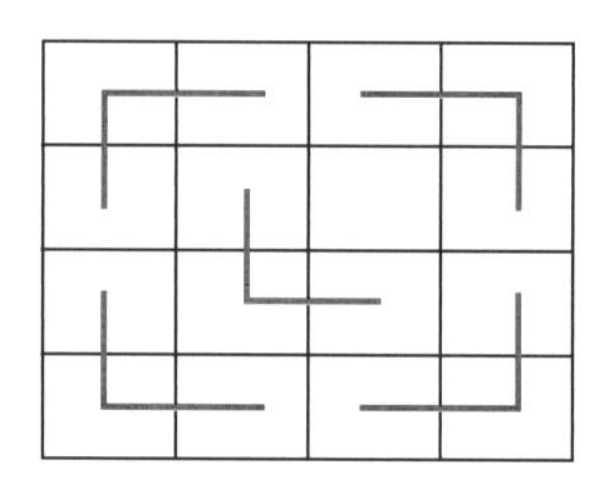

해설 총 타일의 개수는 16개이므로, 3개짜리 타일은 최대한 5개 만들 수 있을 것입니다. 즉 위의 그림처럼 타일을 구성하면 5개를 만들 수 있습니다.

## 9 복잡한 규칙 해결하기기

표준 문제

모범답안 −9

해설 각 도형의 2자리 숫자에서, 십의 자릿수는 도형이 조각난 개수, 그리고 일의 자릿수는 도형이 몇 개의 변을 가지는지 나타내고 있습니다.

구하려는 ⬠-◪는 숫자로 15−24이므로 답은 −9입니다.

연습 문제

1.

모범답안 8−11−6−9−4−7−2−5−0−3−[−2]−1

해설 규칙에 따라 수를 나열합니다.

2.

모범답안 8

해설 아래의 표와 같이 규칙에 따라 역순으로 수를 나열하면, 2번째에 오는 수는 8입니다.

| 번째 | 5 | 4 | 3 | 2 |
|---|---|---|---|---|
| 수 | 9 | 6 | 11 | 8 |

## 10 리그와 토너먼트

표준 문제

모범답안 12번

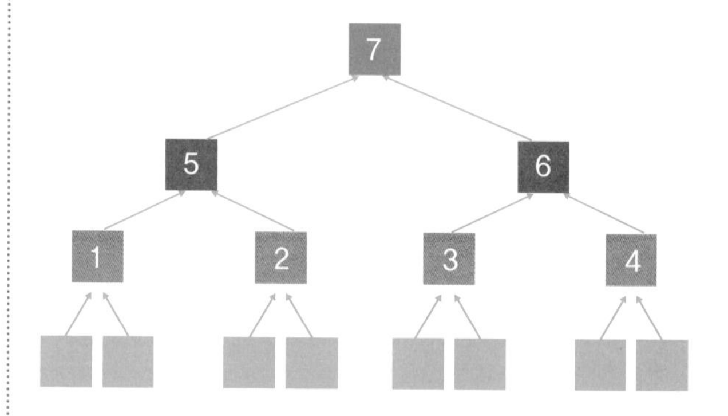


해설 토너먼트의 경우 8강은 4번, 4강은 2번, 결승전 1번해서 총 7 번 경기를 하게 됩니다

8강에서 진 4개의 팀이 4번의 경기를 하고, 4강에서 진 팀끼리 1번의 경기를 하면 총 12번 경기를 하게 됩니다.

연습 문제

모범답안 45게임

해설 리그 방식의 경우 1반은 9번, 2반은 8번, 3반은 7번, 4반은 6번, 5반은 5번, 6반은 4번, 7반은 3번, 8반은 2번, 9반은 1번의 경기를 하면 되므로 총 45번의 경기를 하게 됩니다.

## Section 10 컴퓨팅 사고력 영역

### 1 스택 응용

**표준 문제**

**모범답안** ①

해설 구덩이는 가장 나중에 들어간 것이 가장 먼저 나오는 성질(LIFO)을 가진 스택과 유사합니다. 위쪽 원숭이부터 구덩이에서 나온다는 점을 주의해야 합니다.

첫 번째 구덩이를 지난 후 순서는 5 6 4 3 2 1이 되고, 두 번째 구덩이를 지난 후 순서는 4 3 2 1 6 5가 되고, 마지막 구덩이를 지난 후 최종 순서는 1 6 5 2 3 4가 됩니다.

**연습 문제**

**모범답안** ⑤

해설 ⑤번처럼 옮기려면 ①, ①, ②, ②, ②, ②, ③, ③의 과정을 밟아야 합니다. 그렇게 되면 1,2,6,5,4,3이 됩니다. 이것은 2,1,6,5,4,3의 형태가 아니므로 정답이 아닙니다.

### 2 순서와 절차

**표준 문제**

**모범답안** (상단부터) 동하, 명하, 수하, 강하, 평하

해설 나이가 많은 아이가 굵은 화살표로, 나이가 적은 아이가 얇은 화살표로 움직인다는 규칙에 주의해서 직접 웅덩이를 채워보면 아래 그림과 같이 진행됩니다.

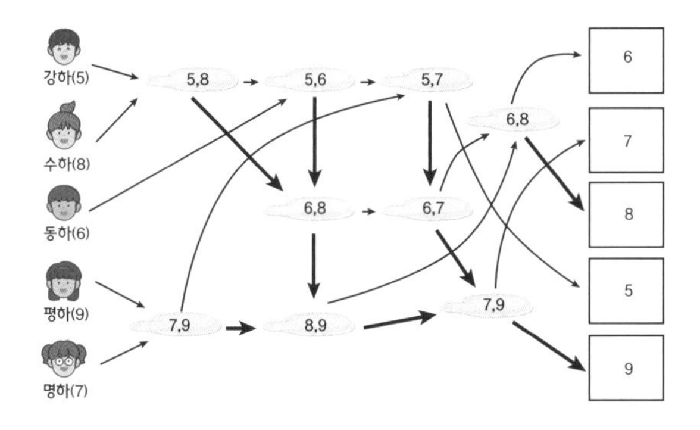


**연습 문제**

**모범답안** 해설 참조

해설 동그라미가 노드(Node), 화살표가 간선을 나타내는 그래프입니다. 가중치의 합이 가장 큰 조합을 찾으면 됩니다.

you를 의미하는 첫 번째 고대 문양에서 출발해서 각 분기점에서 더 큰 숫자 쪽으로 골라가면 가중치는 5+5+6+7=23입니다.

두 번째 고대 문양에서 출발하면 가장 큰 가중치는 6+5+6+7=24이고, 세 번째 고대 문양에서 출발하면 7+9+1+6=23입니다.

따라서 가장 큰 24를 가중치로 갖는 루트의 고대문자들은 아래 그림의 빨간색 동그라미 친 문자입니다.

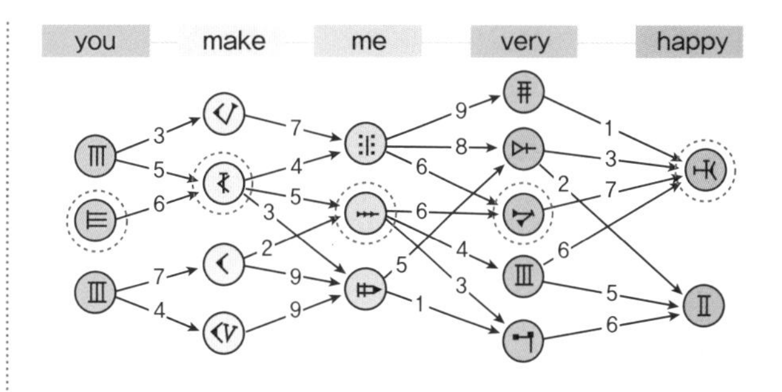


### 3 네트워크

**표준 문제**

**모범답안** ②

해설 역으로 어떤 타워가 무너졌을 때 연결된 루트가 완전히 단절되는지 따져봅니다. 2개 이상의 타워가 존재하지 않고 하나의 타워만이 담당하는 구역을 빨간색으로 표시하면 아래 그림과 같습니다. 따라서 어느 타워가 무너져도 네트워크가 단절되지 않는 구조는 ② 번입니다.

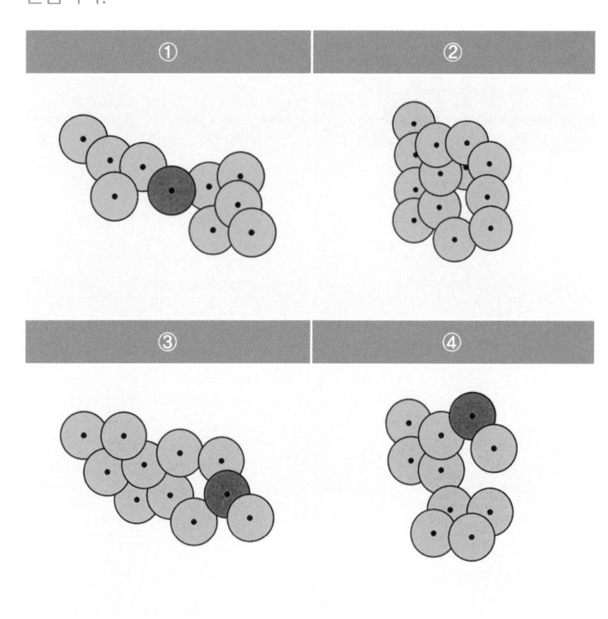


**연습 문제**

**모범답안** ③

해설 직접 보기의 순서대로 동전들을 움직여 보면 풀 수 있는 문제입니다. 안정적인 상태가 되기 위해서는 어느 버튼을 눌러도 더는 동전이 움직이지 않아야 합니다.

A-A-B-A-B-B순으로 버튼을 누르면 왼쪽 위 구슬에 동전 3개가 모두 몰리고 마법의 기계에서 동전이 더이상 움직이지 않게 되면서 기계는 안정화됩니다. 이러한 루트는 ③입니다.

## 4 좌표와 패턴

**표준 문제**

모범답안 ④

해설 파란색이 무조건 빨간색 밑에 있으므로 1번 보기는 거짓입니다. 원보다 위에 있는 사각형이 있으므로 2번 보기는 거짓입니다. 모든 빨간색이 파란색보다 크지 않으므로 3번 보기는 거짓입니다. 참인 문장은 4번 보기뿐입니다.

**연습 문제**

모범답안 ④

해설 열쇠의 앞면과 뒷면의 패턴이 정확히 같아야 한다는 말에 집중하면 열쇠가 특정한 패턴이 반복되고 있음을 알 수 있습니다. 아래 그림과 같이 삼각형이 좌우, 대각선으로 대칭이므로 열쇠의 경우의 수는 $2^{15}$인 32768개입니다.

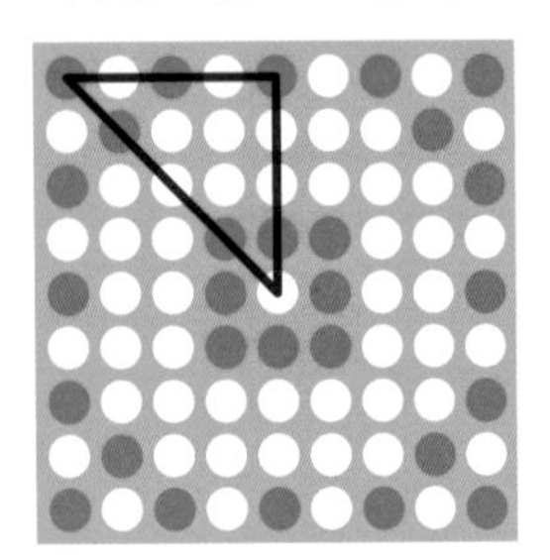

# Section 11 알고리즘 영역

## 1 순서도

**표준 문제**

모범답안 ②

해설 ㄱ이 '아니오'일 때, 전구를 꽂으므로 ㄱ은 보기 2와 3이 가능합니다. '전구가 탔는가?'에 '예'일 때 ㄴ이고, '아니오'일 때 '전구를 수리하시오'이므로 ㄴ은 '전구를 교체하시오'입니다. 따라서 정답은 2번입니다.

**연습 문제**

1. 모범답안

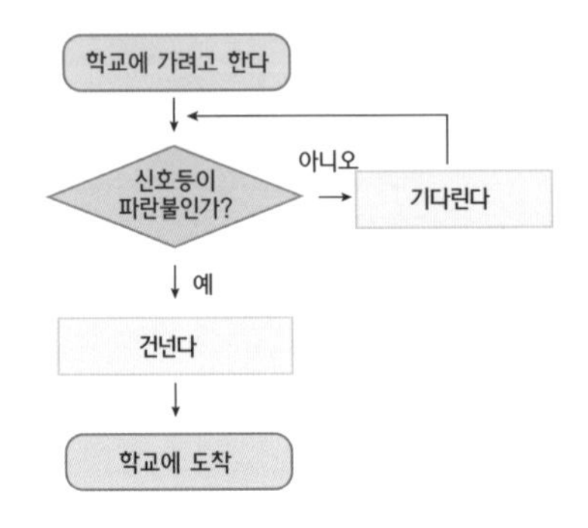


2. 모범답안

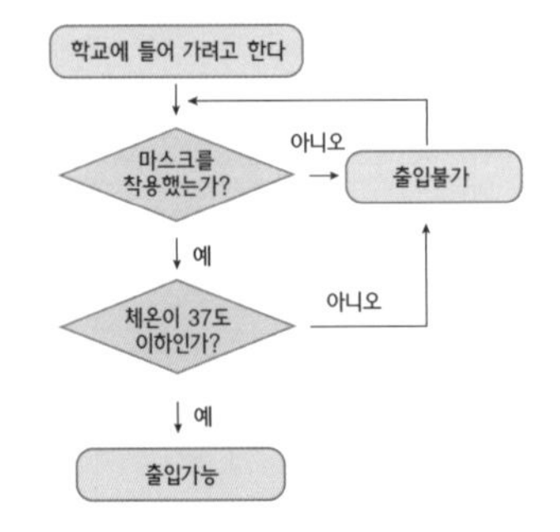


3.

❶ 모범답안 아래 왼쪽 그림처럼 로봇청소기가 움직이면 골고루 방안을 모두 청소할 수 있습니다.(모든 공간을 일정한 패턴대로 골고루 이동하며 청소)

오른쪽 그림처럼 로봇청소기가 움직이면 이미 청소했던 영역이 중복되고 빈 공간이 생겨서 비효율적인입니다

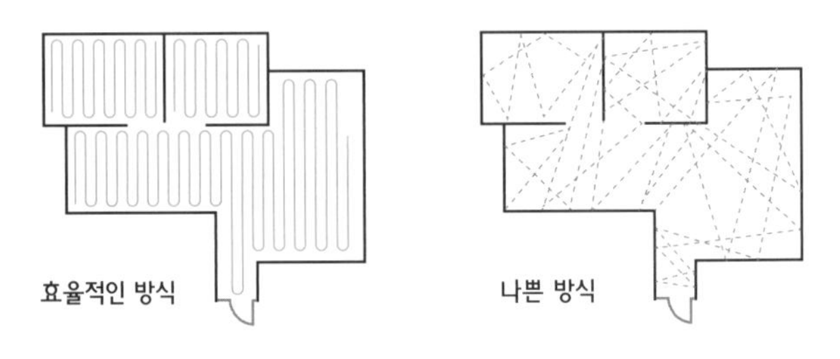

❷ 모범답안

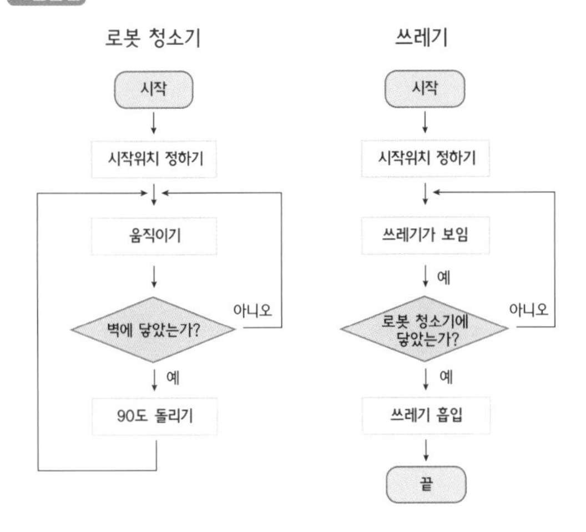


❸ 모범답안

■ 기능 개선

아래쪽으로 향하는 계단(낭떠러지)을 인식할 수 있도록 바닥쪽에 적외선 거리 센서를 달도록 한다.

■ 동작 알고리즘

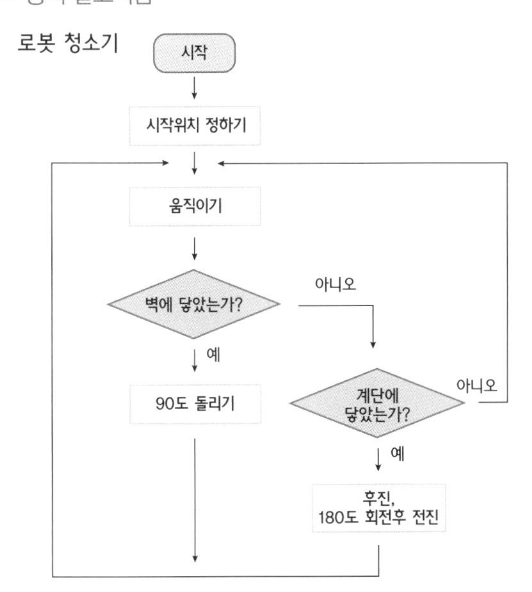


4. 모범답안

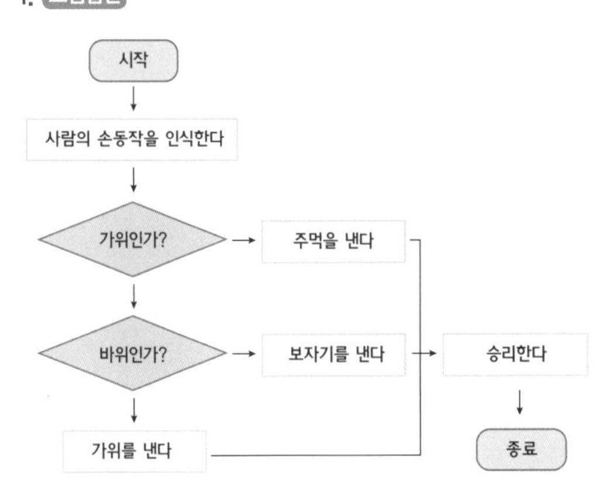


5. 모범답안

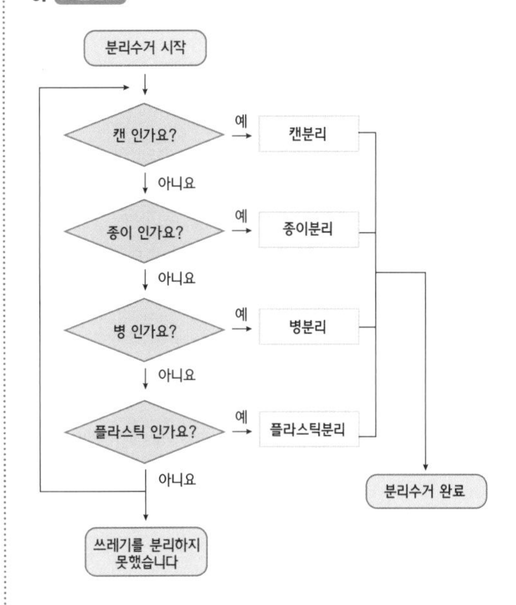


## 2 최단 경로(격자 형태)

표준 문제

모범답안 19번

해설 처음 시작 위치에서 출발해 반시계방향으로 돌면서 이동하면 최소의 명령으로 해당 지역을 모두 방문할 수 있습니다. 총 전진 횟수는 3+4+3+2+1+1=14이고, 회전 횟수는 5번이므로 최소 명령 수는 14+5=19입니다. 또다른 경로도 있다면 마찬가지로 19번의 명령이면 됩니다.

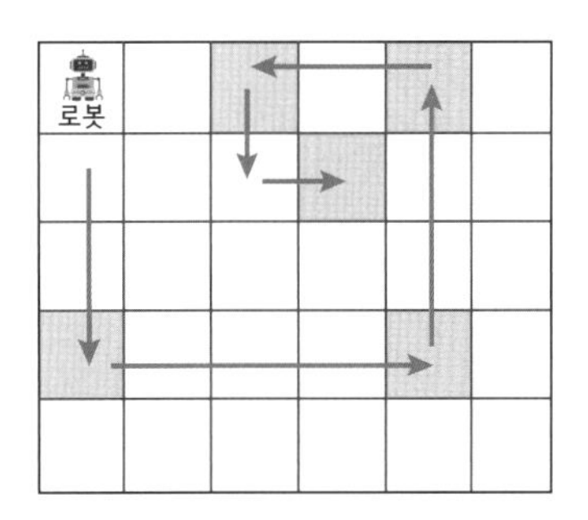


연습 문제

1. 모범답안

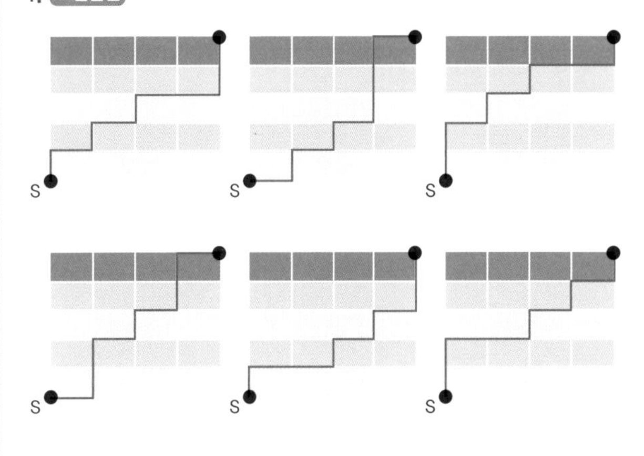

해설 로봇은 출발해서 도착까지 가로 4칸, 세로 5칸을 9초만에 움직입니다. 방향을 6번 바꿀 때 6초가 걸립니다. 이를 합하면 총 15초가 걸리며, 이에 해당하는 경로를 그리면 모범답안과 같습니다.

**2.** 모범답안 66가지

해설 A에서 출발하여 P를 경유하지 않고 B로 가는 최단 경로의 수는 2가지 방법으로 구할 수 있다.

1) 전체 경로의 수(126) − P를 경유해 가는 수(60) = 66가지

2)아래 그림처럼 점 P를 지우고 경로를 계산하기

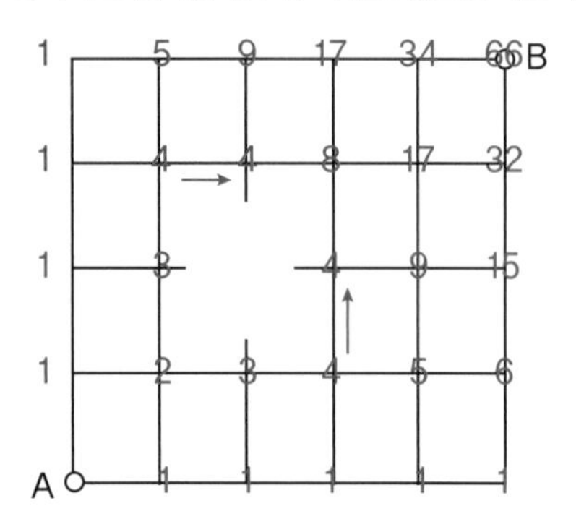


## 3 그래프 알고리즘

표준 문제

**1.** 모범답안

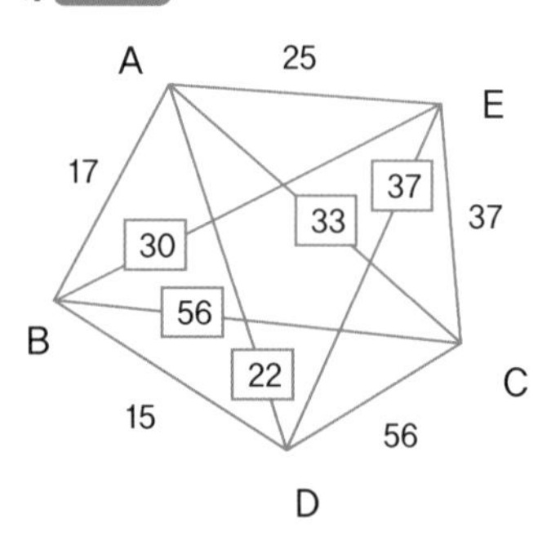


**2.** 모범답안 C→E→A→B→D 또는 D→B→E→A→C

해설 도시를 여행하는 경로는 C-E-A-B-D 또는 D-B-E-A-C. 걸리는 시간을 계산하면 37+25+17+15=94 분입니다.

연습 문제

**1.** 모범답안 집→B→E→학교, 집→B→E→D→학교

해설 속력=이동 거리/걸린 시간, 걸린 시간=이동 거리/속력

각 구간의 거리는 같으므로 거리를 1이라고 합시다.

집 → B → E → 학교: 1/60+1/30+1/15=7/60

집 → B → E → D → 학교: 1/60+1/30+1/30+1/30=7/60

로 이동 시간이 같습니다.

**2.** 모범답안 A → ③ → ⑦ → ⑩ → B

해설 A 지점에서 B 지점까지 가는 방법과 거리를 알아봅시다.

| 방법 | 거리 |
|---|---|
| A→①→⑧→B | 28 |
| A→②→⑥→B | 27 |
| A→③→⑦→⑨→B | 27 |
| A→③→⑦→⑩→B | 22 |
| A→④→⑦→⑨→B | 28 |
| A→④→⑦→⑩→B | 23 |
| A→⑤→⑩→B | 25 |

**3.** 모범답안 13가지

해설 1에서 2로가는 경로는 1가지, 1에서 3으로 가는 경로는 1에서 바로 오는 경우와 2를 거쳐오는 경우를 합친 2가지가 됩니다. 이런 식으로 1에서 6으로 가능 방법은 1에서 오는 방법과 2나 4를 거쳐오는 방법을 합치면 모두 4가지입니다. 1에서 7로 가는 방법은 2~ 6까지의 숫자에 적힌 가짓수를 합치고 1에서 바로 오는 방법 1가지를 더한 13가지입니다.

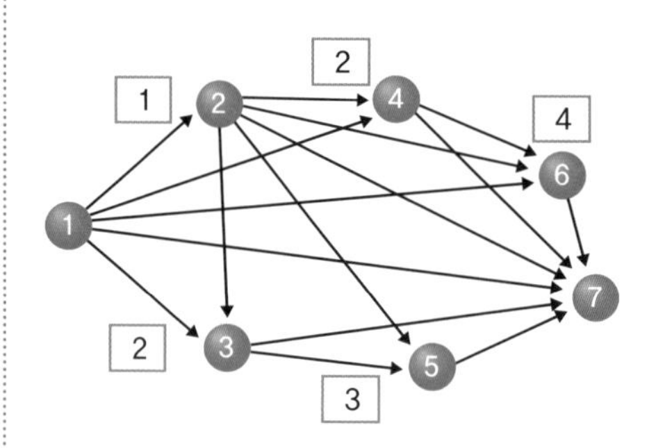


## 4 알고리즘 응용1

표준 문제

모범답안 8년

해설

주어진 내용: 한 마리→1년 뒤 2마리로 번식하고 번식 중지. 계속 반복.

원하는 결과: 270마리가 되는 최소 년 수?

2진 트리의 특성 구조를 그려보면 각 레벨은 필요한 연수를 나타내고, 그때까지 최대 수가 노드로 표현됩니다. 각 레벨에서 노드의 개수는 1, 2, 4, 8, 16, 32, 64, 128, 256 …으로 계속 증가합니다. 그 합이 270을 넘어갈 때는 최소 8년이 지나면 됩니다.

연습 문제

모범답안 9일 후

해설 암컷은 새로운 암컷 두 마리와 수컷 한 마리를 만듭니다. 암컷은 매일 2배로 늘어나고, 수컷은 새롭게 생기는 암컷의 수만큼 늘

어납니다. 따라서 9일 차에 1,023마리로 1,000마리를 넘어갑니다.

| 날짜 | 1일 후 | 2일 후 | 3일 후 | 4일 후 | 5일 후 | 6일 후 | 7일 후 | 8일 후 | 9일 후 |
|---|---|---|---|---|---|---|---|---|---|
| 암컷 | $2=2^1$ | $4=2^2$ | $8=2^3$ | 16 | 32 | 64 | 128 | 256 | 512 |
| 수컷 | 1 | 3 | 7 | 15 | 31 | 63 | 127 | 255 | 511 |

## 5 알고리즘 응용2

**표준 문제**

모범답안

| | 과목 1 | 과목 2 | 과목 3 | 과목 4 |
|---|---|---|---|---|
| 1학년 | M1 | B1 | C1 | T1 |
| 2학년 | E1 | M2 | B2 | C2 |
| 3학년 | E2 | B3 | C3 | T2 |

해설 규칙을 파악해서 순서대로 배치합니다. 기계공학 1(M1)을 마쳐야 전자공학 1(E1)을 들을 수 있고, 기계공학 2(M2)를 마쳐야 전자공학 2(E2)를 들을 수 있습니다. 기계공학 2를 2학년에 들어야 전자공학 2를 3학년에 들을 수 있으므로 과목 배치를 위와 같이 해야 합니다.(배치에 따라 답은 여러가지가 나옵니다.)

**연습 문제**

모범답안

| 첫 달 | G1 | Y1 | D1 | O1 |
|---|---|---|---|---|
| 둘째 달 | G2 | Y2 | D2 | A1 |
| 셋째 달 | G3 | Y3 | O2 | A2 |

해설 코드가 3가지인 경우를 우선 배치합니다. 남은 칸에는 2가지 코드에 대해서 훈련 1을 훈련 2보다 먼저 배우는 규칙만 지켜서 배치하면 됩니다.(배치에 따라 답은 여러가지가 나옵니다.)

## 6 최단 경로 알고리즘

**표준 문제**

1. 모범답안

해설 가장 빠른 경로를 찾기 위해 지나가는 역의 수가 가장 적은 길을 찾습니다. 서울역은 4호선을 타고 삼각지, 이촌, 동작, 총신대입구, 사당에서 환승할 수 있습니다. 강남역은 2호선과 신분당선에 있으므로 2호선으로 갈아탈 수 있는 사당에서 환승하는 것이 가장 빠른 경로입니다. 4호선을 타고 서울역에서 사당역까지 간 다음, 사당역에서 2호선으로 환승해 사당역에서 강남역까지 가는 것이 최단 경로입니다.

2. 모범답안 A−E−F

해설 A−E−F 경로의 가중치 합은 6+6=12이고 A−B−F 경로의 가중치 합은 9+4=13입니다. A−E−F 경로가 최단 경로입니다.

**연습 문제**

1. 모범답안

| 0 | 1 | 2 | 3 | 4 |
|---|---|---|---|---|
| 0 | 10 | 8 | 15 | 15 |

해설 시작 정점 0과 연결된 1,2,4번 노드를 먼저 탐색하며, 1번 노드는 10, 2번 노드는 8, 4번 노드는 15로 갱신됩니다. 1, 2, 4번 노드 중에서 가중치가 가장 작은 2번 노드에서 이미 탐색한 0번 노드를 제외한 1, 3번 노드를 방문합니다. 1번 노드는 기존 가중치 10이 새로운 가중치 11보다 작으므로 그대로 두고, 3번 노드는 15로 갱신합니다. 가중치가 2번 다음으로 작은 1번 노드에서 이미 탐색한 경로를 제외하고 3, 4번 노드를 탐색합니다. 0→1→4로 갈 때 22, 0→1→4→3으로 갈 때 31이므로 갱신되는 값은 없습니다. 0→4→3으로 갈 때 24이므로 갱신되지 않고 최종 결과는 다음과 같습니다.

| 0 | 1 | 2 | 3 | 4 |
|---|---|---|---|---|
| 0 | ∞ | ∞ | ∞ | ∞ |
| 0 | 10 | 8 | ∞ | 15 |
| 0 | 10<3+8 | 8 | 15 | 15 |

2. 모범답안

| 0 | 1 | 2 | 3 | 4 | 5 | 6 |
|---|---|---|---|---|---|---|
| 0 | 10 | 8 | 15 | 15 | 31 | 30 |

해설 시작 정점 0과 연결된 1,2,4,6번 노드를 먼저 탐색하며, 1번 노드는 10, 2번 노드는 8, 4번 노드는 15, 6번 노드는 30으로 갱신됩니다. 1, 2, 4, 6번 노드 중에서 가중치가 가장 작은 2번 노드에서 이미 탐색한 0번 노드를 제외한 1, 3번 노드를 방문합니다. 1번 노드는 기존 가중치 10이 새로운 가중치 11보다 작으므로 그대로 두고, 3번 노드는 15로 갱신합니다. 가중치가 2번 다음으로 작은 1번 노드에서 이미 탐색한 경로를 제외하고 4번 노드를 탐색합니다. 0→1→4로 갈 때 22로 기존의 15보다 크므로 갱신되는 값은 없습니다. 3번 노드에서 이미 탐색한 경로를 제외하고 4, 5번 노드를 탐색하면 0→2→3→4는 24, 0→2→3→5는 31입니다. 5번 노드에 대한 값은 무한대이므로 31로 갱신됩니다. 4번 노드에서 이미 탐색한 경로를 제외하고 6번 노드를 탐색하면 0→4→6으로 35이고, 기존의 30보다 값이 크므로 갱신되지 않습니다.

| 0 | 1 | 2 | 3 | 4 | 5 | 6 |
|---|---|---|---|---|---|---|
| 0 | ∞ | ∞ | ∞ | ∞ | ∞ | ∞ |
| 0 | 10 | 8 | ∞ | 15 | ∞ | 30 |
| 0 | 10 | 8 | 15 | 15 | 31 | 30 |

## Section 12 로봇 영역

### 1 로봇 발명

표준 문제

모범답안

강아지: 애견 로봇. 귀여운 강아지의 모습을 본떠 아이들이나 노인들에게 정서적 안정을 주는 로봇

물고기: 수중 탐지 로봇. 물고기들의 유선형 몸과 지느러미 등을 활용하여 물속에서 효율적으로 탐지를 수행하는 로봇

개미핥기: 벌레잡이 로봇. 개미핥기의 신체 구조를 활용하여 효과적으로 벌레를 잡는 로봇

기타: 지렁이 로봇, 캥거루 로봇 등

연습 문제

1. 모범답안 개미는 크기에 비해 단단한 골격을 가지고 있어서 물체를 들고 움직이는 힘을 낼 수 있을 것입니다.
개미는 절지동물의 입 부위인 구기로 물체를 들어 올린 후, 목 관절에서 흉부로 물체를 옮긴다고 합니다. 이때 6개의 다리 끝에는 갈고리처럼 생긴 발톱이 걷는 곳의 표면을 찌르고 발목마디인 부절에 힘이 분산되면서 개미가 그 무게를 지탱할 수 있다고 합니다.

2. 모범답안

1)로봇 슈트의 팔다리에 유압기 형식의 구조를 설치해서 무거운 물체를 순간적인 큰 압력으로 들어 올리게 합니다.
2)강력 스프링 등을 이용해 물체를 들어올릴 때 탄성의 힘으로 쉽게 들어 올리게 합니다.
3)강력한 힘을 순간적으로 내는 모터를 팔다리 관절 부위에 장착해 무거운 물체를 쉽게 들어 올립니다.

해설 로봇 슈트는 어떤 기술이 적용되었는지에 따라 다양한 방법으로 물체를 쉽게 들어 올릴 수 있는 구조와 기능이 있습니다.

## 2 창작 로봇 설계

표준 문제

모범답안

로봇 이름: 엘 SOS 로봇

로봇에 사용된 재료: 캐터필러, 아두이노, 거리센서 등

로봇 모양:

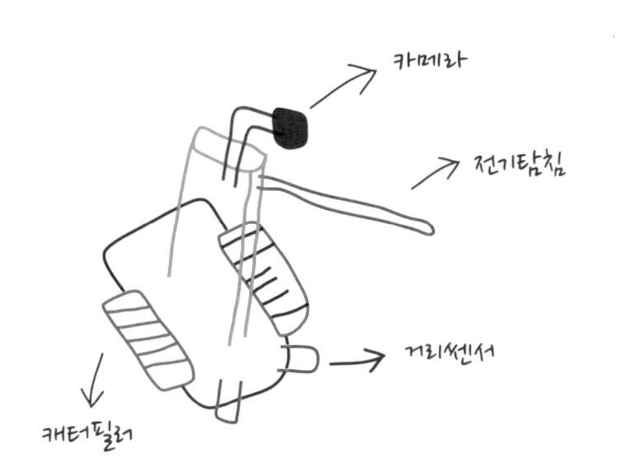


엘 SOS 로봇은 캐터필러 형태의 바퀴 모양이며, 거리 센서가 있어서 정면의 물체를 감지합니다. 정면에 전기 탐침 집게 장치가 있어서 문이 열리지 않을 때 전기적인 문제를 해결해 문을 열어줍니다.

로봇의 쓰임새: 엘리베이터의 고장 해결

연습 문제

로봇 이름: Collapse 봇

로봇에 사용된 재료: 전기 드릴, 적외선 센서, 강철, 안테나, 탱크용 바퀴, 접이식 지지대

로봇 모양:

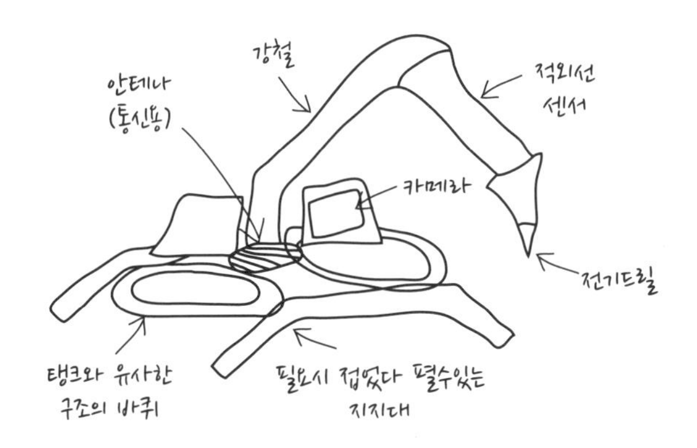


로봇의 쓰임새:

- 시설물을 파괴할 때 무인으로 작업할 수 있도록 합니다.
- 수많은 센서와 안테나 기술이 정밀한 원격조종을 가능하게 하고, 모든 부품이 강철로 제작되어 충격에도 영향을 받지 않습니다.
- 고화질 카메라을 통해 로봇 주변의 환경을 사람에게 전달합니다.

## 3 로봇 과학

표준 문제

모범답안 거미 로봇이 움직일 때 바닥의 마찰력 때문에 미끄러지지 않고 움직일 수 있습니다.

연습 문제

1. 모범답안 왼쪽 (A)로봇

해설 다음과 같은 속력 공식을 적용해 봅시다.

속력=이동 거리÷걸린 시간

왼쪽 로봇의 속력= 30m÷5초= 6m/초

왼쪽 로봇의 속력= 120m÷60초= 2m/초

따라서, 왼쪽 로봇이 초당 4m가 더 빠름을 알 수 있습니다.

2. 모범답안 아래 로봇은 좌우 대칭으로 균형이 이루어져 있습니다. 이족 보행 로봇은 로봇 본체의 가운데 조금 아랫부분에 무게 중심이 있습니다. 로봇이 보행할 때 무게 중심이 항상 안쪽에 있어서 좌우로 뒤뚱거리며 걸어도 균형을 잃지 않고 걸을 수 있습니다.

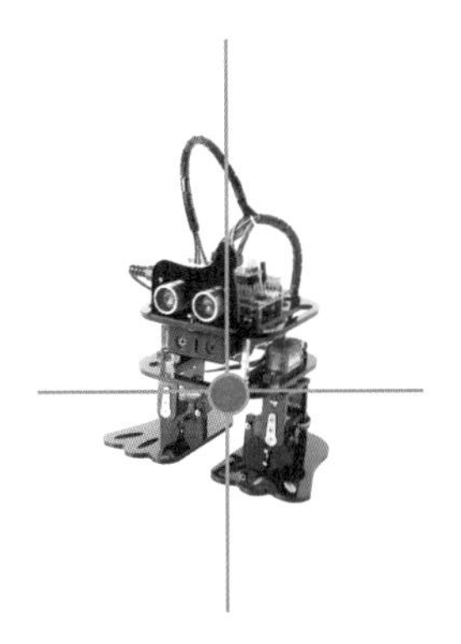

3.

❶ 모범답안 배틀로봇에는 서로 미는 힘과 마찰력이 중요합니다. 서로 밀 때 힘의 균형이 깨지면 어느 한쪽으로 밀리게 됩니다. 우리 편의 로봇이 마찰력이 강하면 지탱하는 힘이 강하기에 밀리지 않습니다. 상대편 로봇의 마찰력이 약하면 밀리게 되어 우리 편이 이기게 됩니다.

❷ 모범답안

전략 1: 로봇의 앞부분을 최대한 경기장 바닥에 닿도록 낮게 만들어 상대 로봇 밑으로 파고들어 바퀴를 들어 올려 밀어낸다.

전략 2: 앞으로 전진하면서 재빨리 상대방 로봇의 측면으로 공격해 밀어버립니다.

## 4 로봇과 인공지능

**표준 문제**

모범답안 로봇에 인공지능 기술이 결합되면 로봇에 학습 능력이 생겨서 스스로 판단하는 능력이 향상되어 인간의 감정을 흉내낼 수도 있습니다.

**연습 문제**

1. 모범답안

1)주인이 있는 곳으로 스스로 이동해 명령을 기다립니다.

2)집안내 필요한 장소로 찾아가 가전기기를 쉽게 제어합니다.

2.

❶ 모범답안 먼저 비전 센싱 기술로 사람 얼굴을 인식하고 세밀한 감정을 읽고 그 감정 데이터를 분류하여 기억합니다. 머신러닝을 적용하면, 감정 데이터가 기계 내부에 저장되면 저장될수록 효율적이고 빠른 분류가 이루어지게 됩니다. 기기 스스로 인간의 감정에 대해 학습하기 때문입니다.

감정 데이터에 대한 안정화가 어느 정도 이루어지면, 로봇 스스로 인간에게 상황에 맞는 감정을 표현할 수 있을 것입니다.

❷ 모범답안 사람의 기분에 따른 근육 움직임, 심장 박동수 등의 표준화된 데이터가 있을 것입니다. 이 데이터를 수집하여 행복도를 추측하거나, 심리치료, 우울증 진단에 활용할 수 있습니다. 또한, 의사소통을 할 수 없거나 어려운 영유아의 행동발달에 효과적으로 도움을 줄 수 있을 것입니다.

그리고 어떠한 상황에서 누적된 감정 데이터를 이용하여, 특정 사람에게 맞는 정보(상품, 광고, 서비스) 등을 추천할 수도 있습니다. 즉, 이 데이터가 기업의 운영 방향을 결정할 수 있을 것입니다.

## 5 로봇과 현실 세계의 문제해결

**표준 문제**

모범답안 로봇 청소기에 무선 통신 장치가 있고 이 장치는 스마트폰과 연결되어 있습니다. 주인의 스마트폰에는 로봇 청소기를 원격제어하는 애플리케이션이 깔려있고 로봇 청소기의 카메라를 통해 모션 감지기능과 앱의 알림기능으로 집안 내부의 상황을 파악할 수 있습니다.

**연습 문제**

1. 모범답안 가정 내에서 활용하므로, 짧은 거리에서의 통신 기술만 있으면 됩니다. 음성명령을 내렸을 때, 기기 주인의 목소리만 인식하고 언어를 정확하게 인식하는 알고리즘 기술이 필요합니다.

음성명령이 실행된 후, 일정한 장소로 이동해야 하므로 공중에 떠다니는 방법이 아니라면, 긁힘 방지를 위해 바퀴와 같은 동력 장치가 필요합니다. 그리고 이동 중 추락 또는 충돌이 없어야 하므로 주변의 물체를 인식하여 피하는 알고리즘이 필요합니다. 또한, 이동 후 위치할 거치대가 필요합니다.

자신의 위치를 파악할 때는, 음성이 어디서부터 왔는지 인식하는 기술, 사람의 체온을 인식하는 기술을 쓸 수 있습니다. 그것이 어렵다면, 비콘을 소지하여 스마트폰이 직접 자기 위치를 알아내는 방법도 가능할 것 같습니다.

집안의 원하는 위치에 가도록 하려면, 대표적인 위치에 마찬가지로 비콘을 설치하여 같은 방법으로 이동해야 할 위치를 인식하도록 합니다.

2. 모범답안 비가 많이 올 때 우비 형태로 몸을 감싸는 비닐이 내려오게 합니다. 우산 로봇은 기본적으로 제어기, 물방울의 세기 그리고 물의 양을 감지하는 센서-구동장치-전원부로 구성된 로봇 시스템입니다.

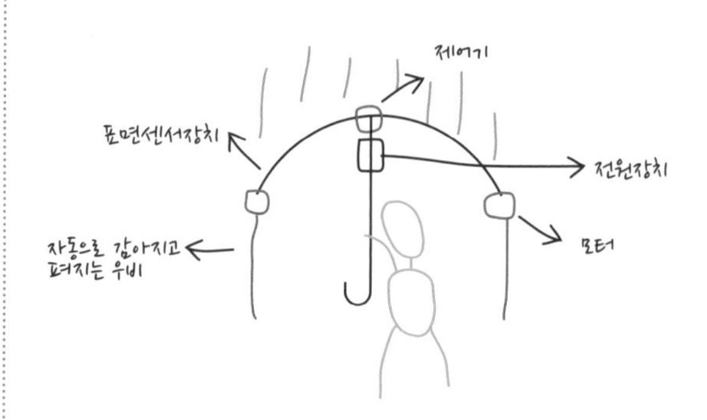

3. **모범답안**

로봇에 사용된 재료: 전원장치, 모터, LCD 디스플레이, 라이다 센서, 적외선 센서, 통신 장치, 소독제 및 자가진단 키트 내부 보관시설, QR코드 인식기

로봇의 구조:

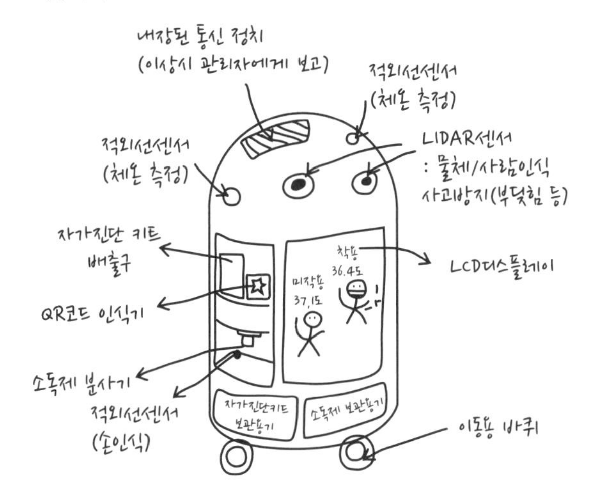


로봇의 기능:

- 로봇의 반경 20m 안에서, 사람들의 마스크 착용 여부 및 체온을 확인합니다. 이상 시 관리자에게 알림을 자동으로 전송합니다.
- 로봇의 소독제 분출구 앞에 손을 갖다 대었을 때, 소독제를 일정량 분사합니다.
- 인앱 결제 후 QR코드를 제시했을 때, 자가진단 키트를 제공합니다.

## Section 13 융합 문제해결 영역

### 1 증강 현실, 가상 현실

**표준 문제**

**모범답안** 건물을 카메라로 비추면 프레임마다 건물의 특징점을 추출하고 스마트폰의 GPS 수신기를 통해 사용자의 위치 정보를 파악해 대응되는 건물정보를 사용자에게 실시간으로 제공합니다.

증강 현실 기기가 작동할 때 GPS, WiFi를 이용한 위치 정보, 기울기 센서에 의한 사진의 왜곡 정도, 기타 물체의 대표적인 특징 또는 바코드나 QR 코드 등이 DB에 전송됩니다. 그러면 DB에서 다양한 정보를 참고하여 장소의 알맞은 정보를 찾게 되고, 그 정보와 부가기능이 다시 기기로 전송됩니다. 물체를 인식하고 있는 동안 전송된 정보는 지속해서 화면에 표현됩니다.

해설 GPS는 나의 위치를 파악하기 위해 사용합니다.

AR카메라에서 Depth 를 인식해 해당건물과 내 핸드폰과의 거리를 측정합니다.

WiFi를 통해 내 GPS 좌표로부터 해당거리에 있는 건물이 무엇인지 검색한 후 해당 건물에 대한 정보가 웹상에 존재한다면( 예를들어 구글 DB 에 저장되어 있다면 ) 그 건물에 대한 정보를 화면에 출력해줍니다.

**연습 문제**

**모범답안** 특정 GPS 위치에 포켓몬스터를 미리 배치하고 사용자의 기기가 특정 위치에 가까워지면 포켓몬스터의 시각화 정보를 실제 화면에 겹쳐 보이게 제공합니다. 스마트폰을 흔들면 기울기 센서를 통해 움직임을 감지해서 몬스터 볼이 나가도록 애니메이션을 보여줍니다.

### 2 자연현상의 융합 원리

**표준 문제**

**모범답안** 과학-②, 수학-④, 기술-①, 공학-③

해설 과학은 자연의 성질을 연구하는 학문이고, 공학은 물건을 만들기 위해 과학지식의 응용법을 연구하는 학문입니다. 기술은 공학적 연구 결과를 바탕으로 실제 물건을 만드는 것입니다.

**연습 문제**

1. **모범답안** 과학-③, 수학-④, 기술-①, 공학-②

해설

과학: 지진이 일어나는 자연적인 원인을 분석합니다.

수학: 지진의 지각변동 종류마다 도형으로 표현합니다.

기술: 지진을 관측하고 감지하는 기술을 연구합니다.

공학: 역사적으로 관측된 지진의 지각운동을 컴퓨터 시뮬레이션으로 나타냅니다.

2. 모범답안

<초음파 안마 매트리스>

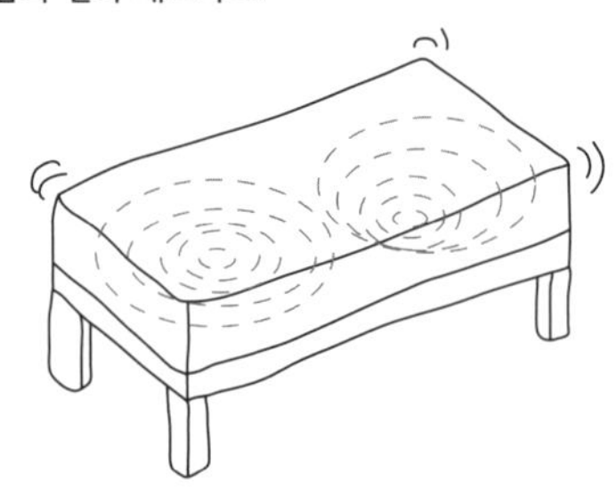

해설 서로 다른 개념을 이용해 새로운 융합적인 아이디어를 낼 수 있는지 측정하는 문제입니다.

## 3 사회현상의 융합 원리

표준 문제

모범답안

수학: 혈흔의 형태 분석을 통한 범행도구 예측

기술: 가상 몽타주를 3D 입체로 표현

연습 문제

모범답안

1. 과학: 코로나바이러스는 그 증상이 감염 후 바로 발현되지 않고, 평균적으로 2주 정도의 잠복기를 가집니다. 그 시기 동안은 증상이 나타나지 않아, 바이러스에 감염되었는지 그 여부를 알기 쉽지 않습니다. 그리고 자가격리 중, 갑자기 증상이 발현할 수도 있습니다. 그때, 확진자는 바로 병원으로 이송되어 타인에게 감염 위험을 줄일 수 있습니다.
2. 수학: 자가격리 대상자는 감염 여부를 정확히 판단하기 어렵습니다. 혹시 모를 위험에 대비하여, 다른 사람과의 동선을 최소화하고 국가의 특별한 관리를 받는다면, 감염 확산의 확률을 줄일 수 있고, 증상 발현 시 빠른 대처가 가능해 치료상의 효과도 높일 수 있어 후유증이 남을 확률이 낮아집니다.
3. 기술: 자가격리를 하는 동안 자가진단 애플리케이션으로 자가격리자의 감염 여부와 건강상태를 체계적으로 확인, 관리할 수 있습니다.
4. 공학: 자가 격리자의 이동 동선을 시뮬레이션해서 코로나 확산 예측 모델을 연구합니다.

## 4 기술 중심의 융합 원리

표준 문제

모범답안 사람은 운전하는 동안 표지판과 차선뿐만 아니라 같은 도로에 있는 모든 차량의 주행 상태에 집중해야 합니다. 이러한 대량의 데이터를 단순히 시각에 의존해야 하므로 날씨에 크게 영향을 받습니다. 하지만 자율주행 자동차는 시각적 데이터와 GPS 데이터를 동시에 활용하고, 인간보다 빠르게 데이터를 처리하여 도로 상황의 패턴을 인식할 수 있습니다. 자율주행차에 인공지능 기술이 적용되면 운전의 위험요소는 크게 줄어들 것으로 예상합니다.

연습 문제

모범답안

1. S(과학): 인공지능 스피커가 음성인식을 할 때 혹은 인공지능 스피커가 말할 때 소리는 파동 형태로 전달
2. M(수학): 빅 데이터의 분류, 정보 데이터베이스의 조합
3. T(기술): 인공지능 칩 기술, 인공지능 네트워크 기술, 인공지능의 가전 제어 기술
4. E(공학): 인공지능 프로그램, 머신러닝
5. A(예술): 인공지능 스피커의 외부 디자인

해설 인공지능 스피커가 말할 때의 소리는 파동으로 전달되기에 이것은 '과학'이 적용된 것이며, 인공지능에 사용된 네트워크 연결이나 가전제품을 제어하는 것은 '기술'이 적용된 것입니다. 인공지능에 사용된 프로그램이나 인공지능을 학습시키기 위한 머신러닝은 '공학'이 적용된 것이고, 인공지능 스피커의 외부 모양에 대한 3D 모델링은 '예술'이 적용된 것입니다.

마지막으로 인공지능이 주인의 명령에 따라 답하고 여러 기기를 조작하기 위한 판단을 내릴 때 분류기법을 사용하는 데 이것은 '수학'적 원리가 적용된 것입니다.

## Section 14 인성 영역

### 1 가치 판단 1

표준 문제

모범답안

옳다는 의견: 만일, 해킹당한 사람이 불법으로 재산을 축적한 악당이라면 해킹을 통해 돈을 회수해 그 돈을 가난한 사람에게 나누어주는 것은 옳다고 생각합니다.

옳지 않다는 의견: 다른 사람의 은행예금을 해킹하는 것은 도둑질이나 마찬가지입니다. 해킹당한 사람이 피해를 보므로 옳지 않습니다.

연습 문제

1. 모범답안

- 노인들은 컴퓨터나 인터넷에 서툽니다. 청소년들이 노인들에게 컴퓨터를 가르쳐주는 봉사활동을 합니다.
- 몸이 불편한 장애인들이 다른 곳에 가려고 할 때 자동으로 택시를 불러주는 기술을 만들어서 편리하게 이동할 수 있게 합니다.
- 노인들은 치매로 고생합니다. 컴퓨터와 로봇을 연결해 노인과 재미있게 대화하는 시스템을 만들어 치매 예방에 도움을 줄 수 있습니다.

2. 모범답안

- 인터넷을 통해 홈페이지 사이트를 만들어 모금합니다.
- 컴퓨터로 가난한 어린이를 돕기 위한 가상화폐를 발행합니다.
- 웹상에서 다른 나라의 가난한 어린이에 대한 실상을 알리는 홍보성 배너를 만듭니다.

### 2 협동심

표준 문제

모범답안

- 수업에 집중하자고 조용히 얘기하든지, 쪽지를 통해 '어렵게 들어 온 정보영재원인데 열심히 함께 공부하자'라는 메시지를 전달합니다.

연습 문제

모범답안 일단, 제가 먼저 다가가서 친해진 다음, 팀 프로젝트에 적극적으로 참여할 수 있도록 유도해서 함께 즐겁게 공부할 수 있는 분위기를 만들어 주겠습니다.

### 3 과제 집착력

표준 문제

모범답안

- 코딩의 구문 에러를 발견 후, 올바른 구문이 나올 때까지 끝까지 코딩한 과정을 제시합니다.
- 원하는 코딩 구현이 되지 않을 때 문제점을 발견 후 완성이 될 때까지 끝까지 노력한 과정을 제시합니다.
- 어려움을 극복하고 완성했을 때의 성취감을 제시해도 좋습니다.

연습 문제

1. 모범답안 저는 로봇 대회에 나가기 위해 로봇을 조립하고 프로그래밍 동작을 한 적이 있습니다. 로봇을 모두 만들었으나 계속 오작동이 나왔고, 그 원인을 발견해 해결했습니다. 프로그래밍을 통해 원하는 미션에 성공하지 못한 적이 있지만, 여러 번 시행착오를 겪은 후 미션에 성공해 결국 대회에서 수상할 수 있었습니다.

2. 모범답안

- 바이러스 치료 프로그램을 통해 컴퓨터를 치료한 다음 과제를 마칩니다.
- 바이러스 치료가 되지 않으면, 다른 컴퓨터를 이용해 작업하거나 친구의 컴퓨터를 빌려서 작업합니다.
- 스마트폰 문서 편집 프로그램을 이용해서 과제를 마칩니다.

3. 모범답안 평소에 학교 시험 준비를 잘해 놓아서, 영재원 과제 제출이 겹쳐도 두 가지 모두 성공적으로 수행할 자신이 있습니다.

## 4 가치 판단 2

**표준 문제**

모범답안

찬성 의견: 저는 '노 키즈 존'을 찬성합니다. 그 이유는 세 가지입니다. 첫째, 식당이나 카페는 여러 사람이 사용하는 시설입니다. 그러한 곳에서 피해를 주는 어린아이들의 입장을 막는 것은 다른 사람들을 위해 올바른 일입니다. 둘째, 식당과 카페는 주인의 것입니다. 주인이 받고 싶지 않은 손님을 받지 않는 것은 주인의 권리입니다. 마지막으로, 아이들의 안전을 위해서 '노 키즈 존'은 필요합니다. 아이들이 식당과 카페에서 뛰어다니면 뜨거운 것에 데이거나, 날카로운 것에 부딪히거나 베이는 안전사고가 있을 수 있습니다. 그런 장소에서 '노 키즈 존'을 하면 아이들이 다치는 일이 줄어들게 됩니다.

반대 의견: 저는 '노 키즈 존'을 반대합니다. 그 이유는 세 가지입니다. 첫째, 누구나 가고 싶은 곳에 갈 수 있는 자유가 있다고 생각합니다. 그러한 자유를 나이가 어리다는 이유로 막는 것은 부당합니다. 둘째, 모든 아이가 시끄러운 것은 아니기 때문입니다. 아이라고 해서 시끄러울 것이라고 미리 생각하고 받지 않는 것은 오해입니다. 셋째, '노 키즈 존'은 아이를 차별하는 것입니다. 사람의 피부색을 보고 판단하는 인종 차별과 같이 아이를 겉모습만 보고 판단하는 것 또한 차별이라고 생각합니다.

**연습 문제**

1. 모범답안

| 입장 | 이유 |
|---|---|
| 찬성 | 사이버 사찰을 통하여 범죄를 예방할 수 있는 정보를 얻을 수 있습니다. |
| | 사이버 사찰을 통한 정보력으로 다른 국가에 비해 강대국이 될 수 있습니다. |
| 반대 | 개인의 정보가 담긴 내용을 보는 것은 개인의 사생활 침해입니다. |
| | 사이버 사찰은 좋은 곳에 쓰일 수도 있지만, 개인의 자세한 정보를 나쁜 곳에 사용할 가능성이 있습니다. |

2. 모범답안

찬성 의견: '도덕 은행'은 사람들에게 선행을 유도할 수 있습니다. 사람들은 자신에게 이득이 되지 않는 행동을 할 때 망설입니다. 그러나 '도덕 은행'을 통해 사람들은 다른 사람들에게 호의를 베풀 때 망설임 없이 하고 힘든 일을 하더라도 점수가 더 높으니 하려고 할 것입니다. 또한, 어린 아이들에게 착한 일은 이득이 된다는 교육적인 효과를 줄 수도 있습니다.

반대 의견: 선행이란 것은 대가 없이 남을 위한 순수한 의도로 하는 것입니다. 그러나 '도덕 은행' 때문에 사람들은 더는 순수하게 호의를 베풀지 않고 대가를 바라고 선행을 하게 될 것입니다. 또한, 선행에 대해서 차별화를 하고 점수를 다르게 주는 것은 선행의 의미를 변질시킬 수 있습니다.

## Section 15 자기소개서 영역

※ 주의사항

본 해설지에 나온 자기소개서 예시 답변은 참고로만 해야 합니다. 교재 내용 그대로 또는 상당 부분을 자기소개서에 그대로 사용하기보다는 학생 자신만의 독창적인 내용으로 접목 및 변경할 수 있도록 해주세요.

### 1 지원동기

지원동기는 아주 중요하며 대부분의 영재원에서 물어보는 질문 중에 하나입니다. 지원동기를 말할 때 관점이 명확해야 합니다. 좋은 부분만 이야기해서는 안되며 부족한 부분을 이야기해야 합니다. 그 이후, 영재원에 들어와서 부족한 부분을 채우며 꿈을 이룰 밑바탕이 될 것이라고 이야기해야 합니다.

일론 머스크와 김범수 같은 IT업계에서 성공한 사람들을 언급하는 것도 예시 중의 하나입니다. IT 인재가 되고 싶어서 지원했다는 스토리로 이야기하면 됩니다.

표준 문제

모범답안

- 저는 정보영재원에서 프로그래밍 공부나 컴퓨터 과학을 심도 있게 배워서 컴퓨터 공학자라는 저의 목표를 이루기 위해 지원했습니다. 그러나 저의 코딩 실력은 아직 완벽하지 못합니다. 저는 영재원에서 부족한 저의 코딩 실력을 키워 훌륭한 컴퓨터 공학자가 되겠습니다.
- 알고리즘적 사고가 앞으로 우리 사회의 문제를 해결하는 능력이라고 생각합니다. 정보영재원에서 체계적으로 컴퓨터 기술과 알고리즘 능력을 길러 세상을 변화시키는 소프트웨어를 만들고 싶어서 지원하게 되었습니다. 이것을 이루기 위해 부족한 컴퓨터 기술을 영재원에서 배워 사회 문제를 해결하는 CEO가 되고 싶습니다.
- 대한민국에서 국민이 제일 많이 사용하는 애플리케이션은 카카오톡입니다. 저 또한 카카오톡을 통해 친구들과 연락을 주고받고 있습니다. 저도 카카오톡을 만든 김범수처럼 사람들이 많이 사용하고 편리하게 사용할 수 있는 소프트웨어를 만들고 싶어 영재원에 지원하게 되었습니다.
- 저의 꿈은 로봇 엔지니어입니다. 많은 사람들의 삶을 편안하게 할 수 있는 로봇에 관한 지식을 영재원에서 배운다면 저의 꿈을 이루는 데에 많은 도움이 될 것이라 생각해서 정보영재원에 지원하게 되었습니다.

연습 문제

1. 모범답안

- 저의 꿈은 소프트웨어 개발자입니다. 영재원에서 배우는 코딩이나 컴퓨터 과학 지식을 통해 사람들에게 필요한 소프트웨어를 개발하는 방법을 배운다면 꿈을 이루는 데 도움이 될 것입니다.
- 저의 꿈은 로봇 엔지니어입니다. 더 많은 사람들을 편안하게 할 수 있는 로봇에 관한 전반적인 지식을 영재원에서 배운다면 꿈을 실현하는 것을 더 빨리 할 수 있습니다.

2. 모범답안

소프트웨어 지원자

저의 꿈은 프로그래머입니다. 프로그래머의 꿈을 이루기 위해서는 코딩 능력이 필수입니다. 제가 지원한 정보영재원에서 C언어나 파이썬 등의 프로그램 언어를 체계적이고 심도 있게 배운다면 훌륭한 프로그래머가 되고자 하는 저의 꿈이 이루어질 수 있다고 생각합니다.

로봇 지원자

저의 꿈은 로봇공학자입니다. 로봇공학자의 꿈을 이루기 위해서는 코딩이나 로봇설계 및 제작 능력이 필수입니다. 제가 지원한 이곳 영재원에서 C언어나 파이썬 등의 로봇을 제어하기 위한 프로그램 언어를 체계적이고 심도 있게 배우고 여러 가지 로봇을 창작하는 능력을 배운다면 훌륭한 로봇공학자가 되고자 하는 저의 꿈이 이루어질 수 있다고 생각합니다.

### 2 활동 경험

표준 문제

모범답안 저는 엔트리로 게임을 만들어 보았습니다. 캐릭터가 다양한 환경의 코스를 지나가면서 미션을 해결하면 점수가 올라가는 게임입니다. 미션 해결에는 수학, 과학 퀴즈가 포함되어 있어서 게임을 하면서 학습도 할 수 있습니다. 이런 게임 제작을 통해 저는 교육용 소프트웨어 개발이 중요하다는 것을 배울 수 있었습니다.

연습 문제

1. 모범답안

- 저는 C 언어로 다양한 수학 문제를 푸는 활동을 해보았습니다. 피보나치 수열 알고리즘을 구성해 보았는데, 이것을 통해 코딩을 통해서도 수학을 체계적으로 배울 수 있다는 것을 알았습니다.
- 저는 작은 로봇을 코딩으로 움직여 본 경험이 있습니다. 이것을 통해 더 큰 로봇도 똑같이 코딩을 통해 움직일 수 있겠구나 하고 생각했습니다.

2. 모범답안 저는 햄스터 로봇을 이용해 복잡한 미로를 탈출시키는 미션을 수행한 적이 있습니다. 다양한 상황에서 햄스터 로봇이 미션을 수행하며 움직일 수 있도록 로봇 코딩을 했던 일은 즐거운 경험이었고 이를 통해 로봇 동작에 대한 알고리즘을 이해할 수 있었습니다.

## 3 강점과 약점

**표준 문제**

모범답안 저의 강점은 끝까지 해내는 힘이 있다는 것입니다. 반면에 발표력이 다소 부족한 것이 저의 약점입니다.

**연습 문제**

1. 모범답안

- 저의 강점은 끝까지 해내는 힘입니다. 이런 저의 강점을 활용해 정보영재원에서 아무리 어려운 과제를 받더라도 끝까지 노력해서 해내겠습니다.
- 저의 장점은 협동심입니다. 이런 저의 장점을 활용해 조별 과제가 진행될 때 조원과 협력해 어려운 프로젝트를 서로의 특기에 따라 분담하고 어려운 것은 다 같이 모여 힘을 합쳐 조직적으로 문제를 해결해 낼 자신이 있습니다.
- 저의 장점은 꼼꼼함입니다. 이런 저의 장점을 통해 조원들과 과제를 할 때 일어날 수 있는 실수를 사전에 방지하고, 검토를 통하여 더욱 정확하게 과제를 할 수 있습니다.

2. 모범답안

- 저의 약점은 발표 능력이 부족한 것입니다. 이런 약점을 알기에 저는 지난 학기에 반 선거에 나가 부반장이 되었습니다. 이를 통해 사람들 앞에서 자신 있게 말하는 연습을 하다 보니 부끄러움이 없어졌고, 이제는 다른 사람들 앞에서도 발표를 잘하게 되었습니다.
- 저의 약점은 서두른다는 것입니다. 이런 약점을 극복하기 위해 지난 연도부터 꾸준히 앉아서 천천히 글씨를 쓰는 연습을 통하여 인내심을 기르고 급한 성격을 고치고 있습니다. 그래서 현재는 이전보다 침착한 성격을 가지게 되었습니다.

## 4 학업 계획

**표준 문제**

모범답안

- 저는 기아 문제를 S/W의 힘으로 해결하고 싶습니다. 전 세계에는 부유한 집단과 가난한 집단이 있습니다. 온라인상에서 기아 문제로 고생하는 사람들의 이야기를 웹으로 게시한 다음, 부유한 집단의 사람들이 자발적으로 기부하면 이를 모아 기아 문제로 고생하는 사람들에게 후원금을 전달하는 온라인 매칭 프로그램을 만들고 싶습니다.
- 저는 장애인과 노인의 거동이 힘든 문제를 S/W의 힘으로 해결하고 싶습니다. 현재 거동이 불편하신 분들은 병원에 가는 것조차 어려워합니다. 이런 분들이 병원에 직접 가지 않더라도 집에서 의사의 진단을 받아볼 수 있도록 하여 편안한 생활을 하는 데 도움을 드리고 싶습니다.

**연습 문제**

모범답안

- 저는 우주를 여행하고 싶습니다. 우주를 여행하다 보면 다양한 환경의 행성을 발견할 것입니다. 행성의 온도, 대기 상태, 중력 등 행성의 모든 정보를 입체적으로 스캔해 우주선 내부의 모니터에 나타나게 하는 프로그램이 있다면 우주 비행사나 우주여행을 하는 사람들에게 도움이 될 것입니다.
- 저는 사람이 하기 힘든 일을 하는 로봇을 만들고 싶습니다. 로봇은 사람보다 튼튼하고 밤에도 일할 수 있으므로 더 오래 일할 수 있습니다. 또한, 자동화가 가능하므로 사람보다 실수를 덜 하게 되어 더 효율적일 것입니다.
- 저는 각종 오염 환경으로부터 건강하게 살아가도록 돕는 환경문제에 관심 있습니다. 저는 오염 검사기기를 만들려고 하는데요. 이것은 대기오염, 수질오염, 토양오염, 방사능오염 등 모든 오염 정도를 표시해줍니다. 오염 검사기는 외부에 센서가 달려 있고 내부에는 모든 오염물질에 대한 데이터베이스(거대한 데이터 저장소)를 바탕으로 아주 적은 오염물질을 검사하더라도 오염된 정도를 표시해주는 것인데 이것을 오염측정 소프트웨어 형태로 만들려고 합니다. 이렇게 해서 이 기기를 많은 사람이 사용하도록 나누고 싶습니다.
- 저는 사람 없이 자율로 움직이는 기술에 관심이 많습니다. 현재도 자율주행이라는 기술이 있지만, 아직은 사람이 지켜보아야 하는 것으로 알고 있습니다. 저는 여기서 더 나아가서 운전자가 필요 없는 시스템을 만들고 싶습니다. 이 시스템은 인공지능과 빅데이터로 주위 사물을 인지하고 알아서 생각하여 사고 없는 운행을 할 수 있습니다. 이 시스템이 개발된다면 도로 위에서는 물론 조금 더 먼 곳을 가는 비행기나 배, 우주선에도 활용될 것입니다.

**참조**

일부 정보(SW, 로봇)영재원에서는 자소서에서 입학 후, 하고 싶은 프로젝트에 대해 구체적으로 적는 부분이 있습니다. 실제로 팀을 이루어 과제를 수행하므로 현실적으로 가능한 프로젝트에 대해 적는 것이 서류 평가 및 향후 프로젝트 수행에 도움이 됩니다.

## Section 16 로봇 영역

### 1 로봇이란?

**표준 문제**

모범답안 로봇이란 주변의 환경을 인식하여 스스로 판단해 움직여 주어진 역할을 수행하는 기계입니다. 인간의 일을 대신하는 자동 장치입니다.

**연습 문제**

모범답안 로봇이라는 말은 체코어의 '일한다(robota)'는 뜻입니다. 1920년 체코슬로바키아의 작가 K.차페크가 희곡《로섬의 인조인간 : Rossum's Universal Robots》을 발표했는데, 이 때부터 사람들이 로봇이라는 용어를 널리 사용하게 되었습니다.

### 2 로봇 구성요소

**표준 문제**

모범답안 로봇을 구성하는 3요소는 센서부, 제어부, 구동부입니다.

센서부: 주변 환경을 인식할 수 있는 부분.

제어부: 인식한 결과에 따라 행위를 만들어내는 부분.

구동부: 행위를 표현할 장치 부분.

로봇을 구성하는 4요소로는 3요소에 몸체를 더해 센서부, 제어부, 구동부, 몸체입니다.

※ 로봇구성요소는 주장하는 학자에 따라 다소 차이가 날 수 있습니다.

**연습 문제**

모범답안 로봇으로 휴머노이드 휴보가 소개되어 있습니다. 휴보는 얼굴 정면에 비전 센서가 있어서 주변 사물을 감지하며, 두뇌 부분에 제어기가 있어서 주변 환경을 판단해서 어떻게 행동할지 결정합니다. 그런 다음, 주어진 명령을 손이나 발 쪽의 구동부로 보내 움직이는 구조입니다. 등 쪽에는 전원부가 있습니다.

### 3 로봇 3원칙

**표준 문제**

모범답안 로봇 3원칙에 대해 말하겠습니다. '첫째, 로봇은 인간에게 해를 가하거나, 혹은 해를 가하는 행동을 하지 않음으로써 인간에게 해를 끼치지 않는다.' 이것이 제1원칙입니다.

'둘째, 로봇은 첫 번째 원칙을 위배하지 않는 한 인간이 내리는 명령에 복종해야 한다.' 이것이 제2원칙입니다.

'셋째, 로봇은 첫 번째와 두 번째 원칙을 위배하지 않는 선에서 로봇 자신의 존재를 보호해야 한다.' 이것이 제3원칙입니다.

**연습 문제**

1. 모범답안 로봇 3원칙은 로봇을 인간의 통제하에 두도록 하며, 인간을 도와줄 목적으로 로봇을 이용할 수 있도록 방향을 제공합니다.

2. 모범답안 제가 생각하는 인공지능 3원칙에 관해 설명하겠습니다.

인공지능 제1원칙: 인공지능은 인간이 아님을 반드시 알리고 사람인 척을 해서는 안 된다.

인공지능 제2원칙: 인공지능은 인간에게 해를 끼쳐서는 안 된다.

인공지능 제3원칙: 인공지능은 나쁜 목적으로 자신을 복제해서는 안 된다.

해설 그 외에 다양한 방법으로 나만의 인공지능 3원칙을 만들어 봅시다.

### 4 로봇 문제해결

**표준 문제**

모범답안 라인트레이서가 회전할 때 앞쪽 센서와 뒤쪽 바퀴 사이의 거리(축간거리)가 멀기 때문입니다. 축간거리가 멀면 회전 반경이 커서 라인을 벗어납니다. 이럴 때는 센서와 축간거리를 가깝게 조절하면 이런 문제를 해결할 수 있습니다.

**연습 문제**

1. 모범답안 휴머노이드 로봇이 자주 넘어지는 이유는 이족 보행 로봇이기 때문입니다. 이족 보행 로봇은 사족 보행 로봇보다 균형을 잡기가 매우 힘듭니다. 이러한 휴머노이드 로봇은 사람처럼 관절이 부드럽지 않기 때문에 걸을 때 무게 중심을 잘 잡지 못해 쉽게 넘어집니다. 또한, 사람과 달리 미끄럽거나 돌이 많은 곳에서 바로 대처하지 못해 쉽게 넘어지게 됩니다.
이러한 문제를 해결하기 위해 무게 중심을 잘 잡을 수 있는 자세 제어 기술이나 관절을 부드럽게 움직일 수 있게 하는 기술을 개발하면 휴머노이드 로봇이 넘어지는 상황이 줄어들 수 있습니다.

2. 모범답안 장애물을 피해 가며 움직이는 로봇이 움직이지 않는 상황은 여러 가지가 있을 것 같지만 크게 하드웨어의 문제와 소프트웨어의 문제로 나뉩니다. 하드웨어에서 기본부품이 고장 났거나 조립의 실수, 배터리의 방전문제가 있을 때 아무리 로봇 프로그래밍을 잘했더라도 못 움직입니다. 소프트웨어의 문제로는 장애물의 인식 범위의 오류가 있을 것 같습니다. 장애물을 아주 구체적으로 설정하지 않았다면 로봇은 주위의 모든 것을 장애물이라고 인식하여 움직이지 못할 것 같습니다. 또한, 자율주행에서는 프로그래밍이 가장 중요한데 프로그래밍에서 실수가 일어났다면 부품을 아무리 잘 조립해도 로봇이 자율적으로 움직이지 못합니다.

## Section 17 정보기술 영역

### 1 인공지능

**표준 문제**

모범답안 알파고가 인간과의 대결에서 주요하게 사용한 알고리즘은 딥러닝입니다. 이미 기존에 고수들이 진행했던 바둑 대결들에서 돌의 위치와 패턴을 분석하고 바둑 두는 법을 스스로 학습했습니다. 이후 확장된 사고력으로 인간처럼 스스로 의사결정을 할 수 있게 되었습니다. 이처럼 기존의 정보를 모아 스스로 학습해 점점 사고의 폭을 넓힌 후 의사결정을 하는 딥러닝 방식을 통해 알파고는 인간을 이길 수 있었습니다.

**연습 문제**

1. 모범답안 인공지능 기술이 인간의 지능과 창의력을 넘어서게 된다면 긍정적인 변화와 부정적인 변화가 모두 일어날 것 같습니다. 긍정적인 변화로는 인간이 할 수 없었던 것들을 인공지능이 대신해 줄 수 있습니다. 부정적인 변화는 인공지능을 인간의 편의를 위해 사용하지 못할 수도 있다는 것입니다. 인공지능이 들어 있는 로봇은 마음대로 생각하고 움직이므로 인간을 돕지 않을 것 같기 때문입니다.

2. 모범답안 사람의 얼굴 근육의 미세한 움직임을 인식해 '이 얼굴 근육이 움직일 때는 대부분 이런 감정이다.'라고 학습하게 해 사람의 감정에 맞춰 감정을 표현하도록 하면 줄어들 수 있습니다.

### 2 증강 현실, 가상 현실

**표준 문제**

모범답안 가상현실은 현실정보를 차단한 채 오로지 가상정보만 보이는 반면, 증강 현실은 현실 이미지에 컴퓨터가 제공하는 정보를 보여줍니다. 현실에 존재하지 않는 새로운 세계를 만드는 것이 가상현실이라면, 증강 현실은 있는 현실 세계에 추가적인 정보를 보여주는 것입니다.

**연습 문제**

1. 모범답안 가상 현실 기법으로 교육하면 실제 겪어보지 못한 긴급한 상황을 언제 어디서나 체험할 수 있어 상황 대처능력이 빨라질 수 있을 것 같습니다. 지진 체험이나 화재 체험을 예로 들 수 있습니다. 그다음으로 실제로 가보지 못했던 장소에 가볼 수 있습니다. 집 안에서 해외여행을 하거나 박물관과 미술관 등을 체험할 수 있습니다.

마지막으로 쇼핑에도 도움이 될 수 있습니다. 집이나 차, 옷 등을 고를 때 굳이 그 장소에 가지 않고서도 집에서 VR을 통해 더 쉽고 편하게 고를 수 있을 것입니다.

2. 모범답안 역사유적지로 수학여행을 갈 때, 폐허가 된 유적지여도 증강 현실을 통해 그 터에 건물을 띄워 그 유적지를 생생하게 볼 수 있습니다. 혹은 과학 시간에 동물들을 증강 현실 기술로 책상 위에 나타나게 해서 자세하게 관찰할 수 있고, 몸속의 장기처럼 수업시간에 활용하기 어려운 것도 생생하게 관찰할 수 있을 것입니다.

## 3 사물인터넷과 홈오토메이션

### 표준 문제

1. 모범답안 사물에 센서를 부착해서 실시간으로 정보를 모은 후에 인터넷으로 개별 사물들끼리 정보를 주고받는 정보기술입니다. 즉, 사물인터넷은 사람이 사람이 조정하지 않아도 사물들이 알아서 판단하는 기술입니다.

2. 모범답안 사물인터넷의 가장 큰 장점은 편리함과 효율성이라고 생각합니다. 사물인터넷은 스스로 생각하기 때문에 시키지 않아도 자동으로 움직입니다. 제 생활방식에 맞춰 아침에 불을 켜주고, 추우면 난방을 켜고, 더우면 에어컨을 켜줍니다. 이처럼 제가 일일이 신경을 쓰지 않아도 돼서 편리합니다. 또한, 사물인터넷은 인공지능을 통하여 가장 좋은 방법을 스스로 판단하기 때문에 에너지와 시간 낭비가 없어 효율적입니다.

### 연습 문제

1. 모범답안 사물인터넷이 실생활에 적용된 예는 인공지능 스피커, 원격으로 집에 있는 보일러, 가스, 전등을 켜고 끌 수 있는 스마트 홈, 스마트 워치, 홈 CCTV 등이 있습니다.

2. 모범답안 제가 아침에 일어나서 불을 켜달라고 하면 인공지능 스피커가 알아서 불을 켜줍니다. 그리고 제가 냉장고에 무엇이 있는지 보고 싶다고 이야기하면 인공지능 스피커가 냉장고에 무엇이 있는지 이야기를 해 주고 제가 집에서 나와 학교로 가면 저의 위치에 따라 전등과 난방이 꺼집니다. 제가 학교에서 집에 있는 강아지가 보고 싶으면 스마트폰 앱에 의한 원격제어 홈 CCTV를 통해 볼 수 있습니다. 인공지능 스피커에 만일 비젼센서를 장착한다면 저의 표정으로 감정을 읽은 다음 어울리는 음악을 틀어줄 수 있을 것입니다. 제가 손을 씻을 때면 체온과 바깥 기온을 고려하여 알맞은 물 온도가 나오게 합니다.

## 4 자율주행차

### 표준 문제

1. 모범답안 사람이 운전하지 않아도 도로의 상황을 파악해 자동으로 주행하는 자동차나 운송수단을 의미합니다.

2. 모범답안 자율주행차가 운전하기 위해서는 먼저 위치 정보 시스템이 있어야 합니다. 자신이 현재 어디 있고 어디를 향해 가는지 알 수 있어야 운전하기 때문입니다. 그다음으로는 주행할 때 안전을 위해서 차선 이탈을 방지하는 시스템, 주위 도로 상황 판단을 통해 차량 변경 제어 기술과 도로의 장애물 및 돌출 장애물을 회피하는 기술이 필요할 것입니다. 또한, 위급한 상황이 있을 때, 이를 탑승자에게 알려주는 경보 시스템도 탑재되어 있어야 합니다.

### 연습 문제

모범답안 자율비행 드론을 구현하기 위해서는 우선 위치 정보 시스템이 있어야 합니다. 드론이 어디 있고 어디로 가는지를 알아야 빠르고 효율적으로 택배 물품을 전달할 수 있기 때문입니다. 그다음으로는 장애물 회피 기술이 필요할 것 같습니다. 하늘에는 새나 전깃줄 같은 장애물들이 많으므로 이를 잘 피해서 안전하게 목적지로 도착할 수 있어야 합니다. 마지막으로는 스스로 날씨를 예측해서 위험할 때는 안전한 곳으로 가게 하는 기술이 필요합니다. 하늘에서는 눈과 비, 강한 바람 같이 드론에 위험한 환경이 자주 있기 때문입니다.

## 정보과학(SW,로봇)을 위한 컴퓨팅 문제해결

- 정보영재원 대비 전략
- 정보과학(SW,로봇) 분야 영재성검사 대비
- 정보과학(SW,로봇) 분야 창의적 문제해결력 검사 대비
- 정보과학(SW,로봇) 분야 심층면접 대비
- 코딩게임을 통한 컴퓨팅 사고와 알고리즘 능력 함양

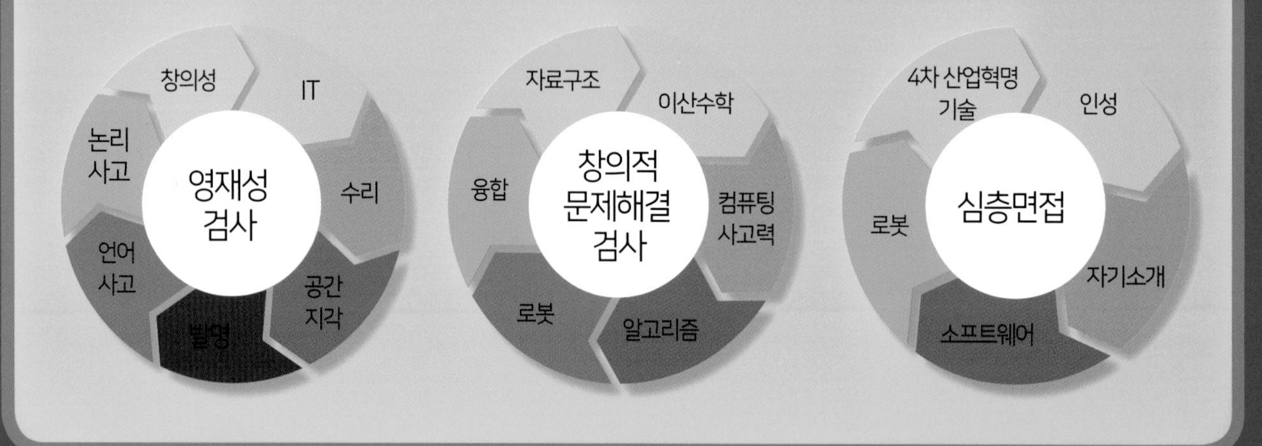


잇플 ITPLE
Info Tech Pioneers Leaders in Education